国家科学技术学术著作出版基金资助出版

人造板及其制品甲醛释放量检测技术体系

周玉成 等 著

科学出版社

北 京

内 容 简 介

本书介绍的科学研究项目包含人造板及其制品甲醛释放量的检测技术与检测仪器的开发、人造板材料表面缺陷检测的核心技术、木结构古建筑计算机断层扫描与图像处理技术、非均质生物质材料的缓释蓄能与节能技术、复杂系统动力学建模方法等。考虑到科研人员开发人机交互系统时面对的问题，本书详细地给出了各个研究项目的人机交互界面案例，开发人员参考使用相关案例便可轻松地编制出专业性的人机交互系统。

本书适合高等院校、科研单位从事人造板材料理论与应用研究的研究生及科研人员参考。

图书在版编目（CIP）数据

人造板及其制品甲醛释放量检测技术体系 / 周玉成等著. —北京：科学出版社，2023.8

ISBN 978-7-03-075679-4

Ⅰ. ①人… Ⅱ. ①周… Ⅲ. ①木质板–甲醛–检测 Ⅳ. ①TS653 ②O623.511

中国国家版本馆 CIP 数据核字（2023）第 102166 号

责任编辑：牛宇锋　纪四稳 / 责任校对：崔向琳
责任印制：吴兆东 / 封面设计：蓝正设计

科 学 出 版 社 出版

北京东黄城根北街 16 号
邮政编码：100717
http://www.sciencep.com

北京厚诚则铭印刷科技有限公司印刷
科学出版社发行　各地新华书店经销

*

2023 年 8 月第　一　版　　开本：720×1000　1/16
2024 年 1 月第二次印刷　印张：18 1/4
字数：353 000

定价：150.00 元
（如有印装质量问题，我社负责调换）

本书撰写人员

周玉成　郑焕祺　葛浙东

赵子宇　田智康　郭　慧

杜光月　王　娜　贾梦颖

刘　威　苏　强　孙胜敏

杨胜坤

序

  人造板及其制品被广泛地应用于人们的居家、办公和公共场所中，但人造板及其制品中释放出的甲醛已被世界卫生组织(World Health Organization，WHO)列为高风险致癌物，严重威胁着人类的健康。《人造板及其制品甲醛释放量检测技术体系》一书作者从事人造板及其制品甲醛释放限量的检测技术与检测仪器的研发工作长达十几年的时间，建立了我国人造板及其制品甲醛释放量检测技术体系，并且获得一项国家技术发明奖二等奖，以及两项北京市科学技术奖一等奖，使我国人造板及其制品甲醛释放量的检测技术处于国际领先地位，极大地推动了我国人造板及其制品行业的科技进步。

  人造板及其制品表面缺陷检测技术的人工智能化一直是困扰全球人造板行业的一个难题，机器视觉对人造板表面缺陷的检测有两个技术瓶颈一直没能突破：一个是人工智能检测表面缺陷辨识率很难达到企业要求；另一个是在高速运行的生产线上，人工智能视觉分拣系统从拍照到识别必须在 3s 之内完成，这是现行的计算机运算能力很难达到的。该书作者经过近七年的研究与探索，开发出一套基于机器视觉的人造板表面缺陷智能检测系统，辨识的准确率高达 92%以上，并且能在 3s 内完成运算，准确地判断出表面缺陷。该系统解决了人造板表面缺陷检测技术长期未能解决的问题，推动了我国人造板及其制品行业向优质、高效的方向发展。

  我国是木结构古建筑最多的国家，现存的木结构古建筑大多都经历了近百年甚至上千年的历史，其柱、梁、檩随着时间的推移，会出现虫蛀、腐朽的现象，结构强度也一直是古建筑修复与保护行业所关注的问题。木结构古建筑结构强度的检测与鉴定通常都由生长锥、阻抗仪、应力波与超声波等检测手段完成，但检测的结果不能反映木结构古建筑构件的全貌，因此成为我国古建筑修复与保护行业的一个难题。该书作者率领团队研发了用于古建筑健康鉴定的攀爬机器人计算机断层扫描技术，使得古建筑构件与珍贵古树的健康状态和结构强度都能够被全面而准确地鉴定出来，解决了行业一直以来所面临的难题。

  近些年来我国地采暖地板行业飞速发展，截至 2021 年，地采暖地板的年产量已达 8 亿 m^3(数据来源：《中国林业和草原统计年鉴 2021》)，但国内外尚没有评价地采暖地板优劣的方法与技术。该书作者率领团队经过近七年的研究，提出了非均质生物质材料的导热效能、缓释效能、蓄热效能和节能的新概念，并发明了检测方法与仪器，形成地采暖地板检测与评价技术体系，满足了地采暖地板行业飞速发展的需求。

(马岩)

2022 年 3 月

前　言

　　人造板及其制品释放出的甲醛是一种挥发性的有机化合物，已被世界卫生组织定义为高风险致癌物。日本科学家花井义道的研究成果表明，人造板中的甲醛释放期可长达 3～15 年。甲醛会引起哺乳动物细胞核的基因突变、染色体损伤。长期暴露于甲醛环境会降低机体的呼吸功能、神经系统的信息整合功能，且影响机体的免疫应答，对心血管系统、内分泌系统、消化系统、生殖系统、肾脏也具有毒副作用。甲醛慢性中毒后人体全身症状包括头痛、乏力、食欲缺乏、心悸、失眠、体重减轻及自主神经功能紊乱等。因此，人造板的甲醛释放量引起世界各国的高度关注，分别以法律、强制性标准的形式来限定人造板及其制品中的甲醛释放限量。截止到目前，世界范围内都在使用德国科学家发明的利用双腔恒温法制造的 $1m^3$ 气候箱或 $30m^3$ 气候室检测人造板及其制品的甲醛释放量。随着人们对甲醛释放限量检测的认识加深，以及人造板材料和人造板制品甲醛释放量检测技术的广泛应用，人们发现双腔恒温法检测甲醛释放限量 3～28 天的过程中，检测室内随着季节的变化，会出现雾和结露的现象。由于甲醛溶于水，当出现雾和结露时，检测室内的甲醛会部分溶解于水中，从而导致检测结果不准确，这是作为争议仲裁的人造板及其制品检测法所不允许的。另外，双腔恒温法达到检测条件的时间为 8～12h，使得检测时间由规定的 3～28 天延长至 30 天左右，不但检测时间长，而且还消耗大量的能源，使得人造板及其制品甲醛释放限量的检测在我国普遍出现应用瓶颈的问题。针对双腔恒温法出现的检测室内出现雾和结露现象、达到检测条件的时间长和能源消耗过大的问题，我国组建了人造板及其制品甲醛释放限量检测方法与检测仪器开发的攻关团队，历时近 15 年，解决了甲醛释放量检测室内出现雾和结露的问题，同时使达到检测条件的时间由原来的 8～12h 缩短为 4～6h。本书第 1 章是攻关团队总结的甲醛释放量检测技术体系的综述。第 2 章介绍攻关团队仪器开发及取得的核心技术，即动力学方程模型，该模型使得温湿度动态控制始终保持在露点温度之上运行，确保在 3～28 天的检测过程中检测室内不出现雾和结露现象，同时缩短检测时间。

　　截止到目前，世界范围内人造板材料的表面缺陷检测仍然以人工肉眼检测为主，漏检率高且与时代发展极不协调。我国是人造板材料生产第一大国，急需智能检测分拣系统解决这个问题。本书作者攻关团队历经近七年的探索与攻关，开发出一套机器视觉表面缺陷检测系统，该系统准确率达到 92%以上，精度高、漏检率低。在攻关团队开发出表面缺陷检测系统后，国外也推出两款检测系统，但准确率仅为60%～71%。本书第3章介绍攻关团队研发的基于机器视觉的人造板及其制品表面缺陷检测技术，分别构建均值分类法与方差分类法等人造板表面缺陷图像识别方法，准确率与在线检测速度都达到了现行人造板生产企业生产线上的要求，每块人造板板坯上下同时检测，能在3s之内完成缺陷检测。

我国是木结构古建筑历史文化遗产最多的国家，许多著名的文化遗产经历了数百年甚至上千年的历史。截止到目前，木结构内部侦测仍普遍采用生长锥、阻抗仪、应力波及超声波等方法，这些方法无法反映木材内部的全部状况。因此，对木结构古建筑的结构强度、腐朽程度等健康侦测的科学性、准确性成为我国古建筑行业研究的瓶颈。本书第4章介绍攻关团队研发的木结构古建筑计算机断层扫描健康侦测技术，其中包括计算机断层扫描图像重组技术和用于古建筑健康鉴定的攀爬机器人，利用计算机断层扫描技术可以全面展现木材的内部状况。

我国地采暖地板飞速发展，截至2021年地采暖地板年产量已达8亿 m^3。遗憾的是，截止到目前国内外尚未有评价地采暖地板的方法与仪器。本书第5章介绍攻关团队研究的对木质这种非均质材料的地采暖地板导热、蓄热、热量缓释的分析检测方法，形成木质这种非均质材料的地采暖地板检测技术体系。该体系以单片机技术为核心，提出针对非均质材料的导热、蓄热、热量缓释的新概念，开发出检测仪器，解决木材热物性复杂的问题。

近年来由于居民生活水平提高，建筑装饰行业发展已走向繁荣，随之而来的人造板及其制品行业及研究领域的发展也如火如荼。为使人造板行业产品加工、板材质量检测技术更上一层楼，需要本领域的行业专家、研究学者共同努力，提高产品质量、降低能源消耗与污染，在国家"十四五"规划背景下为现代化建设及行业规范做出重要贡献。

由于作者水平有限，书中难免存在疏漏或不足之处，恳请广大读者批评指正。

（周玉成）

2022年1月

目　　录

第1章 绪　　论

我国是世界上人造板及其制品生产、制造和销售的第一大国。目前世界范围内的人造板95%以上使用脲醛树脂(urea-formaldehyde resin, UF)胶[1]。脲醛树脂胶是由甲醛(formaldehyde)和尿素合成的，其中甲醛是高风险致癌物，它能够引起动物细胞交联、产生基因突变、染色体损伤，浓度过高时能直接导致人类死亡。在人造板胶黏剂的固化过程中总会有一部分甲醛未参与化学反应，形成游离甲醛和不稳定基团。游离甲醛和不稳定基团在人造板热压成型过程中被包裹在人造板内部，随着时间的推移甲醛将慢慢地释放到周围的环境中，且其释放期长达3～15年，严重威胁着人类的健康。遗憾的是，由于脲醛树脂胶高质、低价的特点，截止到目前仍未找到脲醛树脂胶的替代品。世界各国高度重视人造板及其制品释放的甲醛对人类健康危害的问题，分别以法律、法规和强制性标准等方式颁布实施相应的法律法规，限定人造板及其制品甲醛释放量，并在理论层面和制造技术方面进行研究。本书作者团队在近20年的科学研究中建立了我国人造板及其制品甲醛释放量检测技术体系[2-12]，用来检测人造板材料和人造板制品的甲醛释放量，确保人们使用健康安全的人造板及其制品。本书介绍人造板及其制品甲醛释放量的检测原理、检测方法和相应检测仪器的开发过程。同时还对科学研究、新技术开发与核心技术突破等过程提出的问题、解决策略和技术路线进行详细的阐述，并结合具体项目的实现给出实例，如用Visual Studio编写项目的人机交互、控制过程的实例，用OpenCV与C++结合编写复杂的人造板表面缺陷辨识系统的实例，用单片机开发地采暖地板蓄热性能、缓释性能的科学仪器，并在MATLAB中对开发的科学仪器所获取的数据，用深度神经网络、最小二乘支持向量机进行分析，得到温度梯度场的实时变化情况，进而把握类似地板这样的非均质生物质材料的蓄热、缓释、节能的特性。上述研究成果可为高等院校、科研单位和企事业单位的科学研究与开发人员提供有益的研究方法、研究思路和实现方法，希望本书成为一部在科学研究方法上有价值的参考资料。

1.1　甲醛概述

甲醛为无色气体，有刺激性气味。甲醛能引起哺乳动物细胞核的基因突变、染色体损伤。长期暴露于甲醛环境会降低机体的呼吸功能、神经系统的信息整合功能并影响机体的免疫应答，对人类的心血管系统、内分泌系统、消化系统、生殖系统、肾脏也具有毒副作用。甲醛慢性中毒后人体症状包括头痛、乏力、食欲缺乏、心悸、失眠、体重减轻及自主神经功能紊乱等。动物试验也证实上述相关系统的病理改变。美国国家癌症研究所公布的一项研究成果显示，频繁接触甲醛的化工厂工人死于血癌、淋巴癌等癌症的概率比接触甲醛机会较少的工人高很多[13-18]。

1.1.1 甲醛简介

甲醛是一种有机化学物质，化学式是 HCHO 或 CH_2O，分子量 30.03，又称蚁醛。甲醛是一种无色有刺激性气味的气体，对人的眼、鼻等有刺激作用，气体相对密度为 1.067(空气的密度为 1)，液体密度为 $0.815g/cm^3$(−20℃)，熔点为−92℃，沸点为−19.5℃，易溶于水和乙醇。甲醛水溶液的浓度最高可达 55%，一般为 35%～40%，通常为 37%，称为甲醛水，俗称福尔马林(formalin)溶液[19-21]。

甲醛具有还原性，尤其在碱性溶液中，还原能力更强，且能燃烧，甲醛蒸气与空气形成爆炸性混合物，爆炸极限为 7%～73%(体积)，燃点约为 300℃。

甲醛可由甲醇在银、铜等金属催化作用下脱氢或氧化制得，也可从烃类的氧化产物中分离出。它可作为酚醛树脂(phenolic resin, PF)、脲醛树脂、维纶、乌洛托品、季戊四醇、染料、农药和消毒剂等的原料。工业甲醛溶液一般含 37%甲醛和 15%甲醇，做阻聚剂，沸点为 101℃。

酚醛树脂、脲醛树脂是人造板行业最重要的胶黏剂原料。截至 2021 年我国人造板材料年产量已达 3.3 亿 m^3，年脲醛树脂胶消费量达 1400 万 t 以上[1]，目前尚无更加低廉优质的胶黏剂替代脲醛树脂胶。因此，限定人造板及其制品的甲醛释放量就成为我国甲醛释放量检测行业的一个重大问题[22-26]。

1.1.2 人造板及其制品中甲醛的产生

由于脲醛树脂胶优异的黏合性及廉价的特征，我国人造板行业在人造板及其制品生产制造时，使用脲醛树脂胶作为胶黏剂。因此，在人造板及其制品中会释放出游离甲醛。人造板及其制品中甲醛的释放量既与外在条件(如湿度、温度)有关，也与内在因素(如木材种类、胶种及工艺条件)有关。人造板及其制品中甲醛产生的主要途径有以下几种：

(1) 在胶黏剂生产过程中产生甲醛。例如，制胶时当甲醛与尿素反应不充分、不完全时，一部分甲醛未参与反应，形成游离甲醛；树脂合成时，已参与反应生成的不稳定基团的甲醛，在适当的条件下会释放出来；同时，吸附在胶体粒子周围已质子化的甲醛分子，在电解质的作用下同样会释放出来。

(2) 人造板生产过程中的甲醛释放。人造板在热压过程中，在一定温度的作用下，树脂发生缩聚反应而固化，树脂在固化过程中会释放出甲醛。

(3) 人造板中甲醛的延续释放。热压结束后,在人造板堆放和使用过程中会存有少量甲醛,由于受到环境温度、湿度等影响,产品内的胶层在老化过程中会继续释放出这部分甲醛;而且固化后的脲醛树脂中可能有极少的一部分也会因固化剂生成微量酸的催化作用而释放出甲醛。

1.1.3 甲醛的存在

在现实社会高速发展的今天,甲醛及其混合物广泛地应用于社会,从而产生甲醛源。最明显的实例是公共场合、居家办公环境中的建筑装饰装修材料、板式家居、软体家具、布艺沙发,以及窗帘、床单等轻工纺织品中都含有甲醛,这些都是甲醛的源头[27]。

1. 木材中的甲醛

通常木材经过防腐处理后或者施加胶黏剂后便含有甲醛,但是这种甲醛在木材中的残留时间有限,经过一段时间后甲醛能够完全消失。木材中的甲醛不像人造板热压后材料内部形成的游离甲醛释放期长达 3~15 年,达不到对人体健康危害极大的那种程度。

2. 空气中的甲醛

甲醛是极易挥发的有机化合物。当公共场合、居家办公环境中使用建筑装饰装修材料、板式家具和软体家具及轻纺产品时,所处环境的空气中就可能会有甲醛产生,室内环境甲醛的浓度视所使用的上述材料的质量而定。因此,选用优质环保的建筑装饰装修材料、板式家具、软体家具、布艺沙发、窗帘、床单等是保证公共场合、居家办公环境具有安全健康空气质量的关键。

3. 水中的甲醛

水中甲醛的来源主要有两个方面:一是工业废水的排放;二是水中天然有机物(腐殖质)在臭氧化和氯化过程中氧化的产物,也就是水中有机物通过热解产生一定量的甲醛。

1.2 甲醛对人体健康的损害

建筑中室内空气质量问题一直是国内外建筑装饰装修环境空气质量研究的重要内容。建筑物室内装饰装修材料、人造板及其制品中向室内空气释放的甲醛严重威胁着人类健康。

1.2.1 甲醛对人体的危害性

欧盟委员会欧洲协调行动项目报告中阐述了短期内不同浓度甲醛对人类的危害，如表 1.1 所示。

表 1.1　甲醛浓度对人类的影响程度

甲醛浓度范围/(mg/m³)	对人类的影响程度
0.06～1.2	嗅到气味
0.1～3.1	刺激眼睛
2.5～3.7	刺激喉咙
5～6.2	伤害感官，流泪、流鼻涕
12～25	强流泪、流鼻涕，最多坚持 1h
37～60	生命受到威胁，水肿、炎症、肺炎
60～125	死亡

由表 1.1 可以看出，当甲醛的浓度在 0.06～1.2mg/m³ 时，人能嗅到甲醛的气味；当甲醛浓度在 0.1～3.1mg/m³ 时会刺激人的眼睛；当甲醛浓度在 2.5～3.7mg/m³ 时，会强烈地刺激人的喉咙；当甲醛浓度在 5～6.2mg/m³ 时，会伤害人的眼睛、嗅觉系统；当甲醛浓度在 12～25mg/m³ 时，会使人强流泪、流鼻涕并最多只能坚持 1h；当甲醛浓度在 37～60mg/m³ 时，会使人类生命受到威胁，会导致水肿、炎症和肺炎；当甲醛浓度在 60～125mg/m³ 时，会直接导致人类死亡。

1.2.2 甲醛与人体健康

日本横滨国立大学花井义道对人造板及其制品释放的甲醛进行了多年的研究，结果表明人造板材料的甲醛释放期长达 3～15 年，人造板及其制品中释放的甲醛严重危害人类的健康。因此，WHO 的国际癌症研究机构确认甲醛为人类致癌物质。世界各国高度关注甲醛的高致癌性，美国、日本和欧洲各国相继颁布法律或强制性标准，强制性规定人造板制品中甲醛的释放限量。我国 2001 年颁布实施了国家强制性标准 GB 18580—2001《室内装饰装修材料 人造板及其制品中甲醛释放限量》，规定了人造板及其制品中甲醛的释放限量，并于 2018 年更新了标准中的检测方法要求，提高了甲醛释放限量标准，如将原来甲醛释放量的 0.03mg/m³ 更严格地限定到 0.01mg/m³。

1.3 人造板与醛类胶黏剂

脲醛树脂胶具有完美的胶合性能，同时具有优质廉价的特征。因此，全球范围内人造板总产量的95%以上使用的都是脲醛树脂胶，截止到目前没有脲醛树脂胶替代品。近几年来，国内外的一些学者开展了大豆胶、三聚氰胺、无甲醛胶黏剂(塑料胶黏剂)、木材热解油替代脲醛树脂等研究[28]，但是这些产品在人造板胶黏剂市场上占有的份额非常少，还未达到大批量用于实际生产的阶段。因此，国内外人造板材料的胶黏剂仍然以脲醛树脂胶为主。

1.3.1 脲醛树脂胶的制备

脲醛树脂是以甲醛与尿素为化学原料，在适当的酸碱度、温度、反应时间等因素的特定条件下使甲醛与尿素的缩合反应生成具有一定分子量的线性分子缩聚物。

世界上著名脲醛树脂生产公司的工业化生产工艺具有知识产权，因此本节只介绍在实验室条件下制备脲醛树脂的过程。

脲醛树脂的实验室合成工艺是在带有机械搅拌的500mL三颈反应瓶中加入100g浓度为37%的甲醛水溶液，用20%氢氧化钠水溶液调节pH至7~8后，按尿素、甲醛摩尔比1:1.3的比例加入尿素。再按6:3:1的质量比，依次序分三次加入尿素。加入第一批尿素时，在45~50℃保温50min。加入第二批尿素时，加热升温使冷却釜内液体温度在30min内均匀升温到90~95℃，并保温40min。然后用10%的甲酸水溶液调整pH至5~6。随后观察胶液的混浊点，即胶液滴入40℃热水容器内能形成不溶的白雾团时即达到反应终点。再用10%的氢氧化钠水溶液调节pH至7~8减压脱水后，冷却釜内液体温度在70℃以下，加入第三批尿素和占尿素总量3%的三聚氰胺。继续搅拌30min，自然冷却至室温，最终制备成脲醛树脂胶。

1.3.2 人造板生产过程中甲醛的释放

从微观上来说，人造板(通常包括中密度纤维板、刨花板、胶合板、大芯板)皆为多孔结构材料。在这种多孔结构中，孔道的孔径大小各异，任意排列。人造板制造过程中经过加热固化使得胶黏剂与材料固缩反应形成人造板。但是胶黏剂与材料发生固缩反应之后，会产生没有参加反应的甲醛，称为游离甲醛。另外，部分参与反应的胶黏剂会生成不稳定的基团，这些基团在特殊条件下也会逆向生成甲醛，因此人造板中的甲醛分子就是通过人造板材料内的不规则孔隙慢慢地释放到室内空间中的。

1.4　甲醛释放机理与特征

人造板中甲醛的释放可分为三个过程：①甲醛在人造板内部运动，即分子发生扩散；②板面边界层热力学平衡，通过吸附、脱附和对流释放；③室内主流区对流，使环境空间内甲醛浓度逐时变化。研究表明，人造板甲醛释放特性由人造板中甲醛初始可散发浓度、甲醛在人造板中的扩散系数和甲醛在空气和人造板界面处的分离系数三个内在释放关键参数决定[29]。

1.4.1　甲醛释放机理

人造板材料脲醛树脂(UF)中尿素与甲醛摩尔比越高，制成的人造板强度越高，吸水厚度膨胀率越低，但甲醛的释放量越高。UF 中的游离甲醛一部分随着制胶脱水进入废水中，另一部分在热压时以甲醛蒸气排到大气中，还有一部分遗留在人造板中。

研究表明，只要 UF 中有羟甲基和二次甲基醚键，固化时就会释放甲醛，原因有如下三个[30]：

(1) 羟甲基脲中的羟甲基在 H 离子作用下很不稳定，易参与反应，导致正反应大于逆反应，造成 UF 中存在未反应的游离甲醛，即使正反应和逆反应平衡，也会产生游离甲醛。UF 的加成反应是一种平衡反应，决定了 UF 中永久存在游离甲醛，在人造板中也会释放甲醛。

(2) 羟甲基脲在酸性条件下，通过次甲基键把单个分子连成聚合物后仍存在羟甲基和甲醚键，人造板在热压或使用过程中由于酸性水解而使这些键断裂，释放出甲醛。

(3) UF 以二次甲基脲为中心形成缩聚体，当热压温度高于 126℃时，二次甲基脲分解产生甲醛。

从以上机理可以看出，不论摩尔比为多少，UF 都不可避免地存在游离甲醛，制成的人造板也不可避免地释放甲醛。

1.4.2　人造板甲醛释放的特征

脲醛树脂胶制造的人造板材料制作成板式家具后，尽管对人造板材料进行了贴膜、喷缩等表面处理，但其内部的游离甲醛或不稳定基团仍然能向周围空间慢慢释放甲醛，危害人类健康。板式家具向周围空间散发甲醛浓度的高低，是由人造板材料中甲醛释放量所决定的。外部空间环境的变化如温度、气压和湿度等实时变化时，板式家具释放出的甲醛也会发生变化。因此，使用甲醛释放量低的人造板材料，在某种程度上会降低室内空气中的甲醛含量。

1. 人造板材料甲醛释放的常态性

人造板材料甲醛释放是由于人造板材料在热固化过程中，部分甲醛没有参与固缩反应而产生游离甲醛，或在固缩反应过程中生成部分不稳定基团。热固化形成人造板材料产品后游离甲醛和不稳定基团会残留在热压成型后的人造板材料中。成品的人造板材料内部不是绝对的均质材料，而是由许多的微小孔洞和团块构成。游离甲醛和不稳定基团会沿着这些微小孔洞和团块释放出来。

2. 人造板材料甲醛释放的长期性

人造板材料中甲醛释放是一个长期的过程，日本科学家花井义道经过多年的跟踪研究得出结论，人造板材料中甲醛释放期长达 3~15 年。如果人造板材料甲醛释放限量高于法定标准，那么对人类健康是一个极大的危害。

1.5 人造板甲醛释放限量标准

甲醛是挥发性有机化合物，准确地检测人造板及其制品甲醛释放量非常复杂。因此，各国都在探索检测人造板及其制品甲醛释放量的方法，进而制定限定人造板及其制品甲醛释放量的规定。本节列举国内外相关人造板及其制品甲醛释放量的法律法规性文件。其中，我国的检验方法标准 5 项，国际标准化组织(International Organization for Standardization, ISO)7 项、美国 5 项、欧盟 4 项、日本 5 项。

1.5.1 国内人造板甲醛释放标准综述

本节列举我国用来检测人造板及其制品甲醛释放量的检测原理、检测方法的相关标准，其中 GB/T 17657—2013《人造板及饰面人造板理化性能试验方法》(现行标准为 GB/T 17657—2022)中规定了人造板及饰面人造板物理化学性能的试验方法。GB/T 29899—2013《人造板及其制品中挥发性有机化合物释放量试验方法 小型释放舱法》规定了人造板及其制品小型释放舱法检测甲醛的原理、方法与标准。随着全球人造板及其制品甲醛释放限量研究的深入，人们发现气候箱法能够真实反映现实状况。因此，我国制定了 GB 18580—2017《室内装饰装修材料 人造板及其制品中甲醛释放限量》和 GB/T 23825—2009《人造板及其制品中甲醛释放量测定 气体分析法》(现行标准为 GB/T 23825—2022)，这种方法主要是欧盟系统采用的标准检测方法，我国制定这种方法是为了我国产品出口欧盟国家。迄今为止我国人造板及其制品甲醛释放量的检测以 1m³ 气候箱法为主体，气体分析法与大气候室法作为推荐性标准，为将来人造板制品的整体检测奠定基础。我国的检测方法标准如表 1.2 所示。

表 1.2　我国检测方法标准

标准号	标准名称
GB/T 23825—2022	人造板及其制品中甲醛释放量测定 气体分析法
GB/T 17657—2022	人造板及饰面人造板理化性能试验方法
GB/T 29899—2013	人造板及其制品中挥发性有机化合物释放量试验方法 小型释放舱法
GB/T 33043—2016	人造板甲醛释放量测定大气候箱法
GB 18580—2017	室内装饰装修材料 人造板及其制品中甲醛释放限量

1.5.2　国外人造板甲醛释放量检测标准综述

随着人造板及其制品检测领域的飞速发展，各国对人造板及其制品的产品和生产过程中的甲醛释放限量进行了更详细的规定，各国是以法律法规和强制性标准的方式颁布实施的。下面列举人造板及其制品甲醛释放量更详细的检测方法的法律法规或强制性标准。

表 1.3 列举了国际标准化组织对人造板及其制品甲醛释放量的强制性标准，为用来检测人造板及其制品甲醛释放量的检测原理、检测方法的相关标准。其中，ISO 12460 系列标准规定了对人造板甲醛释放量的测定，并对 $1m^3$ 气候箱法、干燥器法、气体分析法、萃取法(又称穿孔法)(后文称为穿孔萃取法)等做了规定。

表 1.3　国际标准化组织检测方法标准

标准号	标准名称
ISO 16000-9:2006	室内空气 第9部分：建筑产品和家具释放挥发性有机化合物的测定 释放试验室法
ISO 16000-10:2006	室内空气 第10部分：建筑产品和家具释放挥发性有机化合物的测定 小腔法
ISO 16000-25:2006	室内空气 第25部分：建筑产品用挥发性有机化合物排放的测定 微型室试验法
ISO 12460-1:2007	人造板——甲醛释放的测定 第1部分：用1立方米小室法测定甲醛释放量
ISO 12460-4:2016	人造板——甲醛释放的测定 第4部分：干燥器法
ISO 12460-3:2015	人造板——甲醛释放的测定 第3部分：气体分析法
ISO 12460-5:2015	人造板——甲醛释放的测定 第5部分：萃取法(又称穿孔法)

表 1.4 列举了美国对人造板及其制品甲醛释放量的强制性标准，为用来检测人造板及其制品甲醛释放量的检测原理、检测方法的相关标准。其中，美国重点

推广小气候箱法($1m^3$气候箱)、大气候箱法($30m^3$气候室)，而干燥器法和穿孔萃取法基本上未被推荐。

表 1.4 美国检测方法标准

标准号	标准名称
ASTM D5116-1997	室内材料和产品中挥发性有机化合物释放量测定 小气候箱法
ASTM D6670-2001	室内材料和产品中挥发性有机化合物释放量测定 大气候箱法
ASTM E1333-2002	确定的试验条件下用大容器测定木制品甲醛量的测试方法
ASTM D6007-2014	用小型室测定空气中来自木制品的甲醛浓度的标准试验方法
ASTM D5582-2014	用干燥器测定木制品中甲醛水平的标准试验方法

表 1.5 列举了欧盟对人造板及其制品甲醛释放量的检测标准，可以看出早期欧盟也采用了比较古老的穿孔萃取法和长颈瓶法测定甲醛释放量。最终气候箱法和气体分析法(快速检测法)成为欧盟甲醛释放量检测的主体方法。

表 1.5 欧盟检测方法标准

标准号	标准名称
EN 120:1992	人造板——甲醛含量的测定 穿孔萃取法
EN 717-2:1995	人造板——甲醛释放量的测定 用气体分析法测定甲醛释放量
EN 717-3:1996	人造板——甲醛释放量的测定 长颈瓶法测定甲醛释放量
EN 717-1:2005	人造板——甲醛释放量的测定 第1部分：用气候箱法测定甲醛释放量

表 1.6 列举了日本对人造板及其制品甲醛释放量的检测标准，从表中可以看出，日本一开始强力推荐小室法和大室法，而干燥器法只是在特定的条件下才被使用。截止到目前，日本仍然采用小室法($1m^3$气候箱)和大室法($30m^3$气候室)。

表 1.6 日本检测方法标准

标准号	标准名称
JIS A1911-2006	测定建筑材料和建筑相关产品的甲醛释放 大室法
JIS A1460-2015	建筑板料甲醛释放的测定 干燥器法
JIS A1901-2015	测定建筑产品释放的挥发性有机化合物和醛类 小室法
JIS A1902-2015	测定建筑产品释放的挥发性有机化合物和醛类：取样、试件准备和检测条件
JIS A1903-2015	建筑制品用挥发性有机化合物(VOC)排放的测定 被动法

1.6　人造板甲醛释放量测定方法

在检验方法中,穿孔萃取法、干燥器法、气体分析法、小室法(小气候箱法)和大室法(大气候箱法)是各个国家和地区检测样品中甲醛含量的常用方法。

1.6.1　穿孔萃取法

首先将锯切的待测样品与甲苯在烧瓶中加热至沸腾,使甲醛从待测样品中溶解到甲苯中。随后被萃取的含有甲醛的甲苯蒸气通过穿孔器与蒸馏水混合,使得甲醛从待测样品转溶于蒸馏水。采样完成后,以检测数值 5mg/100g 为界,对蒸馏水溶液中的甲醛含量进行碘量法测量(测定值大于或等于界值)或光度法测量(测定值小于界值),从而精确测定样品释放的甲醛浓度。穿孔萃取法起源于最早对人造板甲醛释放重视的欧洲地区。早期,欧洲是刨花板和中密度纤维板工业的发达地区,检测方法成本低廉使得企业在生产过程中广泛采用穿孔萃取法。人造板表面装饰材料的密封性会影响游离甲醛的释放,穿孔萃取法是将待测样品萃取后放入器皿内并提取出样品的所有甲醛,不能直接反映样品甲醛实际释放对环境的污染,并且利用的媒介甲苯是低毒高风险致癌物质,所以穿孔萃取法存在明显的缺陷。

1.6.2　干燥器法

干燥器法是将待测样品置于清洁干燥器中的金属支架上,盛有蒸馏水的器皿置于干燥器底部,在20℃的环境中静置24h。此过程中,待测样品所释放出来的游离甲醛被蒸馏水吸收形成甲醛溶液。通过光度法定量测量溶液的甲醛浓度(mg/L)来确定样品的甲醛释放量。日本人造板产品的刨花板、中密度纤维板和胶合板甲醛释放量测定大多数采用 9~11L 的干燥器。干燥器法操作简便且经济性好,在实际中能广泛应用,但易受试验条件中温度均匀性和时间稳定性的影响,待测样品的含水率变化和干燥程度也会影响检测精度,存在一定缺陷。

1.6.3　气体分析法

气体分析法又称快速检测法。它是将一块待测样品放置在温度、湿度、气流和压力等均控制在一定范围内的小箱体内;待甲醛从样品中释放并混合到空气中后,连续抽取混合气体并通过气体吸收瓶;利用气体吸收瓶中的蒸馏水对甲醛的吸收进行释放量检测。此方法是基于提高环境温度使板材中的甲醛加快释放,所以能够缩短检验时间,快速测定甲醛释放量。气体分析法是欧洲国家为了解决测试周期长,影响快节奏的市场变化和进出关货物的检测而提出的解决方案;但该方法存在检测设备需要特制,且不能够模拟常规释放过程的问题。

1.6.4　小室法

小室法也称为小气候箱法,是将满足一定承载率的待测样品放置在气候箱中,在规定的温湿度、换气率及其他条件下,待甲醛从样品中释放后,通过抽取气候箱中混有甲醛的空气,经吸收瓶中蒸馏水的溶解,测量溶液中甲醛的含量,得到样品甲醛的释放速率。待气候箱内甲醛浓度处于稳定状态后即可得出最终的检测结果。欧洲的一些国家使用小室法来克服穿孔萃取法测量结果过高、不能够真实反映单位面积人造板材料甲醛释放量的问题。所以小室法相比于其他方法能更好地模拟人造板材料释放甲醛的过程,被用来作为争议产生时的仲裁方法,并列入我国强制性国家标准 GB 18580—2017《室内装饰装修材料 人造板及其制品中甲醛释放限量》。

1.6.5　大室法

大室法即大型气候舱测试法,也可称为大气候室检测法、大气候箱法。现阶段国际上检测人造板制品及建筑产品的甲醛释放采用大室法较为普遍。甲醛检测用气候室的容积有多种规格,其中最常用的规格是 $30m^3$。检测时,检测室内每小时换气 1 次,且待测样品表面空气流速为 0.1~0.3m/s 的条件下,保持检测室内温度为(23±5)℃、相对湿度为(50±5)%的环境(ISO 16000-9:2006),对人造板、人造板制品或者建筑产品等进行甲醛释放量检测。整个检测过程中检测室内不允许出现雾和结露现象。检测过程中,定期抽取检测室内空气样本,通过光度分析法或气相色谱法对溶于蒸馏水的空气样本进行甲醛含量的测定。当甲醛的释放量趋于稳定时,检测过程结束。人造板及其制品、家具或者建筑材料的检测由于复杂程度不同,检测时间一般需要(72±2)h 至(28±2)天。其中,各个国家和地区不同标识体系的样品测试时间要求也存在差异。例如,德国地板安装材料、黏合剂和建筑材料中挥发物释放量控制协会(GEV)的 EMICODE 环境标识规定的测试时间为第 1 天和第 10 天;芬兰的 M1 认证等其他欧洲标识仅要求在第 28 天进行样品释放物质的种类和含量的测试;美国办公家具制造商协会(The Business and Institutional Furniture Manufacturer's Association, BIFMA)要求的测试时间为第 7 天或第 14 天,甚至可以通过利用第 4 天和第 7 天的测试结果使用预测模型进行第 14 天甲醛释放量浓度的预测。

1.7　甲醛定量分析方法

甲醛的检测方法有很多相关研究,并不断得到完善,也产生了一些关于甲醛检测的标准。在甲醛的定量检测中,必须要有甲醛标准溶液,而得到甲醛标准溶液的方法主要是容量分析法。根据容量分析原理，探讨分析各环节必须注意的一些因素条件是很有必要的。

1.7.1 滴定分析法

将已知准确浓度的标准溶液滴加到被测溶液中(或者将被测溶液滴加到标准溶液中)，直到所加的标准溶液与被测物质按化学计量关系定量反应，然后测量标准溶液消耗的体积，根据标准溶液的浓度和所消耗的体积，算出待测物质的含量。这种定量分析的方法称为滴定分析法，它是一种简便、快速和应用广泛的定量分析方法，在常量分析中有较高的准确度。该方法在人造板甲醛释放量检测中曾被广泛使用。

碘滴定法是基于碘离子作为还原剂与试样中氧化剂反应生成单质碘，再用硫代硫酸钠标准溶液滴定单质碘的碘量法。截止到目前，人造板甲醛释放限量的检测大部分采用光度分析法和色谱分析法。

1.7.2 光度分析法

光度分析法是基于不同分子结构的物质对电磁辐射的选择性吸收而建立的一种定性、定量的分析方法，是居室、纺织品、食品中甲醛检测最常规的一种方法。光度分析法涉及的方法有乙酰丙酮法、酚试剂法、AHMT 法、品红-亚硫酸法、变色酸法、间苯三酚法、催化光度法等，每种检测方法所偏重的应用领域不同，并各有其优点和一定的局限性。

1. 乙酰丙酮法

乙酰丙酮法空气样品的采集过程为：取 1 支 U 形多孔板吸收管，加入 5.0mL 水及 1.0mL 乙酰丙酮溶液，连接大气采样器，以 0.5L/min 的速度采气 10L。用试验方法获得标准曲线(各管加入乙酰丙酮溶液 1.0mL，混合均匀。沸水浴加热 10min，取出冷却，于波长 414nm 处用 25px 比色皿，以纯水作为参比，测定标准系列和样品的吸光度。以吸光度与甲醛含量(μg)计算回归方程)。样品测定是在采样后，将吸收液全部倒入比色管，沸水浴加热 10min 后，取出冷却，进行比色。

2. 酚试剂法

酚试剂是利用光度分析法测定脂肪醛(aliphatic aldehydes)的试剂，可以测定糖胺聚糖(glycosaminoglycans)中的己糖胺(hexosamines)，光度测定环境样品中的痕量硒。空气中的甲醛与酚试剂反应生成嗪，嗪在酸性溶液中被高铁离子氧化形成蓝绿色化合物。根据颜色深浅，比色定量甲醛含量。

3. 其他光度分析法

AHMT(4-氨基-3-联氨-5-巯基-1,2,4-三氮杂茂)为测定甲醛和其他反应性化学品的专一试剂。AHMT 法测甲醛是指甲醛与 AHMT 在碱性条件下缩合，经高碘酸钾氧化生成紫红色化合物，再比色定量检测甲醛含量。该方法特异性和选择性均较好，在大量乙醛、丙醛、丁醛、苯乙醛等醛类物质共存时不干扰测定，检出限为 0.04mg/L。但 AHMT 法在操作过程中显色随时间逐渐加深，标准溶液的显色反应和样品溶液的显色反应时间必须严格统一，重现性较差，不易操作，多用于居室内对甲醛含量的检测。

1.7.3　色谱分析法

色谱具有强大的分离效能，不易受样品基质和试剂颜色的干扰，对复杂样品的检测灵敏、准确，可直接用于居室、纺织品、食品中对甲醛的分析检测。也可将样品中的甲醛进行衍生化处理后，再进行测定。居室、纺织品、食品中样品组分一般较复杂，干扰组分多，甲醛含量又低，常规检测方法需耗费大量的时间、精力对样品进行分离、浓缩等预处理后再进行检测。色谱分析法灵敏度高、定量准确、抗干扰性强，可直接用于居室、纺织品、食品中甲醛的检测。但是色谱分析法对设备要求较高，衍生化时间长，萃取等步骤、操作过程烦琐，不适合于一般实验室和家庭的现场快速检测，难以满足市场需求。

1. 气相色谱法

气相色谱法是指甲醛在酸性条件下吸附在涂有 2,4-二硝基苯肼(2,4-DNPH)6201 担体上，生成稳定的甲醛腙，用二硫化碳洗脱后，经 OV-色谱柱分离，用 FI 检测器进行测定。

2. 气质联用色谱法

气质联用色谱法利用甲醛在酸性条件下与 2,4-二硝基苯肼反应，生成 2,4-二硝基苯腙，经二氯甲烷萃取后，用 H-5MS 柱分离质谱检测器检测。该法具有灵敏、准确和操作简便等特点。

1.8　影响甲醛释放量测试结果的若干因素

人造板材料中释放的甲醛主要来自：①制胶时，没有参与固缩反应的甲醛形成游离态，并逐渐释放出来；②甲醛与尿素合成树脂时，会形成不稳定的甲醛基团，在一定条件下会发生逆变反应释放甲醛；③脲醛树脂合成时甲醛分子会吸附在胶体粒子周围，树脂胶凝固时则会释放出甲醛。综上所述，人造板中的游离甲醛绝大部分来自胶黏剂，这是人造板释放甲醛的主要原因。

1.8.1 木材原料

木材材料在一定条件下会发生化学变化而释放出甲醛。不同材种在制浆、干燥、热压等生产过程中会发生化学变化，导致甲醛的产生与释放。由于木材的穿孔值为 1～3mg/100g，而木材在干燥时会部分分解生成乙酸与甲酸，乙酸与甲酸在孔径中游离与木质素中的甲氧基断链产生化学变化从而导致甲醛产生并释放，危害人类健康。不同的树种产生甲醛的量各异，因此释放量也不尽相同。杉木的甲醛释放量为 1.32mg/100g，水曲柳的甲醛释放量为 3.39mg/100g。在木材原料中，芯材的甲醛释放量小于边材和树皮的甲醛释放量，并且密度孔径小的木材原料甲醛释放量高于密度孔径大的木材原料。旋切单板的甲醛释放量高于刨花颗粒板的甲醛释放量。就刨花形态而言，刨花尺寸越小，甲醛的释放量越大。以马尾松为例，实木的甲醛释放量为 2.65mg/100g，刨花的甲醛释放量则为 3.69mg/100g，增加了将近 40%[31]。

1.8.2 胶黏剂与用胶量

胶黏剂是人造板材料甲醛释放的主要来源，通过施胶形成游离甲醛，严重危害人类健康。人造板材料用胶黏剂以脲醛树脂胶、酚醛树脂胶和三聚氰胺甲醛树脂(melamine-formaldehyde resin, MF)胶为主。以脲醛树脂胶为例，通过甲醛与尿素之间的缩聚反应形成脲醛树脂，在反应期间发生的逆向过程便是水解过程，水解过程就会释放出游离甲醛。甲醛的释放量可通过控制施加胶黏剂的用量来降低，研究表明，普通胶合板的施胶量为 50kg/m³，混凝土模板用胶合板的施胶量为 126kg/m³，中密度纤维板的施胶量为 175kg/m³，刨花板的施胶量为 78kg/m³，装饰单板的施胶量为 150g/m²。刨花板的施胶量每提升 1.5%，甲醛的释放量就会增加 1.088mg/100g。因此，在保证人造板质量的同时，减少施胶量，可减少甲醛的释放量[32]。

1.8.3 板材厚度

人造板材料的厚度也和甲醛释放量相关，在压力、温度、湿度相对固定的情况下，人造板材料的厚度越大，甲醛释放量也越大。其次，人造板材料中甲醛扩散特征和树种原材料相关，不同的树种制成的人造板材料的孔隙率、板材密度和封闭方式都与甲醛释放量相关。大量研究表明，人造板材料甲醛释放的主要通道是端面。一般情况下，若封闭了人造板材料的表面则减弱了人造板向其周边释放甲醛的内部动力，因此人造板材料家具在制造时都需要进行封边处理，此种方法除美观和防变形外，更重要的是能够降低人造板材料的甲醛释放量。

1.8.4　板材含水率

板材含水率对板材中的游离甲醛影响很大，欧盟颁布的 EN 120:1992《人造板——甲醛含量的测定　穿孔萃取法》中考虑了含水量对甲醛释放量的影响，其中定义了以板材含水率为 6.5%时的测定值为测定标准值；当含水量为其他值时，测定值需乘以含水率修正系数。

1.8.5　板材端面密封

成型的纤维板、刨花板的板材端面必须进行密封处理，保证游离甲醛释放速度变慢。人造板材料的端部若没有密封好，板材会从周围缝隙释放出游离甲醛，长期这样会对人体造成极大危害。有研究表明，不密封的板材要比密封良好的板材甲醛释放量高 4～5 倍，甲醛严重超标[33]。

1.8.6　板材表面处理

合格的人造板板式家具是控制甲醛释放量的基础。人造板板式家具都需进行表面处理，通过涂饰、端面密封等处理，可以缓解游离甲醛的释放。在家具设计中，会通过连接件将若干部件组装成型，人造板材料的表面需进行开孔处理，导致无法做到完全封闭，造成游离甲醛的释放。因此，在家具设计时，应尽量减少人造板表面的开孔与开槽处理，来降低游离甲醛随着细小孔径进行释放的概率。

1.8.7　温度与相对湿度

甲醛是室内装饰、装修的主要污染物，季节的更替也会影响室内污染物浓度的变化，甲醛释放量也显著不同。夏天是游离甲醛释放的高发期，室内甲醛的浓度与温湿度有密切关系。相关研究表明，甲醛释放量会随着温度的升高而增加，这也依赖于甲醛的沸点。当相对湿度在 35%～45%时，甲醛释放量降低；当相对湿度在 45%～75%时，甲醛释放量增高。因此建议在夏天等高温、高湿环境中注意开窗、通风，降低室内温度、湿度，减少甲醛释放量的产生，营造一个良好的生活环境[34]。

1.9　降低人造板甲醛释放量的措施

由于甲醛的高致癌性，人们都在研究人造板材料中尽可能减少甲醛释放的方法，甚至是期望甲醛零排放。这些措施包括通过降低脲醛树脂胶的使用量，人造板材料表面喷缩、贴膜与封边等常规的手段来降低甲醛的释放量。除此之外，各国的专家学者也在研究将不含甲醛的胶黏剂应用到人造板材料的制造中，其中包括无醛异氰酸酯胶黏剂、淀粉胶黏剂、豆蛋白无醛胶黏剂、酚醛树脂胶黏剂等。但除酚醛树脂胶黏剂外，其他胶黏剂仍在探索之中。酚醛树脂胶黏剂制造的人造板材料无论是物理力学特征还是甲醛释放量以及防水性能都堪称最佳，但是高昂的价格使人们望而却步。

1.9.1　采用无醛异氰酸酯胶黏剂

无醛异氰酸酯胶黏剂分为异氰酸酯胶黏剂和多异氰酸酯胶黏剂。异氰酸酯胶黏剂由异氰酸酯单体制成，多异氰酸酯胶黏剂由多异氰酸酯制成。这种胶黏剂主要用于橡胶与金属的黏结，也用于纤维、塑料的黏结。它的特点是分子体积较小，容易渗透到一些多孔性的材料中，能与吸附在黏结面上的水分发生反应产生化学键。该法制得的胶黏剂颗粒较细且分布均匀，具有较好的储存稳定性，但在分子链中亲水基团的引入使得胶层耐水性、耐热性、黏结强度不理想。因此，对水性异氰酸酯胶黏剂改性的研究十分活跃，但成功用于生产的报道较少，成功用于人造板复合的报道则更少。究其原因，主要是水性异氰酸酯胶黏剂中的异氰酸酯胶大分子不再与木质或非木质大分子中含有的羟基(—OH)反应，因此胶合后只是与原料基材存在着分子间的作用力，难以满足黏结强度等性能上的要求，很难批量用于人造板行业[35]。

1.9.2　采用豆蛋白无醛胶黏剂

豆蛋白无醛胶黏剂是一种化学产品，它的基本组成单位是氨基酸，由氨基和羧基等极性基团构成，因而对木材、玻璃、金属等材料具有良好的黏结能力。传统的豆蛋白无醛胶黏剂中过高的碱量会造成蛋白质碱性水解，使黏结强度和耐水性大幅下降，并不可避免地使木材变色或"烧伤"。所以提高豆蛋白无醛胶黏剂耐水胶接性能的改性方法尤为重要，其中包括蛋白质变性、接枝改性、酶改性、交联改性、大豆多糖改性、仿生改性、纳米材料改性、复合改性等，同时提高豆蛋白无醛胶黏剂固体含量、降低黏度、改善抗霉变性能。豆蛋白无醛胶黏剂从源头上解决了人造板甲醛释放的问题，且原材料丰富、环保可再生，符合人们对绿色、安全、环保的追求。通过化学改性等方法可解决豆蛋白无醛胶黏剂胶结性能差、黏度大、易霉变的问题，但豆蛋白无醛胶黏剂仍存在初黏性差、脆性大、开口期短、预压性差、成本高、热压时间长、耐久性差等问题，制约了其在木材加工行业大规模推广应用。另外，目前豆蛋白无醛胶黏剂主要工业化应用领域为胶合板、细木工板等单板类人造板制造，对于制造纤维板、刨花板仍然存在黏度大、施胶困难、成本高、吸水膨胀等问题[36]。

1.9.3 采用酚醛树脂胶黏剂

酚醛树脂是一种合成高分子材料,由苯酚和甲醛在酸、碱的媒介作用下合成。在木材加工领域中酚醛树脂胶黏剂应用广泛,其用量仅次于脲醛树脂胶黏剂。用酚醛树脂胶黏剂制造的人造板材料具有耐热性好、黏结强度高、耐老化性能好及电绝缘性好等优点,因此是生产耐候、耐热的木材制品的首选胶黏剂,并得到了较为广泛的应用。但酚醛树脂胶黏剂的耐磨性较低、成本较高、颜色较深、有一定的脆性、易龟裂,特别是水溶性酚醛树脂与脲醛树脂相比有固化时间长、固化温度高、对单板含水率要求严格等缺点,使其应用受到一定限制。酚醛树脂胶黏剂因其价格昂贵,在保证胶合强度的条件下,人造板制造企业经常采用价廉的尿素替代部分苯酚,以降低生产成本[37,38]。

1.9.4 添加甲醛捕捉剂

甲醛捕捉剂是指能与甲醛发生物理吸附或化学反应的物质,其主要特点是在一定条件下能与甲醛发生化学反应生成另一种稳定的新物质来消除甲醛,或者利用物质自身的微孔或孔隙吸附甲醛。例如,过氧化氢、过硫酸盐、二氧化锰、亚硫酸氢钠等物质,可将甲醛氧化成甲酸;乙二醇、二甘醇、丙三醇、山梨醇、聚乙烯醇等羟基化合物,能够与甲醛发生缩合反应;乳清蛋白、淀粉、糊精、酪素等物质中的蛋白质,能与甲醛反应生成氮次甲基化合物[39]。化学方法的甲醛捕捉剂常用三聚氰胺、苯酚、氨水、乙烯脲、碳酸肼等。物理吸附的甲醛捕捉剂常用多孔的蒙脱土、活性炭、竹炭、椰维炭等。综上所述,添加甲醛捕捉剂消除甲醛的方法一般是通过物理或化学的方法捕捉消除甲醛。化学方法消除甲醛一般使用化学物质与甲醛反应生成新的物质,从而达到消除甲醛的目的。甲醛捕捉剂使用的化学物质一般都有一定的毒性,因此不推荐使用。可使用物理法吸收甲醛,如使用多孔的蒙脱土、活性炭、竹炭、椰维炭等甲醛捕捉剂吸收甲醛。

第 2 章 人造板及其制品甲醛释放量检测仪器开发

目前，世界范围内人造板及其制品甲醛释放量检测的主流方法主要是采用小室法、大室法和气体分析法。气体分析法是为海关进出口检疫检验部门准备的一种快速检测方法，该种方法不能模拟现实的甲醛释放场景。因此，小室法和大室法仍然是人们公认的模拟现实甲醛释放场景最好的方法。本章主要介绍国内外大室法技术，在此基础上将作者团队的最新研究成果公布出来，供科研单位和企事业单位开发人员参考。

虽然人造板及其制品释放甲醛和挥发性有机化合物(volatile organic compounds, VOCs)，但因其作为木材的替代物，以其较高的性价比被广泛应用于建筑装饰装修材料和家具中。世界卫生组织的下属机构国际癌症研究机构在 2004 年发布的世界卫生组织第 153 号公告中确认甲醛是 I 类致癌物质，而美国国会于 2010 年通过的《复合木制品甲醛标准法案》(Formaldehyde Standards for Composite Wood Products Act)对复合木制品中甲醛的释放量进行了限定。其中法案还规定了甲醛释放应采用 ASTM E1333《用大室测定空气中木制品甲醛浓度和释放速率的试验方法》进行测试，采用 ASTM E1333 以外的测试方法获得的结果必须符合美国国家环境保护局(United States Environmental Protection Agency, EPA)条例的规定，并附有等值证明。因此，使用大室法检测甲醛释放量对于我国人造板出口企业和相关检测机构势在必行。

大室法检测甲醛释放量的重要设备之一是气候室。气候室能够最大限度地模拟人造板及其制品的实际使用环境，准确检测甲醛的释放量，所以研究设计容积为 30m³ 的甲醛释放量检测用气候室，就成为检测人造板及其制品甲醛释放量的关键。本节提出 30m³ 气候室中一种新的防雾和结露的快速跟踪算法，解决常规气候室容易出现雾和结露的现象，以及达到稳定状态时间长的弊端。

2.1 气候室系统分析

2.1.1 气候室法检测原理

气候室法的原理是模拟一个人造板及其制品的使用环境，待释放出的甲醛与气候室内的空气混合后，定期抽取混合的空气。利用以蒸馏水为吸收液的收集瓶，将取样空气中的甲醛全部溶于吸收液中。然后使用分光光度计等方法，通过测定吸收液中的甲醛含量,结合被测样品的表面积和抽取的空气体积,计算出每立方米空气中人造板及其制品的甲醛释放量。其中,为了模拟一个标准的使用环境来统一衡量甲醛的释放速率,需要对气候室内的温度、相对湿度、流经板材表面的空气流速和室内空气交换率等因素进行恒值控制。

以国际标准化组织的 ISO 16000-9:2006《室内空气 第 9 部分:建筑产品和家具释放挥发性有机化合物的测定 释放试验室法》为例,检测时模拟的标准环境条件为气候室内每小时换气 1 次,保持温度为(23±2)℃、相对湿度为(50±5)%,并且室内空气循环风速为 0.1~0.3m/s。此外,我国的 GB/T 33043—2016、欧盟的 EN 717-1:2004、美国的 ASTM E1333-2014 和日本的 JIS A1911-2015 也分别要求了不同的标准测试环境条件,各类标准的要求如表 2.1 所示。

表 2.1　各类标准测试环境要求

地区/国家	标准号	温度/℃	相对湿度/%	换气率/(次/h)	室内空气风速/(m/s)
中国	GB/T 33043—2016	25±1	50±4	0.5±0.05	—
国际标准化组织	ISO 16000-9:2006	23±2	50±5	1±0.05	0.1~0.3
美国	ASTM E1333-2014	25±1	50±4	0.5±0.05	—
欧盟	EN 717-1:2004	23±0.5	45±3	1±0.05	0.1~0.3
日本	JIS A1911-2015	28±1	50±5	0.5±0.05	0.1~0.3

注:标准选取大室法,不包含产品标准其他要求。

国际标准化组织颁布的人造板甲醛释放量测定系列标准中无大室法标准(表2.2),并且 ISO 16000-9:2006(包含其 COR 1:2007)中第一小节"范围"提到了有关人造板甲醛释放量的测定应参阅 EN 717-1:2004。但 ISO 16000-9:2006 也适用于人造板等建筑产品,以确定甲醛的释放率,所以该方法能够用于人造板及其制品甲醛释放量的确定,获得的释放数据可以用来计算室内的甲醛及 VOCs 浓度,可视为国际标准化组织检测人造板甲醛释放量的大室法。同时,待测材料的取样、运输和储存以及试样的制备按 ISO 16000-11:2009 进行。测定 VOCs 的分析方法和空气采样,按 ISO 16017-1:2000 和 ISO 16000-6:2011 中描述进行。这是由于欧盟标准对于检测室内的温度控制精度和湿度控制精度要求较高,作为人造板及其制品甲醛检测用的大气候室,检测出的结果更加真实可靠。

表 2.2　国际标准化组织颁布的人造板甲醛释放量测定系列标准

标准号	标准名称	中文译名	方法种类
ISO 12460-1:2007	Wood-based panels—Determination of formaldehyde release—Part 1: Formaldehyde emission by the 1-cubic-metre chamber method	人造板——甲醛释放的测定 第 1 部分:用 1 立方米小室法测定甲醛释放量	1m³气候箱法

续表

标准号	标准名称	中文译名	方法种类
ISO 12460-2:2018	Wood-based panels—Determination of formaldehyde release—Part 2: Small-scale chamber method	人造板——甲醛释放的测定　第2部分：小舱法	小舱法
ISO 12460-3:2015	Wood-based panels—Determination of formaldehyde release—Part 3: Gas analysis method	人造板——甲醛释放的测定　第3部分：气体分析法	气体分析法
ISO 12460-4:2016	Wood-based panels—Determination of formaldehyde release—Part 4: Desiccator method	人造板——甲醛释放的测定　第4部分：干燥器法	干燥器法
ISO 12460-5:2015	Wood-based panels—Determination of formaldehyde release—Part 5: Extraction method (called the perforator method)	人造板——甲醛释放的测定　第5部分：萃取法(又称穿孔法)	穿孔萃取法

注：标准选取 ISO 12460 系列人造板甲醛释放量检测方法。

此外，大气候室法中明确了 30m^3 甲醛释放量检测用气候室的结构需满足 ISO 16000-9:2006 附件 C 的描述，如图 2.1 所示。

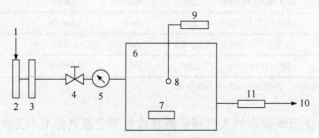

图 2.1　30m^3 甲醛释放量检测用气候室结构图

1. 进气口；2. 空气过滤器；3. 空调系统单元；4. 空气流量调节器；5. 空气流量计；6. 检测室；7. 空气循环及风速控制装置；8. 温度、空气湿度和空气速度传感器；9. 温度、空气湿度监测系统；10. 排气口；11. 空气取样管

综上所述，气候室装置在气候室法中起到模拟环境条件的作用，用来模拟甲醛释放时的气候环境。根据以上对气候室法标准中环境条件的分析，可以确定气候室设计的性能指标，同时也依据 ISO 16000-9:2006 附件 C 详细描述的气候室装置构成，来开展对各个构成装置的功能研究，从而进行气候室设备的设计与实现。

2.1.2　气候室构成装置功能研究

为了实现上述气候室的结构要求，模拟检测甲醛释放量的环境条件，依据构成装置的功能，气候室装置可以划分为检测室、控温系统、控湿系统、新风空气交换系统、空气循环系统和控制系统六个部分。其中，各个部分装置的功能如下。

1) 检测室

检测室是放置检测样品的场所，被测样品中释放的甲醛在检测室中与空气混合。其构成装置如图 2.1 中的 6 所示。

2) 控温系统

控温系统是检测室内温度控制的主要作用单元。该系统通过控制安装在检测室内部的末端控温设备进行升温和降温，从而达到温度控制目标的要求。其构成装置包含在图 2.1 中 3 所示的空调系统单元中。

3) 控湿系统

控湿系统是检测室内相对湿度控制的主要作用单元。该系统通过设置在检测室外的湿度发生装置调整输入检测室的空气湿度，从而进行检测室内相对湿度的控制。在一定换气条件下，当检测室内相对湿度较高时，可以输入低湿空气进行混合，降低相对湿度；当检测室内相对湿度较低时，可以输入高湿空气进行混合，以升高相对湿度。其构成装置包含在图 2.1 中 3 所示的空调系统单元中，并与控温系统共同构成气候室中的空气温/湿度调节系统。

4) 新风空气交换系统

新风空气交换系统是控制检测室内换气率的主要作用单元。该系统根据标准要求向检测室内吹入定量的新风，达到检测室内换气率的要求。同时，控湿系统依赖新风空气交换系统来将调制好的湿空气吹入检测室内进行相对湿度的控制，并且为了计量检测室内的换气率，需要在该系统中设定调节风量装置和计量风量装置。其构成装置如图 2.1 中 1、2、4、5 和 10 所示。

5) 空气循环系统

空气循环系统是进行检测室内空气不同状态混合、加快湿交换的主要作用单元。该系统使送入检测室内的调制空气与原有空气能均匀并快速地混合，并能够满足标准要求中通过样品表面的空气流速。其构成装置如图 2.1 中的 7 所示。

6) 控制系统

控制系统是大气候室的核心装置，通过控制系统调整控温、控湿和新风空气交换等各个系统的工作状态，完成检测室内环境条件的模拟。温湿度监测系统作为气候室控制系统中的反馈，即在检测室内设置了温度和空气湿度传感器。另外，也将空气流动速度传感器设置在检测室内，作为气候室控制系统控制空气循环系统的反馈。控制系统构成装置如图 2.1 中 8、9、3 与 7 中的控制功能装置所示。

气候室可根据以上划分的各个系统分别进行设计与实现，最后达到检测环境条件的要求，完成气候室的硬件平台建设。

2.2　气候室系统设计与实现

为了设计与实现气候室系统，首先应设定气候室性能指标，然后设计各个系统的工作方式，接着选择合适的材料或设备类型，最后进行系统综合调试。

　　气候室设计的性能指标依照上面分析的大室法标准要求，虽然性能指标没必要比标准所需要的指标高，但为了便于高精度测量甲醛及 VOCs 的释放量，满足不同温湿度检测条件要求，综合稳态性能表现和动态过程性能，气候室系统性能指标拟定如下：

(1) 容积为 30m³，允差±0.1%；

(2) 温度可调范围为 5～35℃，精度为±0.1℃；

(3) 相对湿度可调范围为 30%～75%，精度为±2%；

(4) 空气流速为 0.1～0.8m/s，精度为±0.05m/s；

(5) 空气交换率为(1±0.05)次/h。

依据设计指标和各个系统的功能要求，检测室、控温系统、控湿系统、新风空气交换系统、空气循环系统和控制系统六个部分的设计和实现如下所述。

2.2.1　检测室设计与实现

　　以行业中规定的方式，检测室的容积大小可作为气候室各种型式的主要区分依据。例如，根据欧洲标准、美国标准和国际标准化组织标准，以 22m³ 容积为划分界限，小于 22m³ 容积的称为小气候室，22m³、30m³ 等容积的气候室称为大气候室。现阶段国内外检测人造板及其制品的甲醛释放量，如大型家具等样品，检测室的容积选取 30m³ 较为常见。设计的检测室平面图如图 2.2 所示。

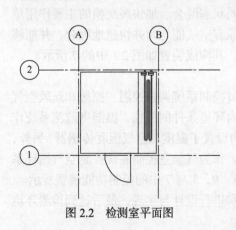

图 2.2　检测室平面图

　　图 2.2 中，检测室的尺寸为 3500mm(长)×3500mm(宽)×2450mm(高)；步入检测室内的通道尺寸为 800mm(宽)×1800mm(高)；观察窗尺寸为 250mm(宽)×350mm(高)，中心点距地面 1600mm；两个直径为 25mm 的排气口间隔 150mm，在围护结构侧面中线处的通道门上设置，距离地面 1300mm；通道左侧维护结构侧面预留控制柜安装位置；顶面、底面和侧面的维护结构中内壁、外壁材料厚 0.5mm，中间保温层厚 250mm。检测室内划分为两个区域：一个区域安装调整温湿度的末端控制设备，区域宽 800mm；另一个区域放置大型检测样品。

　　为了达到高精度检测甲醛含量的目标，检测室的围护结构材料要考虑两方面因素：一是防止检测室内壁的材料及其拼装工艺吸附甲醛从而减少空气中的甲醛含量，造成测量结果的不准确；二是防止围护结构的热阻过小，克服外界环境影响检测室内部温度，避免造成对系统产生较大的扰动。所以，设计的检测室内壁材料采用平整光滑的不锈钢,并使用无缝焊接技术施工;检测室维护结构选用热阻较大的聚氨酯硬泡材料(导热系数仅为 0.022～0.033W/(m·K)),并在门、观察窗等部位进行隔热处理,对地面进行防潮处理。实现的检测室如图 2.3 所示。

2.2.2　控温系统设计与实现

设计的控温系统主要装置包括:控温水箱、控温加热器、控温制冷机组、控温循环水泵和表面式冷却器(表冷器)等。

控温系统以水为媒介,检测室内表冷器作为末端控制设备,通过控温循环水泵使控温水箱中一定温度的水流到表冷器,进行检测室内温度的控制。待表冷器中的介质水经热交换释放能量后,再返回到控温水箱中。

其中,控温水箱中安装有加热设备和制冷设备,用来加热或制冷介质水。同时设有

图 2.3　检测室实物图(室外)

浮子开关用来监控水位,保障系统安全运行。控温系统示意图如图 2.4 所示。

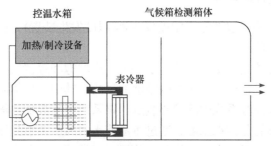

图 2.4　控温系统示意图

为了实现上述设计目标,控温水箱中的加热设备选用电阻式加热器,因为该类设备发热均匀、工作可靠且操作检修方便,所以选取工作电压为 220V、功率为 2kW 的电加热棒,共计 3 个,设置在控温水箱的底部。

制冷设备选用以二氟一氯甲烷为制冷剂的制冷压缩机,其制冷原理为:压缩机把压力较低的制冷剂蒸气压缩成压力较高的蒸气;然后将蒸气送入安装在压缩机附近的冷凝器中,气体在冷凝器中冷凝成具有较高压力的液体,经过节流阀节流后变为压力较低的液体;接着该液体被送入安装在控温水箱内的制冷盘管(蒸发

器),在制冷盘管中吸热蒸发,达到制冷介质水的目的;最后吸热蒸发变为低压力的蒸气再次进入压缩机,完成一个制冷循环。这里选取制冷量为 1.8375kW、工作电压为 220V 的 TAJ45 型压缩机,并安装在检测室外的设备工作间中,避免因发热和噪声影响实验室的甲醛检测工作。

检测室内的温度末端控制设备选用尺寸为 2000mm(长)×500mm(宽)×150mm(高)的表冷器。检测室内的空气流经表冷器内部的金属管道外壁,由于金属管道内腔循环控温水箱中调制好温度的水,当存在温差时,就会进行水与空气

图 2.5　表冷器安装图

的热交换,从而达到加热或冷却空气的目的。为了使得热交换足够充分,表冷器内部金属管道使用导热系数较大的铜制材料,并安装在检测室内宽度为 800mm 的区域中,高度为 1000mm 处。现场实物图如图 2.5 所示。

为了减少对循环管路中水温的影响,将控温水箱的水泵入表冷器的循环水泵采用 MP 型磁力驱动循环泵,避免传统机械泵长时间工作产生高温对管路中的水有加热干扰作用。其主要技术参数为额定功率 60W、工作电压 220V、流量 33L/min,扬程 3800mm。

2.2.3 控湿系统设计与实现

控湿系统主要装置包括露点湿度发生器(湿度发生装置)、控湿加热器、控湿制冷设备和喷淋循环水泵等。

控湿系统中由露点湿度发生器产生一定温度的饱和湿空气,该湿空气被吹入检测室与原有空气混合后,达到控制湿度的目的。其中,根据露点调湿原理工作的湿度发生装置是控湿系统中的核心装置。该系统中控湿加热器和控湿制冷设备控制位于装置底部的蒸馏水温度,通过将蒸馏水的温度调整到期望的空气露点温度后,经喷淋循环水泵将水泵入位于该装置上部的喷淋设备中,随着向下喷出的水与向上流动的空气在装置中瓷环层充分混合,产生以喷淋水温为空气露点温度的饱和湿空气。当喷淋温度较低时,混合后的空气露点温度低,即空气中含有的水蒸气含量低;当喷淋温度较高时,混合后的空气露点温度高,即空气中含有的水蒸气含量高。同时,露点湿度发生器中设有浮子开关用来监控水位,上限设置在进气口下方 50mm 处,下限设置在控温加热器上方 50mm 处,保证加热和制冷时系统安全运行。控湿系统示意图如图 2.6 所示。

为了实现上述设计目标,露点湿度发生器中的控湿加热器同样选用电阻式加

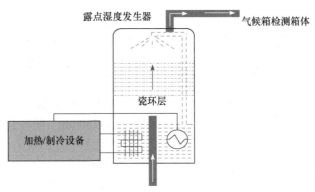

图 2.6　控温系统示意图

热器,由于相对湿度的设计指标在 30%~75%,露点温度不需要高于 19℃(温度 23℃、相对湿度 75%的露点温度为 18.4℃)。所以选取的控湿加热器为工作电压 220V、功率 1kW 的电加热棒,共计 3 个,设置在露点湿度发生器的底部。

控湿制冷设备的选择同控温系统,控湿制冷设备中的制冷盘管设置在露点湿度发生器中。设备选用制冷量为 1.47kW、工作电压为 220V 的 TAJ40 型压缩机,同样安装在检测室外的设备工作间中。

除此之外,露点湿度发生器的关键技术还在于解决进入其中的空气温度过高和调制的水与空气混合不充分两个问题。

对于第一个问题,进入露点湿度发生器的高温空气将裹挟喷淋出的水形成高湿度饱和空气,不能达到向检测室内输入低湿空气进行减湿的控制要求。图 2.6 中,进入的空气在被水包围的管道中由下向上运动。由于垂直设计管道路径短,空气通过管道壁与水的交换时间短、热量少,为了有效降低进气温度,在水中的管路由垂直设计改为螺旋状设计,增加管道与水的接触面积和管道在水中的路径长度,从而使高流速的空气与水有时间进行充分的热交换,达到降低进气温度的目的。降温盘管设计示意图如图 2.7 所示。

同时,为了实现更好的降温效果,将盘管在露点湿度发生器外侧再进行一次铺设,并辅以保温材料包裹,充分利用露点湿度发生器工作时的低温工况降低进气温度。

对于第二个问题,快速流动的空气与喷淋的水不能在中空的露点湿度发生器内部进行充分的混合,所以在露点湿度发生器中设置一个由瓷环组成的混合反应区域(瓷环层),一是保证将喷淋的

图 2.7　降温盘管设计示意图

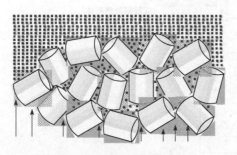

图 2.8　混合层工作原理

水打散，二是改变空气的运动方向，增加空气运动的路径长度来与水汽进行充分湿热混合。混合层工作原理如图 2.8 所示。

此外，喷淋装置选择外观尺寸为 250mm×250mm、喷口直径为 1mm、排列形式为 10×10 的喷头，安装在露点湿度发生器的顶部。

喷淋循环水泵的选取原则与控温系统中循环水泵的选择一致，选择的 MP 型磁力驱动循环泵额定功率为 60W，工作电压为 220V，流量为 32L/min，扬程为 3800mm。循环水泵安装在露点湿度发生器的下方。同时，为了均匀地将饱和湿空气喷射到检测室内各处，检测室内的末端喷射装置采取喷射管均匀打孔布置的方式，利用新风空气交换系统提供的风压保证实现均匀喷射的目标。

综上所述，控湿系统通过以上装置的设计和实现，进行检测室内相对湿度的控制。

2.2.4　新风空气交换系统设计与实现

新风空气交换系统主要装置包括风泵、风量调节阀、玻璃转子流量计、空气净化装置和管路等。新风空气交换系统中，由风泵抽取的室外空气经过空气净化装置吹向露点湿度发生器，由于不断有新风送入露点湿度发生器中，该发生器产生向检测室方向的压力，进而使得混合后的饱和湿空气被送入检测室中。通过调整风量调节阀，利用玻璃转子流量计进行体积计量，最终达到要求的换气率水平。新风空气交换系统设计示意图如图 2.9 所示。

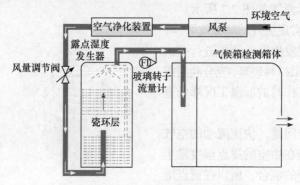

图 2.9　新风空气交换系统设计示意图

为了达到以上设计目标,新风空气交换系统中的风泵选用大功率的旋涡气泵,其最大流量达到 120m³/h,工作电压为 220V,额定功率为 750W。同时需要注意的是,由于检测室内的换气动力来源是新风空气交换系统中的风泵,且风泵的出风口到检测室的排气口之间管线路径长、走线形式复杂和露点湿度发生器中含有瓷环层这一阻力区域,可以预见的是大风阻工作条件下的风泵会产生大量的热,从而升高流经风泵的新风温度。这也是导致露点湿度发生器进气温度较高的重要原因。

检测甲醛的标准中,对于检测室内的换气率要求为 1 次/h 或 0.5 次/h 这两种固定参数,所以风量调节阀可选用聚氯乙烯材质的手动调节阀。阀门的公称通径为 40mm,采用胶接形式连接新风管路,气密性良好。同时,为了计量送风量来计算检测室换气率(换气率=送风量÷检测室体积),选用 LZB-40 型玻璃转子流量计安装在露点湿度发生器出气口处进行计量。选用的玻璃转子流量计的通径为 40mm、浮子为 1Cr18Ni9Ti 不锈钢材质、空气在 20℃的标准大气压(101.325kPa)下的流量为 4~40m³/h。其与露点湿度发生器端的连接采用法兰连接方式,另一端与新风管路的连接采用卡套连接方式,气密性良好。

空气净化装置为一台 400mm(长)×400mm(宽)×800mm(高)的空气过滤器,过滤器中含有三层过滤结构,每层铺设有活性炭等吸附空气中悬浮颗粒和化学物质的吸附剂。另外,在空气净化装置中,取消了添加二氧化硅凝胶干燥剂。由于标准大气压下 1m³ 的空气含水量在 0~30.38g,取中位数以 15g/m³ 计算,考虑 30m³ 的气候室的换气率为 1 次/h,所以一天当中换气体积中的含水量为 30m³/h×24h×15g/m³。考虑大室法检测时间最长达到 28 天,则检测过程中输入空气的总含水量为 302.4kg。二氧化硅凝胶干燥剂在相对湿度为 90%时的吸附量典型值为 0.35,即为了吸收 302.4kg 的水,需要 302.4÷0.35＝864kg 的干燥剂。即使采用可重复使用的硅胶每日更换,也需要 30m³/h×24h×15g/m³÷0.35≈31kg 的干燥剂,且至少需要两块进行更换轮替。所以,区别于 1m³ 气候箱的空气净化装置,30m³ 的气候室利用露点湿度发生器进行冷凝除湿,从而来取代空气净化装置中干燥剂的添加。

综上所述,新风空气交换系统通过以上装置的设计和实现,进行检测室内换气率的控制,并将控湿系统中产生的饱和湿空气吹入检测室内。

2.2.5　空气循环系统设计与实现

空气循环系统主要装置包括调速风机和挡风板。空气循环系统中挡风板将检测室划分为两个区域,依据调速风机的吹风方向,一个保持正压(检测区域),另一个保持负压(温湿度输入区域)。通过循环风扇吹动检测区域的空气,使其流经检测样品表面的空气流速在 0.1～0.3m/s 范围，然后一部分空气经检测室排气口排出完成空气交换，另一部分空气回流到温湿度输入区域，继续与新送进检测室的湿空气进行混合，如此反复循环，实现检测室内的空气循环。空气循环系统设计示意图如图 2.10 所示。

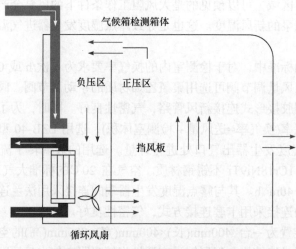

图 2.10　空气循环系统设计示意图

为了实现以上设计，选用可调速轴流风扇，工作电压为 220V、额定功率为 4.5kW、叶轮外径为 255mm，叶片数 4 个，共计 3 台。3 台风扇中心点间隔 700mm、离地面 400mm，采用螺栓连接方式安装于挡风板上。其中，挡风板尺寸为 3500mm(宽)×2000mm(高)，与检测室顶部距离为 450mm，采用三扇折叠门形式实现，便于开启进行温湿度输入区域设备的检修和保养。

综上所述，空气循环系统通过以上装置的设计和实现，进行检测室内空气循环的控制。

2.2.6　控制系统设计与实现

控制系统是气候室系统的核心，主要构成包括以可编程逻辑控制器(programmable logic controller, PLC)为核心的控制器、控制对象信号采集系统、执行机构的控制电路和人机交互系统。控制系统通过控制控温系统、控湿系统和新风空气交换系统等来实现气候室内环境的模拟,其各个系统的控制方案如下所述。

控温系统的控制方案为：当完成检测室内的温度值设定并启动控制系统后，系统经由信号采集系统检测当前室内的温度，通过设计的控制算法计算控制器的输出，控制器输出控制控温加热器的加热功率，使控温水箱中的水升温或降温，然后控制器控制循环水泵开启，将调制好温度的水循环到表冷器中进行检测室内的热交换，从而使气候室内的温度达到用户的设定值。

控湿系统的控制方案为：当完成检测室内的相对湿度值设定并启动控制系统后，系统经由信号采集系统采集当前检测室内的相对湿度，通过设计的控制算法计算控制器的输出，控制器输出控制露点湿度发生器中加热器的加热功率，使得要与空气进行混合的蒸馏水升温或降温，然后控制器控制喷淋循环水泵开启，将调制好的空气露点温度的水循环到喷淋装置中进行空气的饱和调湿，接着控制器控制新风空气交换系统中的风泵开启，把调制好的饱和湿空气吹进检测室内，从而使气候室内的相对湿度达到用户的设定值。

新风空气交换系统和室内空气循环系统的控制方案为：当系统启动后，控制器根据设计控制策略，分别驱动执行部件开启或关闭风泵和循环风扇。

为了实现以上控制设计，控制系统采用工控触摸屏作为上位机，可编程逻辑控制器作为下位机的结构。上位机基于 Windows NT 系统运行通用监控系统(monitor and control generated system, MCGS)组态软件编写的人机交互界面，实现下达操作指令、实时监控系统工作状态、定时记录运行数据的功能。下位机采用西门子系列的可编程逻辑控制器编写气候室控制系统算法和控制策略。上位机和下位机通过 RS485 接口通信。上位机和下位机设计示意图如图 2.11 所示。

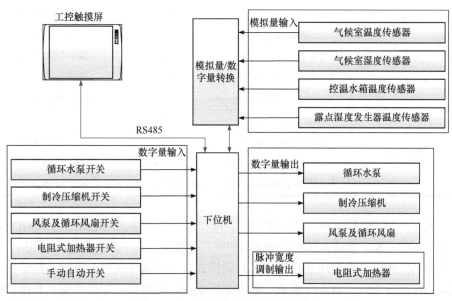

图 2.11　上位机和下位机设计示意图

1) 基于可编程逻辑控制器的主控制器的设计与实现

控制器是控制系统中的核心，这里选用可编程逻辑控制器进行系统控制。可编程逻辑控制系统变量及其控制内容如表 2.3 所示。

表 2.3　可编程逻辑控制系统变量及其控制内容

类别	变量名	控制地址	控制内容
数字量输入	Manual	I0.0	手动开关
	Auto	I0.1	自动开关
	RoomCircularFan_In	I0.2	室内循环风机开关
	DewFanPump_In	I0.3	风泵开关
	TempCtrlWaterPump_In	I0.4	控温循环水泵开关
	TempCtrlRefrigerator_In	I0.5	控温冷冻机开关
	DewRefrigerator_In	I0.6	露点冷冻机开关
	DewWaterPump_In	I0.7	喷淋循环水泵开关
	TempCtrlWaterHeat_In	I1.0	控温水箱加热开关
	DewWaterHeat_In	I1.1	露点水箱加热开关
数字量输出	DewWaterHeat_Out	Q0.0	露点湿度发生器加热器输出
	TempCtrlWaterHeat_Out	Q0.1	控温水箱加热输出
	RoomCircularFan_Out	Q0.2	室内循环风机输出
	DewWaterPump_Out	Q0.3	喷淋循环水泵输出
	DewFanPump_Out	Q0.4	风泵输出
	DewRefrigerator_Out	Q0.5	露点冷冻机输出
	TempCtrlRefrigerator_Out	Q0.6	控温冷冻机输出
	TempCtrlWaterPump_Out	Q0.7	控温循环水泵输出
模拟量输入	RoomDewSample_AI0	AIW0	室内相对湿度采集值
	RoomTempSample_AI2	AIW2	室内温度采集值
	DewWaterTempSample_AI4	AIW4	露点水箱温度值
	TempCtrlWaterSample_AI6	AIW6	控温水箱温度值

　　表 2.3 中控制器选用西门子 S7-200，模拟量采集模块选用 EM231。使用变量类型有三类：数字量输入、数字量输出和模拟量输入。其中数字量输入使用 10 个变量分别监测，分别使用手动模式、自动模式、室内循环风机、风泵、控温循环水泵、控温冷冻机、露点冷冻机、喷淋循环水泵、控温水箱加热和露点水箱加热等开关量输入，对应控制器的输入点分别为 I0.0、I0.1、I0.2、I0.3、I0.4、I0.5、I0.6、I0.7、I1.0、I1.1。数字量输出分别控制露点湿度发生器加热器、控温水箱加热、室内循环风机、喷淋循环水泵、风泵、露点冷冻机、控温冷冻机、控温循环水泵等 8 个输出点，对应控制器的输出点为 Q0.0~Q0.7。模拟量输入使用 EM231

四个输入点，分别采集室内相对湿度、室内温度、露点水箱温度和控温水箱温度。控制器的程序设计，依照控制算法采用梯形图的方式编程。

　　控制系统的可编程逻辑控制器依据编写的控制算法，计算控湿系统的输出 $u_H(t)$、控温系统的输出 $u_T(t)$，并由可编程逻辑控制器的两个高速脉冲输出端口 Q0.0 和 Q0.1 执行。计算输出 $u_T(t)$、$u_H(t)$ 作为一种数字量，通过脉冲宽度调制 (pulse width modulation，PWM) 技术，控制控温固态继电器和控湿固态继电器，实现对电阻式加热器模拟电路的控制。

　　2) 信号采集系统设计

　　为了闭环控制系统更好地动态控制气候室的温湿度，系统反馈需要由信号采集系统提供。设计检测室内温度、相对湿度、控温水箱中水温和露点湿度发生器中水温四个变量为反馈信息。

　　实现的信号采集系统由 EM231 模拟量采集模块、PT100 铂热电阻、温度变送器和温湿度传感器组成。其中 PT100 铂热电阻安装在控温水箱和露点湿度发生器中，分别测量控温水箱中循环水的温度和露点湿度发生器中参与调湿空气的蒸馏水的温度，并将经温度变送器转换的 4～20mA 模拟信号传送至 EM231 模拟量采集模块反馈给控制器。温湿度传感器安装在检测室内，分别测量检测室内的温度和相对湿度，其测量输出的 4～20mA 模拟信号直接传送至 EM231 模拟量采集模块中。

　　由于控制器接收的反馈变量为温度和相对湿度，但传送至 EM231 模拟量采集模块的反馈信号为 4～20mA 的直流电流，所以在控制器进行控制算法计算之前，需要信号采集系统在可编程逻辑控制器中进行测量电流信号与温湿度值的转换。设传感器量程范围为 (AX，BX)，变送电流对应的数字量范围为 (CX，DX)，实时采集转换的整型变量输入为 AIW0。将反馈信息转换为实际测量物理量值 TH 的算法为

$$TH=(AIW0-CX)/(DX-CX)(BX-AX)+AX \tag{2.1}$$

其中，由于输入的电流范围为 4～20mA，属于单极性、偏移 20% 的情况，EM231 模拟量采集模块对应的数字量范围为 6400～32000。

　　以测温范围为 0～100℃ 的 PT100 铂热电阻和温度变送器测量温度为例，当 EM231 模拟量采集模块采集的整型变量输入为 AIW2 时，对应的温度为

$$TH=(AIW2-6400)/(32000-6400)(100-0)+0 \tag{2.2}$$

　　温度变送器需外接 DC 24V(DC 指直流) 的电源电压进行工作，其输出端正极连接 DC 24V 正极，输出端负极连接 EM231 模拟量采集模块的 A+端，然后 EM231 模拟量采集模块的 A−端连接 DC 24V 的负极形成电路回路，其中 EM231 模拟量采集模块的 RA 端与 A+端并接在一起。除此之外，温度变送器的输入端连接 PT100 铂热电阻。

3) 执行电路设计

执行电路的硬件电路设计如图 2.12 所示。

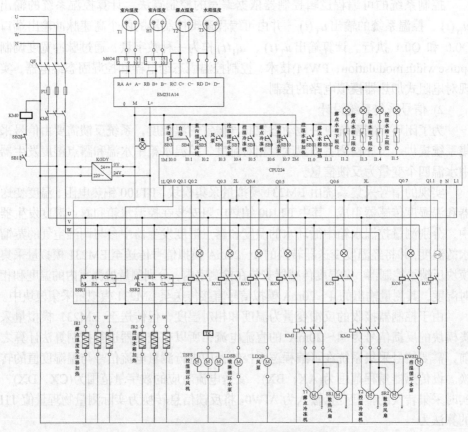

图 2.12　执行电路的硬件电路设计图

控温系统的控制电路实现是由 CPU224、控温固态继电器、制冷机继电器、交流接触器、旋钮开关、DC 24V 电源、380V 三相四线制供电电路组成的。CPU224 的数字量输入端串接旋钮开关后，与 DC 24V 电源的正极相连；脉冲输出端连接控温固态继电器的控制电路(DC 24V)，控温固态继电器的主电路输入端连接 220V 电压、输出端连接加热器。CPU224 的一个数字量输出端连接制冷机继电器控制电路(DC 24V)，继电器主电路连接制冷机交流接触器的控制回路(AC 220V(AC 指交流))，交流接触器主电路的常开触点与制冷机组连接。此外，CPU224 的数字量输出端连接控温循环水泵继电器控制回路(DC 24V)，通过继电器控制回路的通断来进行主电路(AC 220V)控温循环水泵的上电运行或断电停止。

控湿系统的控制电路实现与控温系统相同，也是由 CPU224、控湿固态继电器、制冷机继电器、交流接触器、旋钮开关、DC 24V 电源、380V 三相四线制供电电路组成的。电路连接方式同控温系统。喷淋循环水泵的电路连接同控温循环水泵的连接方式。

新风空气交换系统的控制电路由 CPU224、继电器、旋钮开关、DC 24V 电源、AC 220V 供电电路组成。CPU224 的数字量输入端串接旋钮开关后连接到 DC 24V 电源正极，数字量输出端连接风泵继电器控制回路(DC 24V)，通过继电器控制回路闭合，使得主电路接通(AC 220V)，风泵上电开机运行。

室内空气循环系统的控制电路由 CPU224、旋钮开关、制冷机继电器、DC 24V 电源、AC 220V 供电电路组成。CPU224 的数字量输入端经旋钮开关后连接 DC 24V 电源正极，数字量输出端连接制冷机继电器控制回路(DC 24V)，当制冷机继电器控制回路闭合时，串联旋钮开关的主电路接通(AC 220V)，经过调压从而实现风机的调速上电运行。

为保证电路运行安全，应在主电路中串接熔断器，控温固态继电器安装散热片，制冷机组安装压力保护器并将电路串接在控制回路中，运行设备继电器连接指示灯警示设备运行状态，控制柜做接地处理等。同时为了提高检修和维护的便捷性，接线连接处标明线号，继电器与设备的连接经由 UK 接线端子。

4) 基于 MCGS 组态软件的人机交互系统设计

人机交互系统由 MCGS 工控触摸屏、人机交互界面、DC 24V 供电电路和通信电路等组成。工控触摸屏可以设置和显示系统实时参数，并含有控温水箱水位、露点湿度发生器水位上下限报警、人工自动补水操作和各个执行机构手动启动等功能。工控触摸屏通过 RS485 接口与主控制器实时通信。人机交互界面包括主页(初始化)、实时监控、历史曲线、历史数据和系统设置等界面，如图 2.13 所示。

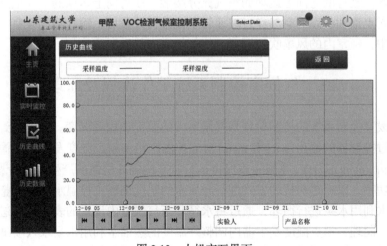

图 2.13　人机交互界面

综合以上六个系统的设计，实现的甲醛和 VOCs 检测用气候室系统的结构如图 2.14 所示。

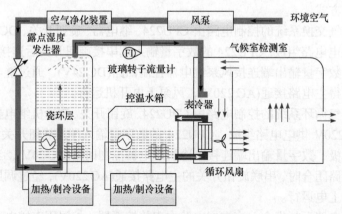

图 2.14　气候室系统结构图

气候室系统工作时，系统首先检测气候室内的温度和相对湿度。控温水箱内的制冷设备和加热器开始工作，将调制后的水通过无油磁力泵输送到气候室内的表冷器中，并回水至控温水箱。表冷器向室内释放热量，释放的热量通过室内的循环风扇使气候室内的温度保持均匀，并直至达到设定温度。同时，露点湿度发生器内的加热/制冷设备开始工作，将调制好的露点温度的水通过无油磁力泵输送到露点湿度发生器顶端的喷淋装置中，使水流向下喷淋。同时置于外部的风泵将室外的空气泵入空气净化装置中，净化后的空气输送到露点湿度发生器底部的空间中，使空气自由向上运动，向上运动的空气经过瓷环层，在瓷环层中喷淋装置喷出的水流被打散与向上运动的空气充分接触，使得向上运动的空气呈露点饱和状态。露点饱和状态的空气经过玻璃转子流量计计量后，输送到气候室的湿气喷射装置中，经室内的风扇吹扫混合，使气候室内的温湿度均匀。

2.3　气候室控制系统工作流程及原理

气候室控制系统的控制对象是气候室内的温度和相对湿度。为了达到控制目标，通过控制器的输出 $u_T(t)$ 和 $u_H(t)$ 对应控温水箱和露点湿度发生器内输出的加热功率 $u_{TP}(t)$ 和 $u_{HP}(t)$，克服一直保持运行状态的制冷机组所产生的制冷量，调整加热器功率，以冷热对抗的方式进行介质水的温度调整。控温水箱内调整好温度的介质水利用水泵进行循环，通过将水循环至气候室内设置的表冷器后进行空气热交换。同理，露点湿度发生器内调整好温度的蒸馏水利用水泵泵入喷淋设备，通过喷淋设备处理后进入气候室的空气，形成饱和湿空气，从而吹进气候室内进行空气湿交换。

气候室控制系统是一个多输入多输出(multiple input multiple output, MIMO)的控制系统。该系统结构相对复杂，回路多，具有多个输入量和多个输出量，并且控制对象温度和相对湿度存在物理上的耦合现象。在一定压强下，当温度降低时，密闭空间内的相对湿度上升；当温度升高时，密闭空间内的相对湿度下降。同时，露点湿度发生器在向气候室内输送饱和湿空气时会带入一部分热量影响温度变化，除此之外，室外空气温度将影响气候室进气温度、制冷压缩机工作状态和保温散热能力等，所以气候室的控制系统是复杂、多扰动并存、控制对象相互耦合的系统。气候室控制系统框图如图 2.15 所示。

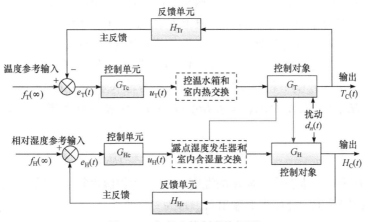

图 2.15　气候室控制系统框图

图 2.15 中，控制单元为设计的控制算法和控制器，虚线内分别为热交换过程和湿交换过程，控制对象分别对应系统参考输入的温度和相对湿度，控制系统设有反馈环节。

为了理清控制系统的工作流程，现将系统拆分为温度控制系统和相对湿度控制系统两部分。温度对相对湿度的影响视为对相对湿度控制系统的可测扰动，温度控制系统和相对湿度控制系统产生的热量进入气候室影响温度变化视为对温度控制系统的可测扰动。温度控制系统和相对湿度控制系统框图如图 2.16 和图 2.17 所示。

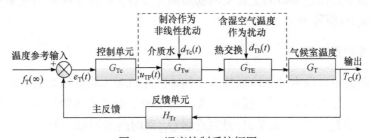

图 2.16　温度控制系统框图

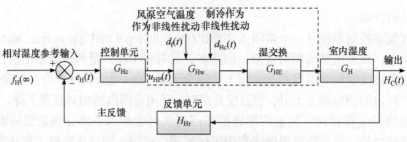

图 2.17　相对湿度控制系统框图

图 2.15～图 2.17 中，$T_C(t)$ 为温度控制系统的输出；$H_C(t)$ 为相对湿度控制系统的输出；$u_T(t)$ 为温度控制器的输出，对应的功率输出为 $u_{TP}(t)$；$u_H(t)$ 为相对湿度控制器的输出，对应的功率输出为 $u_{HP}(t)$；G_n 为各自环节的传递函数，是输出与输入函数拉普拉斯变换的比值；对于温度控制系统，均采用闭环控制方式，气候室温度参考输入量为 $f_T(\infty)$，主反馈通道的反馈量为 $T_C(t)$，则有误差 $e_T(t) = f_T(\infty) - T_C(t)$；相对湿度控制系统参考输入量为 $f_H(\infty)$，主反馈通道的反馈量为 $H_C(t)$，误差为 $e_H(t) = f_H(\infty) - H_C(t)$。温度控制系统中介质水的输出 $u_{Tw}(t)$ 为

$$u_{Tw}(t) = \int C_w M_T \mathrm{d}T_T(t) + T_T(t_0) \tag{2.3}$$

其中，$T_T(t)$ 为控温水箱中介质水的温度；$T_T(t_0)$ 为控温水箱中介质水的初始温度。相对湿度控制系统中介质水的输出 $u_{Hw}(t)$ 为

$$u_{Hw}(t) = \int C_w M_H \mathrm{d}T_H(t) + T_H(t_0) \tag{2.4}$$

其中，$T_H(t)$ 为露点湿度发生器中介质水的温度；$T_H(t_0)$ 为露点湿度发生器中介质水的初始温度。

2.4　气候室机理模型数学描述

根据气候室的工作机理，采用能量守恒方程和质量守恒方程建立气候室的数学模型。由于是在连续时间上建立的动态微分方程，将关于时间的变量符号进行简写，如 $u_T(t)$ 简写为 u_T。

2.4.1　制冷装置建模

控温水箱中介质水的制冷原理为：制冷压缩机吸入较低压力的工质蒸气，使之压力升高后送入冷凝器完成制冷。在控温水箱中对介质水的制冷，可以视为一种可测的扰动 T_{Tc}。制冷功率 P_{Tc} 是制冷量 Q_{Tc} 对时间的导数，为

$$dP_{Tc} = \frac{dQ_{Tc}}{dt} \tag{2.5}$$

在不同的蒸发温度下，压缩机提供的制冷量不同，所以依据压缩机制造厂商提供的经验参数，可以拟合出在不同蒸发温度下的制冷量曲线。

蒸发温度与控温水箱中介质水的温度 T_T 之间存在一个试验经验值 T_{Tc}，则制冷功率为

$$dP_{Tc} = \frac{dQ_{Tc}}{dt} = k_{Tc} e^{\tau_{Tc}(T_T - T_{Tc})} \tag{2.6}$$

其中，通过函数拟合，系数 k_{Tc} 为3490；τ_{Tc} 为0.03887；拟合数据和原始数据对应点的误差平方和(sum of the squares error, SSE)为 7.095×10^{-4}；确定系数(R-square)为 0.9959；回归系数的均方根误差(root mean square error, RMSE)为133.2。

同理，控湿水箱有

$$dP_{Hc} = \frac{dQ_{Hc}}{dt} \tag{2.7}$$

则制冷功率为

$$dP_{Hc} = \frac{dQ_{Hc}}{dt} = k_{Hc} e^{\tau_{Hc}(T_H - T_{Hc})} \tag{2.8}$$

其中，通过函数拟合，系数 k_{Hc} 为4022；τ_{Hc} 为0.04463；SSE 为 1.294×10^{-5}；R-square 为 0.9959；RMSE 为133.2。

2.4.2　风泵建模

当新风空气通过风泵时，风阻和设备工作释放的热量会使新风空气温度逐渐升高。其升温过程为：输入露点湿度发生器的空气温度初始值为抽取的室外环境温度 $T_{ambient}$，随着风泵的工作和气阻的形成，在稳定的时间处达到最大值，并在稳定时间点后保持平衡状态继续工作。输入露点湿度发生器的空气温度为 T_{air}，现场试验数据如图 2.18 实线所示。

图 2.18 的升温过程可以用式(2.9)的微分方程来描述：

$$\frac{dT_{air}}{dt} + \tau_f T_{air} = \tau_f (T_{ambient} + \Delta T_f) \tag{2.9}$$

式(2.9)的解为

$$T_{air} = -\Delta T_f e^{-\tau_f t} + (T_{ambient} + \Delta T_f) \tag{2.10}$$

其中，ΔT_f 为试验数据，由风泵额定功率和风阻决定；拟合的参数 τ_f 为0.0037。

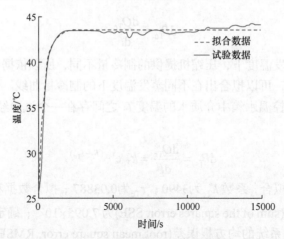

图 2.18　空气压缩机的热效应曲线

2.4.3　控温水箱建模

设 Q_{Tw} 为控温水箱中循环水通过气候室内换热器带走的热量。假设气候室内换热器交换足够充分，循环水管保温措施良好，即控温水箱中循环水带走的热量为控温水箱输出的温度 T_T 和经过换热以后循环回控温水箱温度 T_C 的差值所产生的热量，且换热的水体积为 V_{Tw}，则有

$$dQ_{Tw} = C_w V_{Tw}(T_T - f_T) \tag{2.11}$$

其中，C_w 为水的比热容；换热的水体积 V_{Tw} 为

$$dV_{Tw} = v_p \rho_w dt \tag{2.12}$$

其中，v_p 为水泵的流速 (L/h)；ρ_w 为水的密度 (kg/m^3)。

设 Q_{Te} 为控温水箱与外界空气交换的热量，则有

$$dQ_{Te} = \alpha_{Te} A_{Te}(T_T - T_{Te})dt \tag{2.13}$$

其中，α_{Te} 为水箱表面材料与空气的换热系数；A_{Te} 为水箱与空气的换热面积，即水箱的表面积；T_{Te} 为水箱周围的环境温度，由于水箱周围环境温度取决于环境温度 $T_{ambient}$ 和控温水箱周围设备工作散发的热量所产生的经验温度值 $T_{eqambient}$，有

$$T_{Te} = T_{ambient} + T_{eqambient} \tag{2.14}$$

控温水箱中的加热量、制冷量 Q_{Tc}、与外界空气交换的热量 Q_{Tw} 和水泵泵进气候室换热器带走的热量 Q_{Te} 共同作用于介质水，根据能量守恒定律，则有

$$u_{TP}dt - dQ_{Tc} - dQ_{Tw} - dQ_{Te} = C_w M_T dT_T \tag{2.15}$$

其中，u_{TP} 为加热器输出功率；M_T 为水箱中介质水的质量，即水箱体积乘以水的密度；dT_T 为控温水箱的温度变化。

将式(2.6)、式(2.11)和式(2.13)代入式(2.15)中整理得控温水箱的温度模型为

$$C_w M_T \frac{dT_T}{dt} = u_{TP} - k_{Tc} e^{\tau_{Tc}(T_T - T_{Tc})} - C_w v_p \rho_w (T_T - T_C) - \alpha_{Te} A_{Te}(T_T - T_{Te}) \quad (2.16)$$

2.4.4 露点湿度发生器建模

露点湿度发生器对空气进行加湿，从而进行气候室内相对湿度的控制。参与加湿的蒸馏水需要达到饱和湿空气露点温度，而影响蒸馏水温度的因素除了电阻式加热器外，还需考虑输入露点湿度发生器空气温度的影响。在新风空气交换系统中，当风泵抽取新风向气候室换气时，露点湿度发生器中进行空气和露点温度蒸馏水混合的瓷环层阻力、管道的风阻和风泵工作时自带的热量，使得多出一个进气热源 Q_f 对蒸馏水进行加热，其产生的以空气为介质的热量 Q_f 为

$$dQ_f = nc_{air}V(T_{air} - T_H)dt \quad (2.17)$$

其中，T_{air} 为风泵送进露点湿度发生器空气的温度；V 为气候室的体积(m^3)；c_{air} 为空气的定容比热容($kJ/(m^3 \cdot K)$)；n 为换气率(h^{-1})；$nVdt$ 为空气的体积。

同时，露点湿度发生器与外界空气交换的热量 Q_{He} 为

$$dQ_{He} = \alpha_{He} A_{He}(T_H - T_{He})dt \quad (2.18)$$

其中，α_{He} 为露点湿度发生器表面材料与空气的换热系数；A_{He} 为露点湿度发生器与空气的换热面积，即露点湿度发生器的表面积；T_{He} 为露点湿度发生器周围的环境温度，考虑到露点湿度发生器工作在露天场所，一般认为其周围的环境温度等于室外的环境温度，即 $T_{He} = T_{ambient}$。

露点湿度发生器中对蒸馏水的加热器加热量、高温新风加热量 Q_f、制冷量 Q_{Hc} 和露点湿度发生器通过表面散失的热量 Q_{He} 共同作用，根据能量守恒定律，则有

$$u_{HP}dt + dQ_f - dQ_{Hc} - dQ_{He} = C_w M_H dT_H \quad (2.19)$$

其中，u_{HP} 为加热器输出功率；M_H 为露点湿度发生器中蒸馏水的质量，蒸馏水的消耗速度相对于控制对象温湿度的变化速率来说可以近似忽略，所以在此不考虑露点湿度发生器内蒸馏水随时间变化的消耗情况，并将 M_H 近似为一恒定值。

将式(2.8)、式(2.17)和式(2.18)代入式(2.19)中整理得露点湿度发生器内的温度模型为

$$C_w M_H \frac{dT_H}{dt} = u_{HP} - k_{Hc} e^{\tau_{Hc}(T_H - T_{Hc})} - \alpha_{He} A_{He}(T_H - T_{ambient}) + nc_{air}V(T_{air} - T_H) \quad (2.20)$$

2.4.5 气候室温度建模

控温水箱中介质水的输出 u_{Tw} 和露点湿度发生器输出的温度 T_{Th} 作为气候室内的热源输入 Q_{Tw} 和 Q_{Th}。通过换气次数 $n(h^{-1})$、气候室体积 $V(m^3)$ 和气候室内现在的温度 T_C 能够得到气候室排风口带走的热量 Q_{out}。考虑气候室内空气传给围壁的热量 Q_{Tpass}，则根据能量守恒定律，气候室内的温度动态平衡方程为

$$\mathrm{d}Q_{Tw} + \mathrm{d}Q_{Th} - \mathrm{d}Q_{out} - \mathrm{d}Q_{Tpass} = Vc_{air}\mathrm{d}T_C \tag{2.21}$$

其中，露点湿度发生器输入的热量 Q_{Th} 由其输出的温度 T_{Th} 决定，且其等于露点湿度发生器蒸馏水温度 T_H 经过室外环境温度 $T_{ambient}$ 的加热，依据现场实测数据和经验参数 n_{Th} 测得的值，输入检测室的空气温度为

$$T_{Th} = n_{Th}(T_H + T_{ambient}) \tag{2.22}$$

则露点湿度发生器输入的热量 Q_{Th} 为

$$\mathrm{d}Q_{Th} = nc_{air}VT_{Th}\mathrm{d}t \tag{2.23}$$

其中，考虑气体压强略大于大气压强，但不足以使空气的体积发生较大的变化的因素，为了简化计算，将空气的定容比热容 c_{air} 的单位由 $J/(kg \cdot K)$，经空气体积 v_{Tair} 与密度 ρ_{Tair} 的乘积转换为质量 m_{air}，即 $m_{air} = v_{Tair}\rho_{Tair}$，定义 c_{air} 的单位为 $J/(m^3 \cdot K)$。

同时，气候室内向外排出的空气热量 Q_{out} 为

$$\mathrm{d}Q_{out} = nc_{air}VT_C\mathrm{d}t \tag{2.24}$$

气候室内空气传给围壁的热量 Q_{Tpass} 为

$$\mathrm{d}Q_{Tpass} = \alpha_c A_c(T_T - T_P)\mathrm{d}t \tag{2.25}$$

其中，A_c 为气候室围壁内表面层面积；α_c 为空气和围壁间表面传热系数 $(kJ/(h \cdot m^2 \cdot K))$；$T_P$ 为气候室围壁内表面温度。

将式(2.11)、式(2.23)、式(2.24)和式(2.25)代入式(2.21)中整理得气候室的温度模型为

$$Vc_{air}\frac{\mathrm{d}T_C}{\mathrm{d}t} = C_w v_p \rho_w(T_T - T_C) + nc_{air}Vn_{Th}(T_H + T_{ambient}) - nc_{air}VT_C - \alpha_c A_c(T_C - T_P) \tag{2.26}$$

2.4.6 含湿量建模及其与相对湿度的关系

首先引入含湿量 D 的概念，其用于反映每千克空气中含有水蒸气量的绝对数值，定义为

$$D = \frac{m_q}{m_g} \tag{2.27}$$

其中，D 为含湿量 (g/kg)；m_q 为空气中所含水蒸气的质量 (g)；m_g 为空气中所含干空气的质量 (kg)。每千克干空气所能够容纳的水蒸气量是有限的，超过这个限度，多余的水蒸气就会从空气中凝结出来。每千克干空气能够容纳的最大水蒸气量与其干球温度唯一相关。温度越高，每千克干空气能够容纳的水蒸气含量就越多，反之则越少。

由于露点湿度发生器内的结构设计，调制好温度的蒸馏水能够与新风空气交换系统中抽取的空气充分混合，所以在实际处理空气时，饱和湿空气的温度约等于蒸馏水的温度。所以露点湿度发生器内蒸馏水温度上升，输入气候室内的饱和湿空气温度也上升，导致输入气候室空气中的含湿量也上升。

Carrier 等建立了焓湿图及其焓湿图公式[40-42]。在标准大气压下，温度与饱和含水率之间存在一定的关系，可以描述为

$$D(T_H) = k_D e^{\tau_D T_H} \tag{2.28}$$

通过查询《热工手册》数据得到拟合函数：k_D 为 0.004412，τ_D 为 0.06004，SSE 为 7.207×10^{-6}，R-square 为 0.9995，RMSE 为 0.0004047。此外，在一定的压强下，空气的相对湿度 H 与含湿量 D 之间存在的关系可以描述为

$$H = \frac{D}{D_b} \frac{B - p_q}{B - p_{q,b}} \times 100\% \tag{2.29}$$

其中，D 为某一温度的含湿量；D_b 为该温度下的饱和空气含湿量；B 为大气压力；p_q 为水蒸气分压力；$p_{q,b}$ 为同温度下饱和水蒸气分压力；其中 D_b 和 $p_{q,b}$ 可以在《热工手册》中查询。

因为大气压力 B 的值远远大于水蒸气分压力 p_q 和同温度下饱和水蒸气分压力 $p_{q,b}$，所以有

$$\frac{B - p_q}{B - p_{q,b}} \approx 1 \tag{2.30}$$

且根据现有研究和试验结果，式(2.30)的近似值只会造成 1%～3%的误差，相对湿度与含湿量的关系可近似为

$$H \approx \frac{D}{D_b} \times 100\% \tag{2.31}$$

2.4.7　气候室相对湿度建模

经过露点湿度发生器处理的饱和湿空气吹入气候室，改变了气候室内的水分含量。同时，通过排气口排出的空气也降低了气候室内的水分含量。由于气候室内保持了一个动态的压强平衡，吹进空气的体积近似等于吹出气候室空气的体积，根据质量守恒定律，气候室内含湿量平衡动态方程为

$$\frac{dU_d}{dt} = nV\rho_{air}D_{input} - nV\rho_{air}D_{output} \tag{2.32}$$

其中，U_d 为气候室内空气总湿量，$U_d = V\rho_{air}D_{output}$，$D_{output}$ 为排出空气带走的含湿量，即此时刻气候室内含湿量水平的空气被排出；D_{input} 为送风的含湿量，即由式(2.28)确定的 $D(T_H)$。所以式(2.32)可以表达为

$$V\rho_{air}\frac{d\left(H_C k_D e^{\tau_D T_C}\right)}{dt} = nV\rho_{air}k_D e^{\tau_D T_H} - nV\rho_{air}H_C k_D e^{\tau_D T_C} \tag{2.33}$$

即

$$\frac{dH_C}{dt}k_D e^{\tau_D T_C} + \tau_D H_C k_D e^{\tau_D T_C}\frac{dT_C}{dt} = nk_D e^{\tau_D T_H} - nH_C k_D e^{\tau_D T_C} \tag{2.34}$$

得

$$\frac{dH_C}{dt} = ne^{\tau_D T_H - \tau_D T_C} - nH_C - \tau_D H_C\frac{dT_C}{dt} \tag{2.35}$$

2.4.8　气候室系统模型

综上所述，由能量守恒定理和质量守恒定律，得出气候室系统的微分方程模型为

$$\frac{dT_C}{dt} = -\left(\frac{C_w v_p \rho_w}{Vc_{air}} + n + \frac{\alpha_c A_c}{Vc_{air}}\right)T_C + \frac{C_w v_p \rho_w}{Vc_{air}}T_T$$

$$+ n_{Th}nT_H + n_{Th}nT_{ambient} + \frac{\alpha_c A_c}{Vc_{air}}T_P$$

$$\frac{dH_C}{dt} = ne^{\tau_D T_H - \tau_D T_C} - nH_C - \tau_D H_C\frac{dT_C}{dt}$$

$$\frac{dT_T}{dt} = \frac{1}{C_w M_T}u_{TP} + \frac{C_w v_p \rho_w}{C_w M_T}T_C - \frac{C_w v_p \rho_w + \alpha_{Te}A_{Te}}{C_w M_T}T_T$$

$$- \frac{k_{Tc}}{C_w M_T e^{\tau_{Tc}T_T}}e^{\tau_{Tc}T_T} + \frac{\alpha_{Te}A_{Te}}{C_w M_T}T_{Te}$$

$$\frac{\mathrm{d}T_{\mathrm{H}}}{\mathrm{d}t} = \frac{1}{C_{\mathrm{w}}M_{\mathrm{H}}}u_{\mathrm{HP}} - \frac{k_{\mathrm{Hc}}}{C_{\mathrm{w}}M_{\mathrm{H}}e^{\tau_{\mathrm{Hc}}T_{\mathrm{Hc}}}}e^{\tau_{\mathrm{Hc}}T_{\mathrm{H}}} - \frac{nc_{\mathrm{air}}V + \alpha_{\mathrm{He}}A_{\mathrm{He}}}{C_{\mathrm{w}}M_{\mathrm{H}}}T_{\mathrm{H}}$$
$$+ \frac{nc_{\mathrm{air}}V}{C_{\mathrm{w}}M_{\mathrm{H}}}T_{\mathrm{air}} + \frac{\alpha_{\mathrm{He}}A_{\mathrm{He}}}{C_{\mathrm{w}}M_{\mathrm{H}}}T_{\mathrm{ambient}} \tag{2.36}$$

$$\frac{\mathrm{d}T_{\mathrm{air}}}{\mathrm{d}t} = -\tau_{\mathrm{f}}T_{\mathrm{air}} + \tau_{\mathrm{f}}(T_{\mathrm{ambient}} + \Delta T_{\mathrm{f}})$$

为简化表达式，式(2.36)中的表达式定义为以下常量：

$$L_1 = \frac{C_{\mathrm{w}}v_{\mathrm{p}}\rho_{\mathrm{w}}}{Vc_{\mathrm{air}}}$$

$$L_2 = n$$

$$L_3 = \frac{\alpha_{\mathrm{c}}A_{\mathrm{c}}}{Vc_{\mathrm{air}}}$$

$$L_4 = n_{\mathrm{Th}}n$$

$$L_5 = \frac{C_{\mathrm{w}}v_{\mathrm{p}}\rho_{\mathrm{w}}}{C_{\mathrm{w}}M_{\mathrm{T}}} \tag{2.37}$$

$$L_6 = \frac{\alpha_{\mathrm{Te}}A_{\mathrm{Te}}}{C_{\mathrm{w}}M_{\mathrm{T}}}$$

$$L_7 = \frac{k_{\mathrm{Tc}}}{C_{\mathrm{w}}M_{\mathrm{T}}e^{\tau_{\mathrm{Tc}}T_{\mathrm{Tc}}}}$$

$$L_8 = \frac{nc_{\mathrm{air}}V}{C_{\mathrm{w}}M_{\mathrm{H}}}$$

$$L_9 = \frac{\alpha_{\mathrm{He}}A_{\mathrm{He}}}{C_{\mathrm{w}}M_{\mathrm{H}}}$$

$$L_{10} = \frac{k_{\mathrm{Hc}}}{C_{\mathrm{w}}M_{\mathrm{H}}e^{\tau_{\mathrm{Hc}}T_{\mathrm{Hc}}}}$$

以及常量 G_1、G_2 为

$$G_1 = \frac{1}{C_{\mathrm{w}}M_{\mathrm{T}}}$$
$$G_2 = \frac{1}{C_{\mathrm{w}}M_{\mathrm{H}}} \tag{2.38}$$

同时，定义状态变量 $x_1 = T_{\mathrm{C}}$，$x_2 = H_{\mathrm{C}}$，$x_3 = T_{\mathrm{T}}$，$x_4 = T_{\mathrm{H}}$，$x_5 = T_{\mathrm{air}}$。定义控制器输入 $u_1 = u_{\mathrm{TP}}$，$u_2 = u_{\mathrm{HP}}$。定义扰动 $d_1 = T_{\mathrm{ambient}}$，$d_2 = T_{\mathrm{P}}$，$d_3 = T_{\mathrm{Te}}$，$d_4 = \Delta T_{\mathrm{f}}$。则气候室系统模型(2.36)可以表达为

$$\dot{x}_1 = -(L_1 + L_2 + L_3)x_1 + L_1x_3 + L_4x_4 + L_4d_1 + L_3d_2$$

$$\dot{x}_2 = L_2e^{\tau_D x_4 - \tau_D x_1} - L_2x_2 + \tau_D(L_1 + L_2 + L_3)x_1x_2$$
$$\qquad - \tau_D L_1 x_2 x_3 - \tau_D L_4 x_2 x_4 - \tau_D L_4 x_2 d_1 - \tau_D L_3 x_2 d_2 \qquad\qquad (2.39)$$

$$\dot{x}_3 = G_1u_1 + L_5x_1 - (L_5 + L_6)x_3 - L_7e^{\tau_{Tc}x_3} + L_6d_3$$

$$\dot{x}_4 = G_2u_2 - (L_8 + L_9)x_4 - L_{10}e^{\tau_{Hc}x_4} + L_8x_5 + L_9d_1$$

$$\dot{x}_5 = -\tau_f x_5 + \tau_f d_1 + \tau_f d_4$$

其中的参数如表 2.4 所示。

表 2.4　模型参数

符号	数值	符号	数值	符号	数值
L_1	0.1346	L_8	7.4341×10^{-6}	G_1	2.3810×10^{-6}
L_2	2.7778×10^{-4}	L_9	1.7375×10^{-5}	G_2	1.6088×10^{-6}
L_3	7.0691×10^{-5}	L_{10}	0.0021	d_1	室外环境温度
L_4	1.3889×10^{-4}	τ_D	0.0600	d_2	气候室外表面的温度
L_5	0.0053	τ_{Tc}	0.0389	d_3	控温水箱周围环境温度
L_6	8.9286×10^{-5}	τ_{Hc}	0.0446	d_4	风泵温升 18.1(无量纲)
L_7	0.0038	τ_f	0.0025	—	—

注：表中没有数值的变量，在计算时参考系统初始状态进行赋值。如室外环境温度可视为系统零初始条件下控温水箱的温度。

综上所述，利用动力学方法建立起气候室动态微分方程模型如式(2.39)所示，该式已经足够反映出系统的状态。

2.5　含有防结露约束的渐次跟踪控制算法研究与设计

为了解决气候室达到检测条件的过程中雾和结露现象的问题，本书进行高精度甲醛释放量检测。通过分析气候室内结露的原因，建立防结露约束条件的数学模型，提出渐次跟踪控制算法，选定渐次逼近方式。根据设计的控制方法开发控制器及选择控制参数，通过硬件平台和软件程序完成算法实现，从而保证系统实时控制过程中防结露约束条件的成立。

气候室内引起雾和结露现象的主要因素是传统的气候室温湿度控制方法为恒值控制，天气的变化或季节的变化以及气候室在室外条件下容易使气候室内产生雾和结露现象，这是作为检测仪器所不允许的。例如，使表冷器温度过低，触发结露条件；或者露点湿度发生器吹入的饱和湿空气达到气候室内出现雾和结露的条件，从而使气候室的检测室内壁、换热器等部位会出现结露，或检测室内出现雾的现象。

综上所述，首先以二次多项式的形式描述结露条件，利用最小二乘法拟合多项式系数，得到防结露的约束条件。进而将检测室内初始温度与目标温度划分成若干个小段$(T_0, T_1, T_2, \cdots, T_{N-1}, A_{aim})$，让控制系统从初始状态渐次跟踪逼近到 A_{aim}。对于每一段的跟踪选用指数函数形式做目标逼近，当一段目标达到给定的阈值后，系统从前一个目标值跟踪控制到下一个目标值，从而实现防结露控制。针对每一段的控制利用近似线性化方法设计 H_∞ 控制器，使用线性矩阵不等式(linear matrix inequality, LMI)确定优化参数。最后通过编写可编程逻辑控制器程序实现 30m^3 气候室的防结露约束控制。

2.5.1　防结露约束分析与约束模型的数学描述

为了判断气候室内雾和结露现象的产生，可根据工程热力学中温湿度结露原理，对温度和相对湿度对应的露点温度进行结露曲面建模。通过建立的曲面作为约束条件，就能够在设计渐次目标逼近控制算法时进行结露判断。

1. 气候室结露分析

标准大气压下，空气中含有一定量的水蒸气。当空气中的水蒸气达到饱和状态时，此温度下空气承载水蒸气的能力达到极限。若温度出现下降，空气承载水蒸气的能力降低，同时其中的水蒸气含量未改变，则空气中开始出现过饱和的水蒸气凝结析出现象，这个现象称为结露。其中，当有结核时形成雾，没有结核时在物体表面遇冷形成露。此刻出现结露的温度就称为在此温度和相对湿度条件下的露点温度。

气候室结露的形成原因在于进行气候室内调温调湿时，气候室内的表冷器为了降低气候室内的温度，需要以更低的温度进行调节。当表冷器的温度低于此刻气候室内的露点温度时，表冷器表面会形成结露现象；其次，当露点湿度发生器向气候室内输送饱和湿空气时，若吹进气候室的空气温度低于此刻的露点温度或高于气候室的温度，则低温空气会在气候室内壁的不锈钢表面产生结露现象。另外，由于气候室内温度下降导致室内相对湿度升高时，当达到饱和点后，气候室内同样会出现结露现象。若气候室置于露天场地，极端低温环境影响气候室内壁温度，湿热气流遇到气候室内壁的冷界面也会结露。

2. 防结露约束控制目标

为了防止结露现象的产生，提出的约束目标如下：

(1) 防止表冷器表面结露，提出低温饱和水蒸气约束控制法，即确保低温饱和水蒸气的温度低于表冷器的温度，约束目标为

$$\{t|T_{\mathrm{T}}(t) > T_{\mathrm{Dew}}(t), t = 0, 1, \cdots\} \tag{2.40}$$

其中，$T_{\mathrm{T}}(t)$ 为表冷器的温度；$T_{\mathrm{Dew}}(t)$ 为 t 时刻气候室内的露点温度。

(2) 防止露点湿度发生器向气候室内输送饱和湿空气引起结露，提出受限饱和湿空气约束法，使得整个控制过程的露点温度的饱和湿空气温度高于气候室内的露点温度，低于气候室内的温度，即

$$\{t \mid T_{\mathrm{Dew}}(t) < T_{\mathrm{H}}(t) < T_{\mathrm{C}}(t), t = 0, 1, \cdots\} \tag{2.41}$$

其中，$T_{\mathrm{H}}(t)$ 为露点饱和湿空气的温度；$T_{\mathrm{C}}(t)$ 为 t 时刻气候室内的温度。

(3) 防止因为气候室温度的骤降，导致气候室内相对湿度达到 100%以上，从而形成结露现象。

(4) 对于外界环境变化所引起的气候室内部结露问题，采取将气候室的主体部分置于室内的方法，即保障一个相对稳定的环境条件，解决气候室壁温受外界影响的问题。

确定的约束目标决定了气候室控制系统的状态约束，而其中的约束条件取决于结露条件。从工程热力学角度解释结露原理，是湿空气由干空气和水蒸气混合而成，都是理想气体，遵循道尔顿分压定律，即 $P = P_{\mathrm{air}} + P_{\mathrm{vapor}}$。当湿空气与冷表面接触或因为冷气流而降温，温度降低到水蒸气分压力 P_{vapor} 所对应的饱和温度 $T_{\mathrm{s}}(P_{\mathrm{vapor}})$ 时，水蒸气开始凝结，如果温度继续降低，就会有水析出，因此结露。根据以上结露原理，约束的条件与干球温度、湿球温度、水蒸气压力和露点温度都相关，并且在达到检测条件的过程中，气候室内的温湿度都是动态变化的，所以需要求解出系统约束状态变量，建立一个结露的约束平面。

3. 防结露约束模型的数学描述

焓湿图(enthalpy diagram)是调整空气温湿度等湿热工程应用中一个重要的工具，通过焓湿图可以确定空气状态及相应的状态参数，反映空气处理中的状态变化过程和确定不同空气混合后的状态点。

焓湿图在一定大气压下，通过空气温度和相对湿度的确定，可以得出此刻引

起空气中水蒸气析出的露点温度。例如，在大气压力 $B=101325\text{Pa}$ 、空气温度
$T=20℃$ 、相对湿度 $H=60\%$ 的条件下，在焓湿图上找到 $T=20℃$ 等温线与
$H=60\%$ 等相对湿度线的交点 A，如图 2.19 所示，即能得出焓值 $h=42.54\text{kJ/kg}_\text{干}$ ，
含湿量 $d=8.8\text{ g/kg}_\text{干}$ ，水蒸气分压力 $p_\text{q}=1400\text{Pa}$ 。在焓湿图上由点 A 沿等相对湿
度线向下与 $H=100\%$ 等相对湿度线交点 B 的温度即为露点温度。

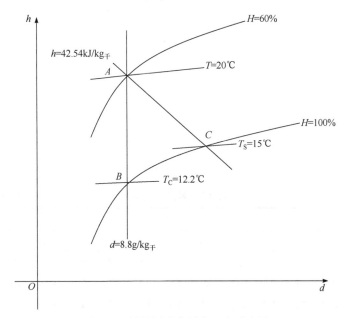

图 2.19　焓湿图确定露点温度示意图

根据图 2.19 所求得的露点温度为 $12.2℃$ ，有如下推论。

推论 2.1　设 t 时刻气候室的温度为 $f_\text{T}(t)$ ，气候室的相对湿度为 $f_\text{H}(t)$ ，露点
温度为 $f_\text{Dew}(t)$ 。则此时刻的露点温度为

$$
\begin{aligned}
f_\text{Dew}(t) = &-27.77 + 0.475 f_\text{H}(t) + 0.8192 f_\text{T}(t) - 0.002047 f_\text{H}^2(t) \\
&+ 0.001944 f_\text{H}(t) f_\text{T}(t) - 0.000007787 f_\text{T}^2(t)
\end{aligned}
\tag{2.42}
$$

其中，$t \geqslant 0$ ；$10℃ \leqslant f_\text{T}(t) \leqslant 38℃$ ；$30\% \leqslant f_\text{H}(t) \leqslant 95\%$ 。

证明　由焓湿图(图 2.20)可知，在标准大气压下，由空气温度和相对湿度，可
以得出引起空气中水蒸气析出的露点温度。

在图 2.20 中找到 $T=23℃$ 等温线与 $H=50\%$ 等相对湿度线的交叉点，由交叉
点沿等相对湿度线向下与 $H=100\%$ 等相对湿度线做交点，交点对应的温度为
$12.0℃$，即为露点温度。提出的甲醛检测环境温度范围为 $10\sim38℃$ 即可满足要求。
因此可以得到露点温度、相对湿度对照表，如表 2.5 所示。

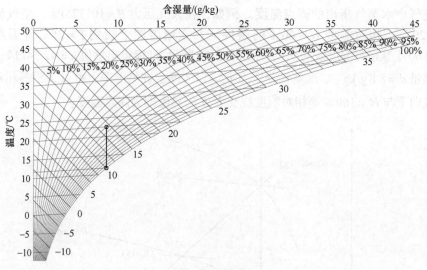

图 2.20　焓湿图

表 2.5　露点温度对照表　　　　　　　　（单位：℃）

温度	相对湿度												
	95%	90%	85%	80%	75%	70%	65%	60%	55%	50%	45%	40%	35%	30%
10℃	9.2	8.4	7.6	6.7	5.8	4.8	3.6	2.5	1.5	0	−1.3	−0.3	−5	−7
11℃	10.2	9.4	8.6	7.7	6.7	5.8	4.8	3.5	2.5	1	−0.5	−2	−4	−6.5
12℃	11.2	10.9	9.5	8.7	7.7	6.7	5.5	4.4	3.3	2	0.5	−1	−3	−5
13℃	12.2	11.4	10.5	9.6	8.7	7.7	6.6	5.3	4.1	2.8	1.4	−0.2	−2	−4.5
14℃	13.2	12.4	11.5	10.6	9.6	8.6	7.5	6.4	5.1	3.5	2.2	0.7	−1	−3.2
15℃	14.2	13.4	12.5	11.6	10.6	9.6	8.4	7.3	6	4.6	3.1	1.5	−0.3	−2.3
16℃	15.2	14.3	13.4	12.6	11.6	10.6	9.5	8.3	7	5.6	4	2.4	0.5	−1.3
17℃	16.2	15.3	14.5	13.5	12.5	11.5	10.2	9.2	8	6.5	5	3.2	1.5	−0.5
18℃	17.2	16.4	15.4	14.5	13.5	12.5	11.3	10.2	9	7.4	5.8	4	2.3	0.2
19℃	18.2	17.3	16.5	15.4	14.5	13.4	12.2	11	9.8	8.4	6.8	5	3.2	1
20℃	19.2	18.3	17.4	16.5	15.4	14.4	13.2	12	10.7	9.4	7.8	6	4	2
21℃	20.2	19.3	18.4	17.4	16.4	15.3	14.2	12.9	11.7	10.2	8.6	7	5	2.8
22℃	21.2	20.3	19.4	18.4	17.3	16.3	15.2	13.8	12.5	11	9.5	7.8	5.8	3.5
23℃	22.2	21.3	20.4	19.4	18.4	17.3	16.2	14.8	13.5	12	10.4	8.7	6.8	4.4
24℃	23.1	22.3	21.4	20.4	19.3	18.2	17	15.8	14.5	13	11.4	9.7	7.7	5.3
25℃	23.9	23.2	22.3	21.3	20.3	19.1	18	16.8	15.4	14	12.3	10.5	8.6	6.2
26℃	25.1	24.2	23.3	22.3	21.2	20.1	19	17.7	16.3	14.8	13.2	11.4	9.4	7

续表

温度	相对湿度													
	95%	90%	85%	80%	75%	70%	65%	60%	55%	50%	45%	40%	35%	30%
27℃	26.1	25.2	24.3	23.2	22.2	21.1	19.9	18.7	17.3	15.8	14	12.2	10.3	8
28℃	27.1	26.2	25.2	24.2	23.1	22	20.9	19.6	18.1	16.7	15	13.2	11.2	8.8
29℃	28.1	27.2	26.2	25.2	24.1	23	21.3	20.5	19.2	17.6	15.9	14	12	9.7
30℃	29.1	28.2	27.2	26.2	25.1	23.9	22.8	21.4	20	18.5	16.8	15	12.9	10.5
31℃	30.1	29.2	28.2	26.9	26	24.8	23.7	22.4	20.9	19.4	17.8	15.9	13.7	11.4
32℃	31.1	30.1	29.2	28.1	27	25.8	24.6	23.3	21.9	20.3	18.6	16.8	14.7	12.2
33℃	32.1	31.1	30.1	29	28	26.8	25.6	24.2	22.9	21.3	19.6	17.6	15.6	13
34℃	33.1	32.1	31.1	29.5	29	27.7	26.5	25.2	23.8	21.2	20.5	18.6	16.5	13.9
35℃	34.1	33.1	32.1	31	29.9	28.7	27.5	26.2	24.6	23.1	21.4	19.5	17.4	14.9
36℃	35.2	34.1	33.1	32	30.9	29.7	28.4	27	25.7	24	22.2	20.3	18.1	15.7
37℃	36.2	35.2	34.1	33	31.8	30.7	29.5	27.9	26.5	24.9	23.2	21.2	19.2	16.6
38℃	37	36	35.1	33.9	32.7	31.5	30.3	28.9	27.4	25.8	23.9	22	19.9	17.5
39℃	—	36.8	36.2	34.9	33.8	32.5	31.2	29.8	28.3	26.6	24.9	23	20.8	18.1
40℃	—	—	36.8	35.8	34.7	33.5	32.1	30.7	29.2	27.6	25.8	23.8	21.6	19.2

注：结合《热工手册》和焓湿图求得露点温度。

将表 2.5 用多项式回归法变换为连续多项式函数。

设 $f_{\mathrm{T}}(t)$ 为气候室的温度，$f_{\mathrm{H}}(t)$ 为气候室的相对湿度，$f_{\mathrm{Dew}}\left(f_{\mathrm{T}}(t), f_{\mathrm{H}}(t)\right)$ 为这一温湿度条件下拟合的露点温度函数。

令 $f_{\mathrm{Dew}}\left(f_{\mathrm{T}}(t), f_{\mathrm{H}}(t)\right)$ 为二次多项式，为

$$
\begin{aligned}
f_{\mathrm{Dew}}\left(f_{\mathrm{T}}(t), f_{\mathrm{H}}(t)\right) = & p_0 + p_1 f_{\mathrm{H}}(t) + p_2 f_{\mathrm{T}}(t) + p_3 f_{\mathrm{H}}^2(t) \\
& + p_4 f_{\mathrm{H}}(t) f_{\mathrm{T}}(t) + p_5 f_{\mathrm{T}}^2(t)
\end{aligned}
\tag{2.43}
$$

其中，p_k 为各项系数，$0 \leqslant k \leqslant 5$。

由表 2.5 得第 i 行温度，第 j 列相对湿度的一组 $\left[f_{\mathrm{H}}(t)_{i,j}, f_{\mathrm{T}}(t)_{i,j}\right]$ 对应的露点温度 $f_{\mathrm{Dew}}(t)_{i,j}$，其中 $1 \leqslant i \leqslant 28$, $1 \leqslant j \leqslant 14$。若令 $N = 28$, $M = 14$，则拟合曲面 $f_{\mathrm{Dew}}\left(f_{\mathrm{T}}(t), f_{\mathrm{H}}(t)\right)$ 与对照表露点数据 $f_{\mathrm{Dew}}(t)_{i,j}$ 偏差的平方和 $L(p)$ 为

$$
\begin{aligned}
L(p) = & \left\{\sum_{i=1}^{N}\sum_{j=1}^{M}\left[f_{\mathrm{Dew}}\left(f_{\mathrm{T}}(t), f_{\mathrm{H}}(t)\right) - f_{\mathrm{Dew}}(t)_{i,j}\right]\right\}^2 \\
= & \left\{\sum_{i=1}^{N}\sum_{j=1}^{M}\left[p_0 + p_1 f_{\mathrm{H}}(t)_{i,j} + p_2 f_{\mathrm{T}}(t)_{i,j} + p_3 f_{\mathrm{H}}^2(t)_{i,j}\right.\right. \\
& \left.\left. + p_4 f_{\mathrm{H}}(t)_{i,j} f_{\mathrm{T}}(t)_{i,j} + p_5 f_{\mathrm{T}}^2(t)_{i,j} - f_{\mathrm{Dew}}(t)_{i,j}\right]\right\}^2
\end{aligned}
\tag{2.44}
$$

为了使拟合的曲面无限接近拟合点，令偏差的平方和 $L(p)$ 取最小，即 $\dfrac{\partial L(p)}{\partial p_k} = 0$，有

$$
\begin{cases}
\dfrac{\partial L(p)}{\partial p_0} = 2\sum_{i=1}^{N}\sum_{j=1}^{M}\left(f_{\mathrm{Dew}}\left(f_{\mathrm{T}}(t), f_{\mathrm{H}}(t)\right) - f_{\mathrm{Dew}}(t)_{i,j}\right)\dfrac{\partial f_{\mathrm{Dew}}\left(f_{\mathrm{T}}(t), f_{\mathrm{H}}(t)\right)}{\partial p_0} = 0 \\[2mm]
\dfrac{\partial L(p)}{\partial p_1} = 2\sum_{i=1}^{N}\sum_{j=1}^{M}\left(f_{\mathrm{Dew}}\left(f_{\mathrm{T}}(t), f_{\mathrm{H}}(t)\right) - f_{\mathrm{Dew}}(t)_{i,j}\right)\dfrac{\partial f_{\mathrm{Dew}}\left(f_{\mathrm{T}}(t), f_{\mathrm{H}}(t)\right)}{\partial p_1} = 0 \\[1mm]
\qquad\qquad\vdots \\
\dfrac{\partial L(p)}{\partial p_k} = 2\sum_{i=1}^{N}\sum_{j=1}^{M}\left(f_{\mathrm{Dew}}\left(f_{\mathrm{T}}(t), f_{\mathrm{H}}(t)\right) - f_{\mathrm{Dew}}(t)_{i,j}\right)\dfrac{\partial f_{\mathrm{Dew}}\left(f_{\mathrm{T}}(t), f_{\mathrm{H}}(t)\right)}{\partial p_k} = 0
\end{cases}
\tag{2.45}
$$

求解式(2.45)得 $p_0 = -27.77$，$p_1 = 0.475$，$p_2 = 0.8192$，$p_3 = -2.047\times10^3$，$p_4 = 1.944\times10^3$，$p_5 = -7.787\times10^6$。

证毕。

以上依据干球温度、相对湿度、水蒸气压力和露点温度对照表拟合的二次多项式，设气候室内 t 时刻，温度 $T = f_{\mathrm{T}}(t)$，相对湿度 $H = f_{\mathrm{H}}(t)$，建立以三维空间中 x 轴为相对湿度，y 轴为温度，z 轴为露点温度的结露曲面。设结露曲面 Z 为

$$
Z = f_{\mathrm{dewpoint}}(T, H)
\tag{2.46}
$$

求解出的结露曲面示意图如图 2.21 所示。

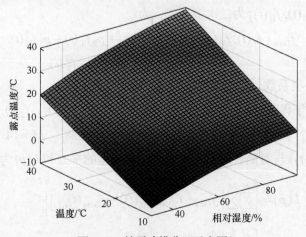

图 2.21　结露建模曲面示意图

2.5.2　渐次目标逼近方式设计及控制方法建模

本节提出一种渐次目标逼近的方式，使气候室在达到检测条件的过程中，以

不出现雾和结露现象的设定值渐次达到最终目标。通过多步目标的设定，寻优一个足够大的目标变化趋势，使设定值能够快速逼近温湿度目标，让系统在达到稳态的过渡过程中无雾和结露现象出现。

1. 渐次目标逼近方式设计

渐次目标逼近方式设计的核心是将控制目标分成若干段，对每一段分别实施控制。相对于最终目标，渐次目标逼近的方式可以选取如下两种方式：①固定步长的分段子目标逼近；②以时间为变量设定子目标函数的目标逼近。为了探讨逼近方式对防结露约束的影响，现进行两种渐次目标逼近方式的设计，并利用仿真对模型进行理论验证。

(1) 渐次目标逼近方法一：以固定步长的分段子目标逼近方式设计。

定义 2.1　令 ξ 为大于零的正数，对于总控制目标 $f_{C\_set}(\infty)$ 有 $f_{C\_set}(\infty) \pm \xi$ 为总控制目标的上一个渐次目标。其中限幅带宽 ξ 在试验当中获取。

将控制目标分成 $m+1$ 个子目标，其中 m 为整数，$f_{C\_set}(t_0)$ 为控制对象的初始状态，$f_{C\_set}(\infty)$ 为目标最终的控制设定值。令渐次跟踪目标的步长为 K，$K \in \mathbb{N}$。限幅带宽为 ξ，$\xi > 0$，则 $f_{C\_set}(t_0) - f_{C\_set}(\infty) - \xi = L$，将 $L/K = m + \Delta k$ 中的 Δk 合并到限幅带宽 ξ 中，即限幅总带宽为 $\xi + \Delta k$，则控制目标为

$$f_{C\_set}(t) = \left\{ f_{C\_set}(t_0), f_{C\_set}(t_1), f_{C\_set}(t_2), \cdots, f_{C\_set}(t_{m-1}), f_{C\_set}(\infty) \pm \xi, f_{C\_set}(\infty) \right\}$$

$$(2.47)$$

其中，当 $f_{C\_set}(t_0) > f_{C\_set}(\infty)$ 时，取 $f_{C\_set}(\infty) + \xi$；当 $f_{C\_set}(t_0) < f_{C\_set}(\infty)$ 时，取 $f_{C\_set}(\infty) - \xi$。控制算法从初始段的初始值 $f_{C\_set}(t_0)$ 开始，分段选择子控制目标和控制参数。即控制过程中设定的渐次目标为 $f_{C\_set}(t_0) \to f_{C\_set}(t_1) \to f_{C\_set}(t_2) \to \cdots \to f_{C\_set}(\infty) \pm \xi \to f_{C\_set}(\infty)$。

温度的渐次目标步长为：$\Delta_{T1} = f_T(t_2) - f_T(t_1)$，$\Delta_{T2} = f_T(t_3) - f_T(t_2)$，$\cdots$，$\Delta_{Tn} = f_T(t_{n+1}) - f_T(t_n)$，$\cdots$，$\Delta_{T\infty} = 0$，有 $\Delta_{T1} = \Delta_{T2} = \cdots = \Delta_{Tn-1}$，$n = m+1$。

同理可得相对湿度的渐次目标步长为：$\Delta_{H1} = f_H(t_2) - f_H(t_1)$，$\Delta_{H2} = f_H(t_3) - f_H(t_2)$，$\cdots$，$\Delta_{Hl} = f_H(t_{l+1}) - f_H(t_l)$，$\cdots$，$\Delta_{H\infty} = 0$，有 $\Delta_{H1} = \Delta_{H2} = \cdots = \Delta_{Hl-1}$，$l = m+1$。

(2) 渐次目标逼近方法二：以时间为变量设定子目标函数的目标逼近方式设计。

为了使设计的函数以时间为变量，收敛于最终设定值，期望函数以指数函数的形式逼近目标，因此构造指数函数为

$$f_{C\_set}(t) = \left(f_{C\_set}(t_0) - f_{C\_set}(\infty) \right) e^{-\tau t} + f_{C\_set}(\infty)$$

$$(2.48)$$

其中，$f_{C\_set}(t_0)$ 为系统初始值；$f_{C\_set}(\infty)$ 为系统最终期望值；τ 为时间系数。该构

造函数是以 t_0 时刻的初始值与稳定时刻的函数值的差作为指数函数的常数，再与趋于稳定时的函数值做和。当 $t \to \infty$ 时，选择适当的 τ 值，使得 $\left(f_{C\_set}(t_0) - f_{C\_set}(\infty)\right)e^{-\tau t} \to 0$。此时，$f_{C\_set}(t) = f_{C\_set}(\infty)$，跟踪目标完成。

经过上述分析可知，对于式(2.48)，当 $t \to \infty$ 时，有

$$\lim_{t \to \infty} f_{C\_set}(t) = f_{C\_set}(\infty) \tag{2.49}$$

即以时间为变量的函数式(2.48)，在 $t \to \infty$ 时，收敛于最终期望值。其收敛的速度取决于时间系数 τ，则对于设定的目标值，按式(2.48)构造理想的渐次目标逼近函数，如图 2.22 所示。

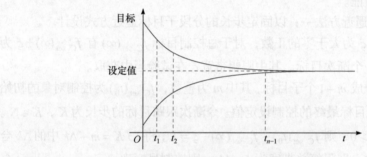

图 2.22　理想的渐次目标逼近函数

2. 带有约束的渐次目标逼近控制方法设计

提出的两种渐次目标逼近控制方法设计带有约束的渐次目标逼近控制的步骤是一致的，下面给出具体设计步骤。

步骤 1：首次跟踪目标时，令第一次设定值为 $f_{C\_set}(t_1)$，则第 1 次的设定值与实际测量值的差值为

$$f_{C\_set}(t_1) - f_C(t) = e_r(t) \tag{2.50}$$

将误差 $e_r(t)$ 反馈至控制器中计算输出 $u_r(t)$。若此刻气候室的温度为 $T_C(t)$，气候室的相对湿度为 $H_C(t)$，通过推论 2.1 得此时对应的露点温度为 $f_{Dew}(t)$，若露点湿度发生器水箱温度为 $T_H(t)$，控温水箱温度为 $T_T(t)$，则当

$$T_C(t) > T_H(t) > f_{Dew}(t) \quad 且 \quad T_T(t) > f_{Dew}(t) \tag{2.51}$$

时，气候室内不会出现结露现象，控制器输出 $u_r(t)$ 继续输出。反之，若 $f_C(t) > f_{C\_set}(\infty)$，则控制器满负荷输出；若 $f_C(t) < f_{C\_set}(\infty)$，则输出值为零，等待下次控制输出结果的判断，决定是否输出。

步骤 2：第二次跟踪目标时，令第二次设定值为 $f_{C\_set}(t_2)$，则第二次的设定值

与实际测量值的差值为

$$f_{C\_set}(t_2) - f_C(t) = e_r(t) \tag{2.52}$$

将误差 $e_r(t)$ 反馈至控制器中进行控制，得出输出 $u_r(t)$。判断此时是否引起结露，当满足式(2.51)时，控制器继续输出；反之控制器满负荷输出或输出为零。

……

步骤 m：第 m 次跟踪目标时，令第 m 次设定值为 $f_{C\_set}(t_m)$，则第 m 次的设定值与实际测量值的差值为

$$f_{C\_set}(t_m) - f_C(t) = e_r(t) \tag{2.53}$$

将第 m 次跟踪目标的误差 $e_r(t)$ 反馈至控制器中进行控制，得出输出 $u_r(t)$。判断此时是否引起结露，当满足式(2.51)时，控制器继续输出；反之控制器满负荷输出或输出为零。

步骤 $m+1$：当跟踪目标到达限幅带宽 $\xi + \Delta k$ 内或当时间 $t \to \infty$ 时，跟踪目标为

$$f_{C\_set}(t_{m+1}) = f_{H\_set}(\infty) \tag{2.54}$$

重复以上控制步骤，直至系统进入稳态控制阶段，最终达到期望的设定值，保持温湿度的恒定控制。

3. 约束条件下分段控制与动态变参数寻优

对于给定的动力学方程(2.39)，根据渐次目标逼近控制方法，将初值与设定值分化为 $m+1$ 个渐次跟踪目标。对于任意段跟踪目标都是令 m 时刻为初值，$m+1$ 时刻为跟踪目标。接下来就是要选择最优的参数 τ，求出每一时刻的增益，输出给系统，系统根据输出增益进行循环控制。

不失一般性，对于式(2.39)，令第 m 次控制目标设定值为 $f_{C\_set}(t_m)$，近似线性化后，设计 H_∞ 控制器，利用 LMI 求解反馈增益 K_m 来进行分段的反馈控制。对于任意分段函数，由式(2.39)设置期望值：期望温度 $x_{1m}^* = f_{T\_set}(t_m)$，期望相对湿度值 $x_{2m}^* = f_{H\_set}(t_m)$。将设置的期望值代入式(2.39)，得

$$
\begin{aligned}
\dot{x}_1 &= -(L_1 + L_2 + L_3)x_{1m}^* + L_1 x_{3m}^* + L_4 x_{4m}^* + L_4 d_{1m}^* + L_3 d_{2m}^* \\
\dot{x}_2 &= L_2 e^{\tau_D x_{4m}^* - \tau_D x_{1m}^*} - L_2 x_{2m}^* + \tau_D(L_1 + L_2 + L_3)x_{1m}^* x_{2m}^* \\
&\quad - \tau_D L_1 x_{2m}^* x_{3m}^* - \tau_D L_4 x_{2m}^* x_{4m}^* - \tau_D L_4 x_{2m}^* d_{1m}^* - \tau_D L_3 x_{2m}^* d_{2m}^* \\
\dot{x}_3 &= G_1 u_{1m}^* + L_5 x_{1m}^* - (L_5 + L_6)x_{3m}^* - L_7 e^{\tau_{Tc} x_{3m}^*} + L_6 d_{3m}^*
\end{aligned}
\tag{2.55}
$$

$$\dot{x}_4 = G_2 u_{2m}^* - (L_8 + L_9)x_{4m}^* - L_{10}e^{\tau_{Hc}x_{4m}} + L_8 x_{5m}^* + L_9 d_{1m}^*$$

$$\dot{x}_5 = -\tau_f x_{5m}^* + \tau_f d_{1m}^* + \tau_f d_{4m}^*$$

其中，$\dot{x}_i = 0$，$i = 1, 2, 3, 4, 5$。解出在第 m 次控制过程中方程中的变量 x_{3m}^*、x_{4m}^*、x_{5m}^*、u_{1m}^* 和 u_{2m}^* 的值。

对于任意的 x_{im}^* $(i = 1, 2, 3, 4, 5)$、u_{im}^* $(i = 1, 2)$、d_{im}^* $(i = 1, 2, 3, 4)$，做泰勒级数展开，保留一阶无穷小，并进行系统线性化，则有

$$
\begin{aligned}
\dot{e}_{1m} &= -(L_1 + L_2 + L_3)e_{1m} + L_1 e_{3m} + L_4 e_{4m} + L_4 w_{1m} + L_3 w_{2m} \\
\dot{e}_{2m} &= -L_2 \tau_D e^{\tau_D x_{4m}^* - \tau_D x_{1m}^*} e_{1m} + L_2 \tau_D e^{\tau_D x_{4m}^* - \tau_D x_{1m}^*} e_{4m} - L_2 e_{2m} \\
&\quad + \tau_D(L_1 + L_2 + L_3)x_{2m}^* e_{1m} + \tau_D(L_1 + L_2 + L_3)x_{1m}^* e_{2m} \\
&\quad - \tau_D L_1 x_{3m}^* e_{2m} - \tau_D L_1 x_{2m}^* e_{3m} - \tau_D L_4 x_{4m}^* e_{2m} - \tau_D L_4 x_{2m}^* e_{4m} \\
&\quad - \tau_D L_4 d_{1m}^* e_{2m} - \tau_D L_4 x_{2m}^* w_{1m} - \tau_D L_3 d_{2m}^* e_{2m} - \tau_D L_3 x_{2m}^* w_{2m} \\
\dot{e}_{3m} &= G_1 v_{1m} + L_5 e_{1m} - (L_5 + L_6)e_{3m} - L_7 \tau_{Tc} e^{\tau_{Tc}x_{3m}^*} e_{3m} + L_6 w_{3m} \\
\dot{e}_{4m} &= G_2 v_{2m} - (L_8 + L_9)e_{4m} - L_{10}\tau_{Hc}e^{\tau_{Hc}x_{4m}^*}e_{4m} + L_8 e_{5m} + L_9 w_{1m} \\
\dot{e}_{5m} &= -\tau_f e_{5m} + \tau_f w_{1m} + \tau_f w_{4m}
\end{aligned}
\tag{2.56}
$$

其中

$$
\begin{aligned}
e_{im} &= x_i - x_{im}^*, \quad i = 1, 2, 3, 4, 5 \\
v_{im} &= u_i - u_{im}^*, \quad i = 1, 2 \\
w_{im} &= d_i - d_{im}^*, \quad i = 1, 2, 3, 4
\end{aligned}
\tag{2.57}
$$

将式(2.57)写为矩阵形式，有

$$\dot{e}_m = A e_m + B v_m + D w_m \tag{2.58}$$

即第 m 次的增益为

$$v_m = K_m e_m \tag{2.59}$$

令初始状态为零，则对于闭环系统，当 $w_m = 0$ 且

$$\int_0^t \|z\|^2 \, \mathrm{d}t \leqslant \gamma^2 \int_0^t \|w_m\|^2 \, \mathrm{d}t \tag{2.60}$$

时系统渐近稳定。因此由式(2.58)～式(2.60)得

$$
\begin{aligned}
\dot{e}_m &= (A + BK)e_m + D w_m \\
z &= C e_m
\end{aligned}
\tag{2.61}
$$

选择如下 Lyapunov 函数：

$$V = e_m^{\mathrm{T}} P e_m \tag{2.62}$$

其中，P 是 5×5 的正定矩阵，选择 P 对角线上的元素为 $\{0.00000015; 0.000001; 0.000001; 0.000001; 0.000001\}$，对式(2.62)微分得

$$
\begin{aligned}
\dot{V} = {} & e_m^{\mathrm{T}} \left[(A+BK)^{\mathrm{T}} P + P(A+BK) \right] e_m \\
& - \left(\frac{1}{\overline{\gamma}} D^{\mathrm{T}} P e_m - \overline{\gamma} w_m \right)^{\mathrm{T}} \left(\frac{1}{\overline{\gamma}} D^{\mathrm{T}} P e_m - \overline{\gamma} w_m \right) \\
& + \frac{1}{\overline{\gamma}^2} e_m^{\mathrm{T}} P D D^{\mathrm{T}} P e_m + \overline{\gamma}^2 w_m^{\mathrm{T}} w_m \\
\leqslant {} & e_m^{\mathrm{T}} \left[(A+BK)^{\mathrm{T}} P + P(A+BK) + \frac{1}{\overline{\gamma}^2} P D D^{\mathrm{T}} P \right] e_m + \overline{\gamma}^2 w_m^{\mathrm{T}} w_m
\end{aligned}
\tag{2.63}
$$

其中

$$\left(1/\overline{\gamma} \cdot D^{\mathrm{T}} P e_m - \overline{\gamma} w_m \right)^{\mathrm{T}} \left(1/\overline{\gamma} \cdot D^{\mathrm{T}} P e_m - \overline{\gamma} w_m \right) \geqslant 0$$

则当 $w_m = 0$ 时，若式(2.56)渐近稳定，则有

$$(A+BK)^{\mathrm{T}} P + P(A+BK) + \frac{1}{\overline{\gamma}^2} P D D^{\mathrm{T}} P < 0 \tag{2.64}$$

计算式(2.64)得到 K_m，则控制增量 $v_m = K_m e_m$，将 v_m 反馈给系统实施控制，系统进入下一个控制周期。

4. 渐次目标逼近模型理论可行性

为了验证渐次目标逼近模型理论的可行性，将采用比例-积分-微分(proportion-integration-differentiation, PID)结合分段目标设计控制器的控制结果与传统的 PID 控制结果进行比较，最终确定本书提出的模型与传统 PID 控制方法的优劣性。传统 PID 控制是常规控制，渐次目标逼近模型的分段控制器设计如下：

$$u_{\mathrm{r}}(t) = K_{\mathrm{p}} e_{\mathrm{r}}(t) + K_{\mathrm{i}} \int_0^t e_{\mathrm{r}}(t) \mathrm{d}t + K_{\mathrm{d}} \frac{\mathrm{d} e_{\mathrm{r}}(t)}{\mathrm{d}t} \tag{2.65}$$

其中，$e_{\mathrm{r}}(t) = f_{\mathrm{C\_set}}(\infty) - f_{\mathrm{C}}(t)$；比例系数 K_{p}、积分系数 K_{i} 和微分系数 K_{d} 为最终控制参数。从而经过 $m+1$ 次后或 $t \to \infty$ 时达到最终设定目标值 $f_{\mathrm{C\_set}}(\infty)$。将式(2.65)写为离散函数，即

$$u_{\mathrm{r}}(k) = K_{\mathrm{p}} \left\{ e_{\mathrm{r}}(k) + \frac{T}{T_{\mathrm{i}}} \sum_{j=0}^{k} e_{\mathrm{r}}(j) + \frac{T_{\mathrm{d}}}{T} \left[e_{\mathrm{r}}(k) - e_{\mathrm{r}}(k-1) \right] \right\} \tag{2.66}$$

其中，$e_r(k)$ 为第 k 次误差；T_i 为积分时间；T_d 为微分时间；T 为采样周期。

　　设定系统的初始状态为：温度 28.1℃、相对湿度 66%、控温水箱介质水温度 28.3℃、露点湿度发生器蒸馏水温度 8℃、室外温度 28.3℃。传统 PID 控制方法的仿真结果如图 2.23 所示。

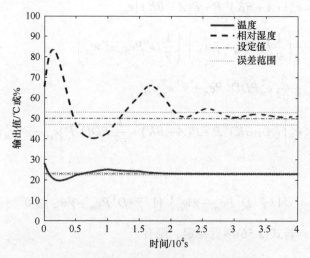

图 2.23　传统 PID 控制方法的仿真曲线

渐次目标逼近算法仿真结果如图 2.24 所示。

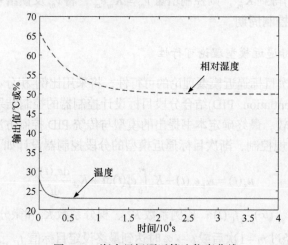

图 2.24　渐次目标逼近算法仿真曲线

　　图 2.23 和图 2.24 分别为传统 PID 控制方法的仿真结果和渐次目标逼近算法的仿真模拟结果。在图 2.23 中，传统 PID 控制需要振荡 4 次才能达到稳定条件，而每次振荡峰值的转换都意味着气候室内出现雾和结露的现象，其次传统 PID 控

制达到稳定状态时间为湿度稳定时间 3.5h，温度稳定时间 1.5h。渐次目标逼近模型未出现振荡现象,这意味着检测室内不会出现温度的变化而导致雾和结露产生，并且相对湿度的稳定时间为 1.5h，温度的稳定时间为 0.4h，从而验证了本模型与传统 PID 控制相比较的优越性。

2.6　实际应用

30m³ 甲醛检测用气候室硬件平台、动力学方程模型和渐次目标逼近算法设计实现后，进行了现场测试。

图 2.25 和图 2.26 显示了渐次目标逼近控制方法与传统 PID 控制的优劣性(包括温度和相对湿度的比较)。在渐次目标逼近控制算法下，温度以时间常数 $\tau=1/90$ 进行目标逼近，相对湿度以时间常数 $\tau=1/500$ 进行目标逼近。图 2.25 和图 2.26 中实线对应设计的渐次目标逼近控制方法，虚线对应 PID 控制方法。设定温度 PID 控制器的参数为 $K_{\mathrm{Tp}}=170$、$K_{\mathrm{Ti}}=0.1$ 和 $K_{\mathrm{Td}}=0.1$，相对湿度 PID 控制器的参数为 $K_{\mathrm{Hp}}=90000$、$K_{\mathrm{Hi}}=15$ 和 $K_{\mathrm{Hd}}=3000000$，在经过 35000s 振荡调整后，气候室的温湿度达到设定值误差范围内。可以看出渐次目标逼近的控制方法达到稳态时间比传统的 PID 要短，同时不会出现雾和结露现象，而传统的 PID 控制方法经过 4 次振荡才能达到稳定，而且每次振荡都会产生雾与结露现象。

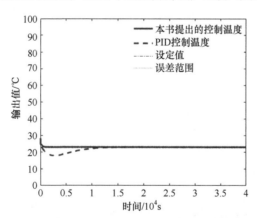

图 2.25　渐次目标逼近控制方法与 PID 控制方法温度比较曲线

从试验结果的控制曲线中可以看出，气候室内的湿度初始值不论是在控制目标曲线的下方还是在控制目标曲线的上方，都非常平滑地渐次逼近到控制目标设定值范围内，即相对湿度在±3%，温度在±0.1℃范围内；达到检测条件的时间为 6~8h，国外同类产品达到检测条件的时间均需要 8h 以上。

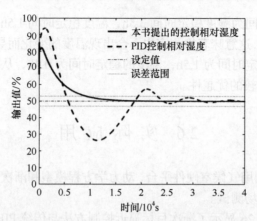

图 2.26 渐次目标逼近控制方法与 PID 控制方法相对湿度比较曲线

第3章 人造板及其制品表面缺陷检测技术——均值分类法与方差分类法

我国人造板三大板材(刨花板、纤维板、胶合板)的生产与消费全球第一。遗憾的是目前全球范围内人造板表面缺陷分级还停留在人工肉眼检测的原始状态。以我国的刨花板为例,年平均生产总量近 0.4 亿 m^3,而分级检测完全靠人工,效率低下,出错率高,难以适应我国人造板飞速发展的现状。因此,具有人工智能的机器视觉对人造板表面缺陷的检测就成为我国人造板领域急需解决的问题。

3.1 人造板及其制品表面缺陷检测技术研究背景

根据国家林业和草原局网站发布的《我国刨花板年生产能力超 4000 万立方米》,截止到 2022 年底,我国有大型刨花板类产品生产企业及集团 36 家,年生产能力在 50 万 m^3 以上的企业有 9 家,2022 年全国刨花板产量为 4148 万 m^3,较 2021 年产量增长了 6.5%。随着人造板连续压机实现国产化,刨花板连续压机生产线也迅速增加。截止到 2022 年底,全国在产刨花板连续压机生产线有 92 条,在建生产线 49 条,合计年产量能达到 1619 万 m^3。

在刨花板连续压机的生产过程中,由于受到原材料质量、生产工艺等多种因素的影响,会有个别产品的表面出现缺陷。表面缺陷会降低板材强度、影响板材外观,并且给二次加工带来困难。随着家具制造业向精细化、高端化发展,下游加工企业对板材质量的要求达到了前所未有的高度,会由于一张板材有缺陷而将整批产品退货,因此各人造板生产企业都对板材表面质量检测十分重视,将表面质量作为板材分级的重要指标[43-46]。

目前,我国企业都是依靠工人肉眼对刨花板表面缺陷进行检测。在检测过程中,连续压机生产线一直处于运行状态,刨花板在生产线上的运动速度可以达到 1500mm/s 甚至更快,一张四八尺(2.44m×1.22m)的刨花板板面面积约为 $3m^2$,而缺陷的面积不超过 $10cm^2$,大部分缺陷的面积小于 $1cm^2$,工人在高速运动的板面上,用肉眼寻找如此微小的缺陷十分困难。若企业 24h 连续不停生产,以年产量 20 万 m^3 刨花板来计算,每天产量约为 1.8 万张,每分钟约生产 12 张,工人在高速运行的生产线上长时间连续观察,极易产生视觉疲劳,导致漏检率和误检率较高,从而给企业带来较大的经济损失。

在林业发达国家如芬兰、美国、加拿大等已经有板面缺陷检测系统投入到生产中，但大多都是对旋切单板和胶合板进行检测，唯一一款用于检测刨花板板面缺陷的 Argos 表面检测系统，其缺陷检测的准确率仅为 60%～70%，无法达到企业实际的生产要求。因此，目前还没有能够应用于刨花板连续压机生产线上的表面缺陷检测系统，我国十分迫切需要人造板表面缺陷检测自动化和智能化。精度高、速度快、准确率高的表面缺陷检测系统投入到生产线对刨花板等级自动分选、提高板材的商品价值、为企业创造经济效益和提高产业自动化水平方面都具有非常重要的意义。

截止到目前，国内外相关产品表面缺陷检测的主要方法是机器视觉检测技术，使用工业相机对板材表面图像进行采集并输入计算机，计算机通过图像处理和模式识别来检测出板面缺陷。

3.1.1　基于机器视觉的板材表面缺陷检测研究现状

从 20 世纪 80 年代起，机器视觉开始被应用于木材和各类木质板材表面缺陷的检测中，国内外研究人员和机构在算法理论和系统应用方面都开展了相关研究。

1. 检测算法

基于机器视觉的表面缺陷检测，缺陷检测算法是关键。计算机获得图像后，运行检测算法，判断图像中是否存在缺陷并识别出缺陷的类别。检测算法首先对板面图像进行预处理，包括图像滤波、图像增强、图像校正、板面边缘检测、光照不均校正等操作；然后对预处理后的板面区域进行图像分割，将缺陷目标从板面背景图像中分离出来；最后提取出缺陷的特征，包括几何形状特征、纹理特征等，使用模式识别方法依据缺陷特征值确定缺陷类型。检测算法直接决定了系统的检测精度、速度、漏检率和误检率。

1) 图像预处理

图像预处理包括图像滤波、图像增强、图像校正等步骤，改善原始图像中噪声较多、对比度不强、畸变、光照不均等问题。文献[47]～[52]在处理图像时，都使用了直方图均衡法来进行图像增强，提高了缺陷区域的对比度。东北林业大学石岭等采用拉普拉斯算子对木材缺陷边缘进行增强，增强后的图像在提高对比度的同时缺陷轮廓得到了加深[53-57]。尹建新使用 8 方向 Sobel 算子，使得提取出的木材缺陷边缘更加完整[58]。朱蕾提出基于融合技术的小波变换和形态学边缘检测算法，分割出的木材缺陷边缘更清晰，抗噪声能力更强[59]。文献[60]给出的多元结构自适应数学形态学缺陷检测算法在有效增强抗噪能力的同时，具有较高的边缘检测精度。

2) 图像分割

图像分割是将缺陷目标从背景图像中分离的过程，它是缺陷特征提取和类型识别的前提。目前常用的图像分割方法总体上分为阈值分割算法、基于边缘的分割算法、基于数学形态学的分割算法和基于聚类的分割算法等。东北林业大学的戴天虹等使用 Otsu 阈值分割算法与数学形态学相结合，对木材缺陷图像进行了分割[61]。马娟娟采用曲线拟合模板的差影运算方法实现了图像分割，削减背景噪声干扰的同时保留了缺陷区域细节[62]。文献[63]采用基于灰度-梯度共生矩阵模型和最大熵原理的二维阈值化技术对木材缺陷图像进行分割，并结合模糊 C 均值聚类算法，分割精度达到 90%以上。文献[64]提出基于单像素点阈值的板材缺陷分割方法，利用二次阈值方法判断出正常区域与缺陷区域的边界，提取出旋切单板缺陷。文献[65]使用基于数学形态学梯度的分水岭分割方法对木材缺陷进行检测，并针对算法产生的边缘效应问题提出了矩阵增维法，但存在计算量大、运算效率不高的问题。文献[66]提出自适应阈值的快速聚类算法(fast clustering algorithm based on adaptive threshold, FCABAT)超像素合并算法对实木地板表面缺陷进行分割，平均一幅图像的分割时间为 0.35s；许景涛先使用无参数简单线性迭代聚类算法对木材表面缺陷图像进行超像素分割，再使用 Grab Cut 算法进行分割，每个缺陷的分割时间在 5s 左右[66]。文献[67]使用 CV(Chan-Vese)分割方法，对单板死节和裂缝缺陷的分割准确度分别达到 97%和 79%。Ruz 等提出了神经模糊彩色图像分割方法，将一组像素设定为种子进行生长，找到单板图像中每个缺陷的最小有界矩形，对木材裂纹、污点、死节、活节和孔洞等缺陷的分割准确率达到 94%[68]。

3) 特征提取

特征提取是将缺陷的各个特征值提取出来，从中选择能够有效标识缺陷特点的若干个属性，用于对缺陷类型进行识别。所提取的特征要反映缺陷的特点，受图像变形和失真的影响尽可能低。常用的特征有几何形状特征、不变矩特征、灰度纹理特征、区域描绘特征等。几何形状特征和纹理特征是在提取木材或板材缺陷时最常用的特征，常用的几何形状特征包括面积、周长、质心、圆形度等。灰度纹理特征描述了缺陷纹理在灰度值分布、方向、周期性等方面的特点，提取方法主要有构建灰度共生矩阵[63,69]、Tamura 纹理计算[65]、小波变换[70]等。文献[71]使用局部二值化模式来描述木材缺陷图像纹理特征，具有灰度不变性和旋转不变性。Mosorov 等提出了一种新的纹理缺陷检测方法，将纹理图像分成不重叠的样本，采用主成分分析技术计算各类节子缺陷的纹理特点[72]。Lampinen 等提出的木材表面缺陷检测系统可以依据人工对样本的分类结果自动学习缺陷分类特征，系统的识别结果与手动分级的性能相当[73]。Gu 等将木材的节子图像分割成三个不同的区域，然后应用顺序统计滤波器，得到每个区域的平均伪彩色特征[74]。

4) 缺陷识别

将缺陷特征提取出来后形成样本集，构建缺陷类型分类器，对分类器进行训练，根据缺陷的特征值对其进行分类。目前，主要的分类器有贝叶斯分类器、K 近邻分类器、决策树分类器、随机森林分类器、支持向量机分类器和神经网络分类器等。邹丽晖[63]采用 K 近邻分类器进行木材表面缺陷的类型识别，识别准确率达到 88%。文献[70]使用改进的仿射传播(affinity propagation, AP)，聚类算法和自组织映射(self organizing maps, SOM)神经网络进行分类，对木材缺陷的查全率分别达到了 85.5% 和 83.6%，查准率达到了 90.3% 和 92.7%。文献[66]使用压缩随机森林对实木地板表面缺陷进行分类，提高了分类速度，一次预测时间为 3.44ms。文献[71]分别使用反向传播(back propagation, BP)神经网络和支持向量机对木材表面缺陷进行分类，分类结果对比表明，支持向量机分类更准确，活节、死节和裂纹的识别准确率都达到了 92% 以上，并且具有更快的预测速度。芬兰的 Lampinen 等利用多层感知机对板材表面缺陷进行识别，准确率达到 84%[73]。文献[75]使用最小二乘支持向量机对节子、裂纹、虫眼三类木材缺陷进行了分类识别，准确率达到 94.67%。Niskanen 领导的机器视觉小组采用无监督聚类的自组织神经网络方法，对旋切单板缺陷进行检测与识别，但检测易受噪声等外界因素干扰，对油污、杂物识别率不高[76]。张益翔提出了基于小波变换和局部二值模式(local binary pattern, LBP)算法的木材表面缺陷纹理特征提取方法，并在此基础上提出一种多尺度二级木材缺陷分类方法[77]。苏畅在分析传统的表面缺陷分割方法不足的基础上，提出了一种基于小波与数学形态学的缺陷检测方法[78]。Silvén 等提出了一种基于非监督聚类的方法对木板中的缺陷进行检测和识别，一个关键的想法是使用 SOM 神经网络来区分完好木材和缺陷木材[79]。Estevez 提出分类遗传算法，选取 2958 张木材表面样本图像，对 10 种表面缺陷进行分类，能达到 80% 的分类准确率[80]。Chacon 等使用模糊自组织神经网络作为分类器，减少了训练时间，在测试集上的分类准确率达到 91.17%[81]。Gu 等提出树型结构的支持向量机，对活节、死节、黑节、腐朽节和针节五种木材节子缺陷进行分类，准确率达到 96%[82]。

综上，国内外学者对板材表面缺陷检测算法做了大量卓有成效的研究，但都集中在对木材、旋切单板和胶合板的表面缺陷进行检测，对刨花板表面缺陷检测的研究还未见成果。刨花板的板面纹理和缺陷特征都与上述三种板材完全不同，因此需要对其表面缺陷的检测方法展开新的研究。

2. 现有算法的应用情况

国内学者虽然在检测算法上做了大量的研究，但大多数处于实验室原型搭建阶段，目前还没有成熟的自动化检测系统投入到我国木材和各类人造板材的生产和加工企业中。文献[59]、[64]、[65]都完成了检测软件的开发，并对硬件设备进行了选型和实验室搭建，但并未说明是否投入到生产线实际运行，也没有展示运行相关的数据。

国外林业发达国家已经有一些成熟的检测系统投入到企业生产中。国际著名的机器视觉产品公司——加拿大 Matrox 公司的 Matrox 图像库(Matrox image library, MIL)系统可通过线阵相机采集旋切单板图像，并利用人工神经网络等技术对单板缺陷进行识别和分类[81]。美国 Venten 公司和加拿大 Matrox 公司合作开发的 GS2000 系统是用于检查旋切单板缺陷的专业检测系统，已经有超过 25 套系统安装在美国、加拿大和芬兰的木材加工企业中。GS2000 系统能以 0.5s/张的速度采集单板图像，单板定级准确率达到 95%[82]。芬兰 Mecano 公司的 VDA 系统已在当地木材及胶合板加工企业中应用，检测线速度最大可达 4m/s，缺陷分析执行时间为 300ms，其线扫描速度分为标准和全速两种，缺陷识别的分辨率最高分别可以达到 0.7mm×0.7mm 和 0.4mm×0.4mm，而且该系统功能比 GS2000 系统更为全面，不仅可以进行缺陷检测，还有配套的单板缺陷挖切和修补系统。

挪威的 Argos 表面检测系统是目前唯一一款刨花板表面缺陷检测系统，可检测二维和三维缺陷，使用激光光源从不同角度和方向照射到刨花板表面，同时采集多张板面图像以检测不同类型的缺陷。Argos 表面检测系统采用线阵相机进行图像采集，检测精度达到 0.5~1mm², 系统缺陷检测准确率在 60%~70%，漏检率在 30%以上。系统使用线阵扫描相机，虽然相机可以达到非常高的扫描速度，但在系统运行过程中，速度是固定值，当刨花板在生产线上的运动速度发生变化时二者难以实时匹配，导致采集到的图像拉伸或压缩，使图像中缺陷的形状发生变化。

3. 存在的问题

虽然当前国内外在木材或木质板材表面缺陷检测算法和系统开发方面都取得了卓有成效的结果，但对于刨花板表面缺陷的识别尚未取得满意的效果。

(1) 目前主要的研究集中在木材、旋切单板和胶合板表面缺陷的检测，对刨花板表面缺陷检测的研究很少。旋切单板和胶合板是由木材直接旋切或刨切加工制成的，其表面缺陷与木材表面缺陷一致；而刨花板由碎料施胶压制而成，其表面由细小的刨花组成，在纹理规律、灰度值分布、缺陷特征等方面与上述三种板材完全不同，因此需要使用不同的检测算法。

(2) 目前国内外还没有能够投入生产线运行的刨花板表面缺陷检测设备和系统，相关研究中提供的木材、旋切单板和胶合板的检测数据也都是对实验室样本进行检测的结果，检测算法没有在生产线上实际运行，而已有的国外检测系统 Argos 的漏检率高达 30%以上，远达不到企业应用的要求。

(3) 在实际企业应用中，检测算法不仅要准确率高，还要有较快的检测速度，满足生产线实时检测要求，当连续压机生产线以 1500mm/s 的速度运行时，一张四八尺幅面的板材要在 2s 内完成检测。但目前大部分研究着力于提高图像分割的准确率和缺陷分类的正确率,对提高检测速度以及实时在线检测算法的研究较少,大部分文献中没有算法执行时间的详细数据。

(4) 当前检测算法的研究对象多为局部板面样本图像,只取带有缺陷的部分板面,缺陷在图像中所占比例较大,很少有对整张板面进行缺陷检测的研究。常见的人造板板面面积都在 $3m^2$ 左右,而缺陷面积一般在 $10cm^2$ 以内,二者相差悬殊,如何在背景图像和目标面积相差巨大的情况下准确分割出缺陷,目前尚未有相关研究成果。

(5) 大部分研究对象都是在实验室采集的板面图像,而不是从工业生产现场获取的。实验室光照条件较好,获得图像亮度和对比度适中、灰度值均匀,一般不需要进行预处理或者只进行去噪就可以获得较高的图像质量。但在生产线上采集的图像往往质量较差、噪声干扰严重,不同时间采集到的图像亮度不一致,而且板面面积较大,光照不均现象严重,无法直接进行缺陷检测,需要进行一系列的预处理操作,而目前对这方面的研究还比较少。

3.1.2　机器视觉应用于刨花板表面缺陷在线检测所面临的技术瓶颈

刨花板是由木材或其他木质纤维素材料制作的碎料胶合成的人造板,其表面缺陷包括胶斑、石蜡斑、油污、大刨花、杂物、松软、漏砂、断痕、边角缺损等几种类型。在连续压机生产线上,以大刨花、胶斑、油污、松软和漏砂五种缺陷最为常见,如图 3.1 所示,缺陷局部放大图像如图 3.2 所示。大刨花是板面最常出现的缺陷,主要分为板材上表面大刨花、板材下表面大刨花、砂光后大刨花,其中上表面大刨花居多。另一种比较常见的缺陷为胶斑,它是板材的上下表面产生预固化层,即板坯在受到温度、未接触到压力的情形下,表层上的胶液开始固化,形成的密度偏低并伴有发毛现象的表层。胶斑在后期的家具、工艺品制造中存在上漆不稳定的问题。油污是刨花板生产过程中在产品表面留下的油渍痕迹。松软是由热压机闭合速度过快使板坯边部塌陷、刨花板容重偏低、刨花施胶量过低等原因造成的[83]。漏砂是由铺装不均匀或者砂光机出现故障导致的。

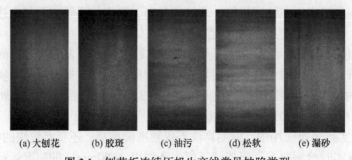

(a) 大刨花　　(b) 胶斑　　(c) 油污　　(d) 松软　　(e) 漏砂

图 3.1　刨花板连续压机生产线常见缺陷类型

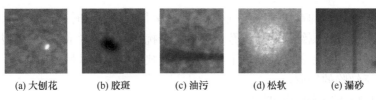

(a) 大刨花　　(b) 胶斑　　(c) 油污　　(d) 松软　　(e) 漏砂

图 3.2　刨花板连续压机生产线常见缺陷放大图像

在以上五种缺陷中，根据缺陷的灰度值和面积，可以将缺陷分为两类：第一类为明显缺陷，包括大刨花、胶斑和油污，特点是面积较小，灰度值与正常板面相差通常在 50 以上，比较容易检出；第二类为不明显缺陷，包括松软和漏砂，特点是面积较大，但灰度值与正常板面相差很小，通常小于 10，在检测时非常容易与砂光不均的正常区域混淆而导致漏检。

我国国家标准 GB/T 4897—2015《刨花板》中对刨花板外观质量要求做出了具体规定：A 类刨花板板面不允许出现断裂、透痕、漏砂和边角缺损；优等品和一等品中不允许出现单个面积大于 10mm² 的胶斑、石蜡斑、油污等明显缺陷；二等品中面积在 10～40mm² 的胶斑、石蜡斑、油污等明显缺陷数量不超过两个[84]。

使用机器视觉技术对刨花板表面缺陷进行生产线在线检测要解决的技术难点如下。

1) 图像数据量大，检测算法实时性要求高

系统在连续压机生产线上进行在线检测，要求检测算法具有较快的检测速度。由于缺陷面积微小，为了获得清晰的缺陷图像，相机要具有很高的分辨率，这导致图像数据量较大。系统应用在连续压机生产线上进行在线检测，在检测过程中生产线一直处于运行状态，且运行速度高达 1500mm/s 以上，每张板材的检测时间只有 2s 左右。在数据量较大的情况下，检测算法要在非常短的时间内完成图像去噪、边缘检测、光照校正、图像分割、缺陷识别等一系列操作，同时保证较低的漏检率和误检率。

2) 板面面积与缺陷面积相差悬殊

系统采集到的是整幅刨花板板面图像，板面面积与缺陷面积相差悬殊，在大背景下快速、准确地寻找到面积微小的目标缺陷具有一定难度[85]。常见的四八尺、四六尺(1.83m×1.22m)规格的刨花板板面面积在 3m² 左右，缺陷面积远远低于板面面积，而缺陷面积超过 40mm² 即被认定为不合格板材。在背景面积和目标面积相差较大时，如果直接使用图像分割算法进行缺陷提取，分割效果往往受到较大的影响，分割准确率较低。同时，刨花板板面由细小的刨花组成，小刨花颜色深浅不一，在提取缺陷时非常容易将灰度值过高或过低的小刨花提取出来，造成系统误判。

3) 采集到的图像质量差

系统的应用环境在刨花板生产车间，工作环境比实验室复杂很多，车间光照条件复杂、粉尘污染严重，采集到的图像会存在亮度不稳定、噪声干扰等问题。

亮度较低会使图像的对比度变差,这会导致在进行边缘检测时边缘丢失现象严重;亮度过高又会使检测结果中边缘数量过多,干扰真边缘的提取。在图像去噪时,传统的滤波方法会使图像清晰度下降,同时使缺陷与正常区域的边界变得模糊不清,不利于缺陷的提取。

4) 图像光照不均现象明显

架设人工光源是改善光照条件的常用方法,但光源距离板面高度有限,板面面积又很大,因此图像会存在光照不均匀的现象。像素点的灰度值是灰度图像最重要的特征,光照不均会导致图像的灰度值分布不均,距离光源近的像素点灰度值远远高于远离光源的部分,如图 3.3 所示,在灰度值较高的中间区域存在颜色较深的油污缺陷,其像素点灰度值虽然低于周边小区域内的像素点,但是仍然高于灰度值较低的板面边缘像素点,因此在进行缺陷检测时难以通过灰度值发现缺陷。同理,如果在低灰度值的边缘区域存在浅色的缺陷,也面临着相同的问题。

油污缺陷

图 3.3　光照不均的图像

3.1.3　机器视觉缺陷辨识的重要意义

基于以上分析,利用机器视觉技术在连续压机生产线上实现刨花板表面缺陷检测的关键在于研究出高检测速度、低漏检率、低误检率的检测算法。对工业现场采集到的板面图像进行畸变校正、光照不均校正等预处理,提高图像质量;快速检测出五种主要类型的板面缺陷,对缺陷位置进行精确定位和图像分割,获得形态完整的缺陷;提取出缺陷特征,构建快速分类器对缺陷的种类进行识别。使用微软基础类库(MFC)、OpenCV 完成检测算法程序和用户界面开发,在连续压机生产线上完成系统硬件平台搭建,最后对系统进行调试,检验系统的检测效果。实现在刨花板以 1500mm/s 速度运行的情况下,对一张幅面为 2.44m×1.22m 板材的检测时间在 2s 之内完成,在用户界面上展示出完整的缺陷形态,对明显缺陷大刨花、胶斑、油污漏检率低于 10%,检测准确率高于 90%,对不明显缺陷松软、漏砂漏检率低于 20%,检测准确率高于 80%。

基于机器视觉的刨花板表面缺陷在线检测系统能够解决人工检测带来的劳动强度大、漏检率和误检率高等问题,为刨花板质量准确分级提供支撑,减少企业由于板面缺陷而带来的经济损失,为企业创造经济效益。系统的实施将使连续压机生产线实现全线自动化,消除生产线效率瓶颈,填补国内外行业空白。

3.1.4　主要内容和技术路线

基于机器视觉的刨花板表面缺陷在线检测系统,在企业生产线上完成了系统硬件平台搭建、人机交互界面和缺陷检测算法实现。使用 C++、OpenCV 类库和 JAI SDK 类库在 Visual Studio 2010 环境下开发，实现板面缺陷的在线检测。

刨花板表面缺陷在线检测系统技术路线如图 3.4 所示。

图 3.4　刨花板表面缺陷在线检测系统技术路线图

3.2　基于机器视觉的刨花板表面缺陷检测系统硬件平台设计

基于机器视觉的刨花板表面缺陷检测系统安装在企业连续压机生产线上，系统硬件主要由光源、工业相机、镜头、光电触发开关和 PLC 组成，其硬件组成示意如图 3.5 所示。

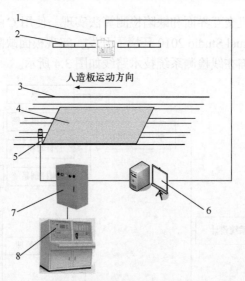

图 3.5　刨花板表面缺陷检测系统硬件组成示意图

1. 工业相机和镜头；2. 光源；3. 生产线辊台；4. 刨花板；5. 光电触发开关；
6. 计算机；7. PLC 控制柜；8. 生产线控制系统

当板材进入相机视野时，光电触发开关向 PLC 发出信号，PLC 将拍照信号传送给计算机，计算机控制工业相机采集运动中的板材表面图像，并将图像回传。计算机获得图像后运行缺陷检测算法，判断板面是否存在缺陷，如果发现缺陷则向 PLC 发送信号，并在系统界面上显示提示信息。PLC 接收到信号后，通知生产线控制系统打开缺陷板仓的翻板，将缺陷板推送至缺陷板仓。

3.2.1　光源

1. 光源要求

图像质量是图像处理效果的决定性因素之一，光源亮度和光照均匀程度对图像质量有着明显的影响，稳定、可靠和合适的光源是获得高质量图像的保障。在基于机器视觉的缺陷检测系统中，获得亮度和对比度合适的图像是准确检测出缺陷区域的基础，如果系统光源亮度不够或光照不均匀，那么获得的图像可能存在灰度值过低或过高、对比度不够、亮度不均匀等问题，误检率或漏检率都增加。

合适的光源能够提高图像信噪比、将检测目标与背景图像明显区分开、增强检测目标边缘的清晰度、去除阴影并且能够防止外界光线对图像质量造成影响。工业现场生产线一般在室内，自然光照射条件较差，因此大多采用人工光源。光源设备的选择要根据被检测物体的大小、形状、物理、化学和光学特性以及现场的自然光照条件来确定。同时，由于检测系统应用于工业生产环境，还要考虑光源的使用寿命、成本、安装方式及运行安全等因素。

2. 光源设备的选择

常用的人工光源包括白炽灯[60]、卤素灯[61]、气体放电灯(汞灯、钠灯、氙灯等)和半导体发光二极管(light-emitting diode, LED)灯等，不同类型光源的特点如表 3.1 所示。

表 3.1　不同类型光源的特点

类型	寿命/h	工作温度/℃	特点
白炽灯	1500	100	全光谱光源，耗电量较高，发光效率低
卤素灯	1500~2000	300	亮度高且光源集中，使用时间增长会产生光衰
氙气灯	15000~20000	700	亮度高，使用寿命长，发光温度高
LED 灯	20000~50000	100	节能环保，运行成本低，亮度稳定，寿命长

由于机器视觉检测系统应用于工业生产车间，需要亮度足够、稳定耐用的长寿命光源，同时出于安全生产角度考虑，工作温度不能过高，因此系统选用 LED 光源。

3. LED 阵列光源的构建

由于单个 LED 的亮度有限，通常采用多个 LED 组成阵列光源。阵列中 LED 数量、阵列形状和位置取决于被测目标形状、光照度要求以及照明空间的光强分布，同时还要考虑工业生产现场情况，设计出便于安装的可行方案。LED 阵列光源按形状通常分为点光源、条形光源、环形光源、面光源和同轴光源等。

由于 LED 阵列光源架设到生产线上，要便于安装和维修，刨花板板面面积较大，但板面比较平整，不存在明显的凹凸不平。因此，采用多个 LED 灯组成面光源，架设到生产线相机视野的正上方，如图 3.6 所示。选用的单个 LED 功率为 22W，规格为 300mm×600mm，光源阵列大小为 5 行 9 列，距板面高度为 1.3m，相机安装在阵列中心。

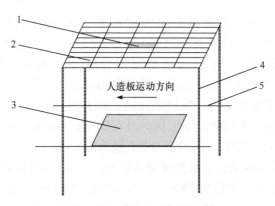

图 3.6　LED 阵列光源架设示意图

1. 工业相机；2. LED 阵列光源；3. 刨花板；4. 光源支架；5. 生产线

3.2.2　工业相机选型

1. 相机接口

工业相机采集到图像后，通过传输接口将图像传送给计算机。工业相机常用的传输接口包括 USB 接口、IEEE 1394 接口、CameraLink 接口[65, 66]、CoaXPress 接口、千兆以太网接口 GigE[67]等，各接口的特点如表 3.2 所示。

表 3.2　相机接口类型及特点

接口类型	连接方式	最大数据传输速率	无中继传输距离
USB3.0	有线	5Gbit/s	5m
IEEE 1394	有线	400Mbit/s、800Mbit/s	4.5m、100m
CameraLink	有线	2Gbit/s、4Gbit/s、5Gbit/s	10m
CoaXPress	有线	1.25Gbit/s、3.12Gbit/s、6.25Gbit/s	170m、130m、50m
GigE	无线	1Gbit/s	100m

在现有的工业相机产品中，主要采用 USB3.0、CameraLink 和 GigE 接口。刨花板表面缺陷检测系统工作在生产车间，无线传输信号容易受到干扰，因此考虑采用有线连接方式。CameraLink 接口的工业相机需要在计算机上安装单独的 CameraLink 接口和图像采集卡，成本高且不便于安装维护，因此选择 USB3.0 接口的工业相机。

2. JAI SP-5000-USB3.0 工业相机

采用 USB3.0 接口的互补金属氧化物半导体(complementary metal oxide semiconductor, CMOS)面阵工业相机 JAI SP-5000-USB3.0 进行图像采集。JAI SP-5000-USB3.0 相机为灰度相机，分辨率 2560 像素×2048 像素，像素深度 8bit，采用 8bit/10bit/12bit USB3 Vision 输出，动态范围最高可以扩展到 84dB，能够以最高达 62 帧/s 的采集帧率运行。JAI SP-5000-USB3.0 相机具有 USB3 Vision 输出，具有高吞吐量和即插即用的便利性，同时具有抗 80g 冲击和 10g 振动的承受能力，工作温度范围为-45~70℃，适用于工业高速检测系统。

因为相机架设高度有限，板面面幅又较大，所以为 JAI SP-5000-USB3.0 相机搭配 KOWA500 定焦广角镜头 LM6HC。镜头焦距为 6mm，最大光圈 F=1∶(1.8~16)，拍摄角度上下 79.4°、左右 96.8°，工作温度-10~50℃。

3.2.3　检测精度计算

为了达到尽量高的检测精度，在采集的图像中板面部分所占比例越大越好。最常见的刨花板板面规格为 2.44m×1.22m。LM6HC 镜头的拍摄角度为左右 96.8°、上下 79.4°，安装于板面正上方，水平放置，如图 3.7 所示，其中 a 和 b 分别为板面的长和宽，α 和 β 分别为镜头左右和上下的拍摄角度，O 为板面中心点，h 为镜头到板面中心点的距离。

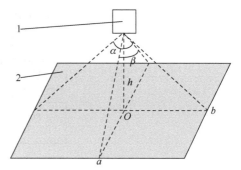

图 3.7　相机和板面位置示意图
1. 镜头；2. 板面

设 a 值为 2.44m，b 值为 1.22m，要将板面 a 边拍摄完整，镜头距板面的最小距离为 h_1。取 α 值为 96.8°，则 $h_1=(a/2)/\tan(\alpha/2)$，计算结果为 1.08m。由于在拍摄时板面一直处于运动状态，为了将板面拍摄完整，方便光电触发开关定位，镜头到板面中心的距离应在 h_1 的基础上再增加一个预设值。镜头距板面中心高度 h 取值为 1.30m，此时镜头的拍摄范围为 2.92m×2.16m。JAI SP-5000-USB3.0 相机的分辨率为 2560 像素×2048 像素。计算得出，采集到的图像中 1 像素×1 像素对应实际板面面积为 1.14mm×1.05mm，即系统的检测精度最高可以达到 1.14mm×1.05mm。

根据我国刨花板国家标准 GB/T 4897—2015《刨花板》中关于外观质量的规定，合格产品不允许出现断痕、透裂、压痕以及单个面积大于 40mm^2 的胶斑、石蜡斑、油污斑等污染点。在系统采集到的图像中，1 像素×1 像素对应的实际面积为 1.197mm^2，远低于国家标准中规定的缺陷面积的最小值，因此系统的检测精度完全能够达到要求。

3.2.4　检测控制系统

检测控制系统包括光电触发开关和 PLC，光电触发开关安装在生产线上与 PLC 连接，PLC 与计算机通过串口线连接。系统控制流程如图 3.8 所示。系统启动后，相机处于就绪等待状态，当板材运动到光电触发开关位置时，开关发送信号给 PLC。PLC 向计算机串口发送采集图像信号，计算机接收到信号后，向相机发出采集命令，相机完成图像采集，并将图像回传给计算机。计算机运行缺陷检测程序，判断板面图像中是否存在缺陷，若发现缺陷则向 PLC 发送信号，PLC 再将信号发送给生产线控制系统，由生产线控制系统打开缺陷板仓的翻板。

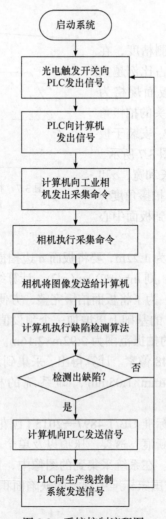

图 3.8　系统控制流程图

3.3　板面区域自动获取与校正

在刨花板表面缺陷检测系统中,工业相机采集到的图像包含刨花板、生产线、辊台等内容,而检测算法只对板面区域进行处理,因此需要首先将图像中的板面区域提取出来。

刨花板板面呈规则的矩形,所以最快速的方法是直接使用矩形区域提取。由于使用广角镜头,图像存在明显的径向畸变,板面边缘呈弧形,直接提取会将板面边缘裁切掉,因此需要先进行畸变校正。此外,在采集过程中刨花板一直处于运动状态，可能在生产线上发生倾斜和平移，导致采集到的图像板面区域倾斜且位置不固定，因此无法人为确定板面顶点坐标，需要设计算法进行倾斜校正，再计算出板面四个顶点在图像中的坐标，将板面提取出来。由于板面面积较大，又受到相机性能和光照条件影响，板面区域存在明显的光照不均现象，灰度值分布不均匀，缺陷部分与正常部分的灰度值交叉在一起，增加了图像分割的难度和时间，所以在提取出板面区域后，需要对其进行光照不均校正。

3.3.1　径向畸变的校正方法

1. 产生畸变的原因

相机镜头是由若干个透镜组装而成的，由于透镜固有的光学特性以及制造精度和组装工艺等特征，采集到的图像会存在畸变，导致图像失真[68]。畸变主要有径向畸变[69]和切向畸变[70]两种类型。径向畸变是成像过程中最主要的畸变，同时也是对成像效果影响最大的畸变，常见的径向畸变包括桶形畸变和枕形畸变两种。桶形畸变是成像画面呈桶形膨胀状的失真现象，在图像的边缘会有向外膨胀的变形，如图 3.9(b)所示，广角镜头的桶形畸变最为明显。枕形畸变是图像的边缘向中间收缩的现象，使用长焦镜头拍摄时最容易出现，如图 3.9(c)所示。

(a) 无畸变图　　　　　　　(b) 桶形畸变　　　　　　　(c) 枕形畸变

图 3.9　图像径向畸变

在板面缺陷检测系统中，使用的是定焦广角镜头，因此图像中存在比较明显的桶形畸变，如图 3.10 所示。板面的四周边缘桶形畸变显著，使得图像中的板面区域不再是一个矩形。如果直接使用上、下、左、右四个顶点进行板面区域提取，得到的矩形区域会小于实际板面，有一小部分板面边缘区域会被裁切掉，如果边缘附近存在缺陷，则这些缺陷将无法被识别。因此，需要首先对图像进行畸变校正，消除桶形畸变，再进行提取。

图 3.10　带有桶形畸变的图像

2. 径向畸变校正

1) 相机标定

在进行畸变校正前，需要先进行相机标定，确定相机的内参矩阵和畸变系数，以此作为畸变校正的依据。利用相机成像的几何模型，可以确定现实世界中被拍摄物体表面某个点的三维坐标位置与该物体在图像中所对应的点之间的关系，模型中的参数就是相机参数。相机标定就是通过进行试验和数据计算求解出相机参数的过程。相机标定的结果是否准确会直接影响后续图像处理过程的准确性。

2) 相机参数

相机标定就是求解相机参数的过程，相机参数主要包括内参矩阵、外参矩阵和畸变系数[71]。

内参矩阵 K 是一个 3×3 的矩阵，如式(3.1)所示：

$$K = \begin{bmatrix} f_x & \bar{\gamma} & c_x \\ 0 & f_y & c_y \\ 0 & 0 & 1 \end{bmatrix} \tag{3.1}$$

其中，$f_x=f/dx$；$f_y=f/dy$；dx 和 dy 为一个像素的物理尺寸；f 为焦距；$\bar{\gamma}$ 为扭曲因子；c_x 和 c_y 为图像原点相对于成像中心点的横坐标和纵坐标的偏移量(以像素为单位)。

外参矩阵$[R|t]$包括旋转矩阵 R 和平移向量 t，用于计算世界坐标系到相机坐标系的转换关系。畸变系数共有五个，包括径向畸变系数 k_1、k_2、k_3 和切向畸变系数 p_1、p_2。

3) 四个坐标系的构建

现实世界中的点通过镜头映射到相机二维成像平面上得到数字图像，这个过程经历了从世界坐标系到相机坐标系，再到图像物理坐标系，最后到图像像素坐标系的转换。

世界坐标系是被拍摄物体在现实世界中的坐标，坐标轴用 X_w、Y_w 和 Z_w 表示，其中 X_w 为水平轴，方向水平向右；Y_w 为竖直轴，方向垂直向下；Z_w 坐标轴方向由右手法则确定。三个坐标轴相互垂直。

图像物理坐标系以图像平面和镜头主光轴的交点为坐标原点 O_i，图像的水平和竖直方向分别作为 x 轴和 y 轴。

图像像素坐标系以图像的左上角顶点为坐标原点，横、纵坐标轴分别用 u 和 v 表示，方向平行于图像物理坐标系的 x 轴和 y 轴，单位为像素。

相机坐标系以镜头光心为原点 O_c，x_c 轴与图像物理坐标系的 x 轴平行，y_c 轴与 y 轴平行，z_c 轴和光轴平行，三个坐标轴互相垂直。四个坐标系的关系如图 3.11 所示。

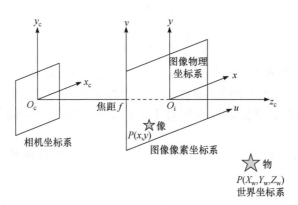

图 3.11　四个坐标系的关系

设 P 是现实场景中的一个点，坐标为 (X_w, Y_w, Z_w)，用齐次坐标表示为 $[X_w \ Y_w \ Z_w \ 1]^T$，转换到图像像素坐标系后，对应点为 p，齐次坐标为 $[U \ V \ 1]^T$，转换过程如下。

(1) 将 P 点坐标左乘相机的外参矩阵 $[R|t]$，由世界坐标系转换到相机坐标系，转换公式为

$$\begin{bmatrix} X_c \\ Y_c \\ Z_c \end{bmatrix} = \begin{bmatrix} R & t \\ 0^T & 1 \end{bmatrix} \times \begin{bmatrix} X_w \\ Y_w \\ Z_w \\ 1 \end{bmatrix} \tag{3.2}$$

其中，R 为 3×3 旋转矩阵；t 为三维平移向量；设点 P 转换到相机坐标系对应的坐标为(X_c, Y_c, Z_c)。

(2) 将第一步转换结果左乘焦距对角矩阵，由相机坐标系转换到图像物理坐标系，设转换到图像物理坐标系后的齐次坐标为$\begin{bmatrix} X & Y & 1 \end{bmatrix}^T$，转换方法如式(3.3)所示：

$$Z_c \times \begin{bmatrix} X \\ Y \\ 1 \end{bmatrix} = \begin{bmatrix} f & 0 & 0 \\ 0 & f & 0 \\ 0 & 0 & 1 \end{bmatrix} \times \begin{bmatrix} X_c \\ Y_c \\ Z_c \end{bmatrix} \tag{3.3}$$

其中，f 为焦距。

(3) 通过像素转换矩阵转换到图像像素坐标系，转换公式为

$$\begin{bmatrix} U \\ V \\ 1 \end{bmatrix} = \begin{bmatrix} \dfrac{1}{dx} & \bar{\gamma} & c_x \\ 0 & \dfrac{1}{dy} & c_y \\ 0 & 0 & 1 \end{bmatrix} \times \begin{bmatrix} X \\ Y \\ 1 \end{bmatrix} \tag{3.4}$$

其中，dx 为一个像素的物理长度；dy 为一个像素的物理高度；$\bar{\gamma}$ 为扭曲因子，通常设为 0；c_x 为像素坐标系原点相对于成像中心点的横坐标偏移量(以像素为单位)；c_y 为像素坐标系原点相对于成像中心点的纵坐标偏移量(以像素为单位)。

综合式(3.2)、式(3.3)和式(3.4)得出，由世界坐标系转换到图像像素坐标系的公式为

$$Z_c \times \begin{bmatrix} U \\ V \\ 1 \end{bmatrix} = \begin{bmatrix} \dfrac{1}{dx} & \bar{\gamma} & c_x \\ 0 & \dfrac{1}{dy} & c_y \\ 0 & 0 & 1 \end{bmatrix} \times \begin{bmatrix} f & 0 & 0 \\ 0 & f & 0 \\ 0 & 0 & 1 \end{bmatrix} \times \begin{bmatrix} R & t \\ 0^T & 1 \end{bmatrix} \times \begin{bmatrix} X_w \\ Y_w \\ Z_w \\ 1 \end{bmatrix} \tag{3.5}$$

设 $f_x = f/dx, f_y = f/dy$，式(3.5)可表示为

$$Z_c \times \begin{bmatrix} U \\ V \\ 1 \end{bmatrix} = \begin{bmatrix} f_x & \bar{\gamma} & c_x \\ 0 & f_y & c_y \\ 0 & 0 & 1 \end{bmatrix} \times \begin{bmatrix} R & t \\ 0^T & 1 \end{bmatrix} \times \begin{bmatrix} X_w \\ Y_w \\ Z_w \\ 1 \end{bmatrix} \tag{3.6}$$

式(3.6)中矩阵 $\begin{bmatrix} f_x & \bar{\gamma} & c_x \\ 0 & f_y & c_y \\ 0 & 0 & 1 \end{bmatrix}$ 为相机内参矩阵 K，$\begin{bmatrix} R & t \\ 0^T & 1 \end{bmatrix}$ 为相机外参矩阵 $[R|t]$。

式(3.6)可表示为式(3.7)的形式：

$$p = K[R|t] \tag{3.7}$$

设 $H = K[R|t]$，则式(3.7)可以表示为式(3.8)的形式：

$$p = HP \tag{3.8}$$

测量世界坐标系中的点与其对应的图像平面点在转换前后的坐标，可以计算出 H，再使用式(3.6)、式(3.7)和式(3.8)可以计算出相机的内参矩阵 K 和外参矩阵 $[R|t]$。

4) 畸变系数获取

在将 P 点使用式(3.2)转换到相机坐标系后，需要使用畸变系数进行校正。

设将点 $P(X_w, Y_w, Z_w)$ 转换到相机坐标系后对应点为 $P_c(X_c, Y_c, Z_c)$，$X' = X_c / Z_c$，$Y' = Y_c / Z_c$，$r = X'^2 + Y'^2$，则畸变校正模型为

$$X'' = X'(1 + k_1 r^2 + k_2 r^4 + k_3 r^6) + 2 p_1 (X'Y') + p_2(r^2 + 2 X'X') \tag{3.9}$$

$$Y'' = Y'(1 + k_1 r^2 + k_2 r^4 + k_3 r^6) + 2 p_2 (X'Y') + p_1(r^2 + 2 Y'Y') \tag{3.10}$$

其中，k_1、k_2、k_3 为径向畸变系数；p_1、p_2 为切向畸变系数。

则使用式(3.9)和式(3.10)对点 $P_c(X_c, Y_c, Z_c)$ 畸变校正结果坐标为($X''Z_c$，$Y''Z_c$，Z_c)。将校正后的点使用式(3.3)转换到图像物理坐标系，再使用式(3.4)转换到图像像素坐标系，即可得到校正后的图像。

3. 相机畸变校正

采用张正友标定法可以求解出相机的内参矩阵 K，外参矩阵 $[R|t]$ 和畸变系数 k_1、k_2、k_3、p_1、p_2，解决相机畸变问题。该标定法是由张正友教授在 1998 年提出的一种介于传统标定法和自标定法之间的相机标定方法，使用单平面棋盘格进行标定，具有标定器材简单、便于操作、标定精度高、结果准确等优点。本节对相机的标定过程为：使用一张打印的黑白棋盘格模板进行标定，相机在不同位置拍摄同一个不同摆放姿势的模板，通过多幅图像求得相机参数的闭合解，再使用最大似然估计求得精确值。

(1) 使用一张 A4 纸打印 7 行 9 列的黑白棋盘格，每个方格边长为 25mm；

(2) 在不同摆放位置和倾斜角度放置棋盘格，使用相机采集 16 幅棋盘格图像，如图 3.12 所示；

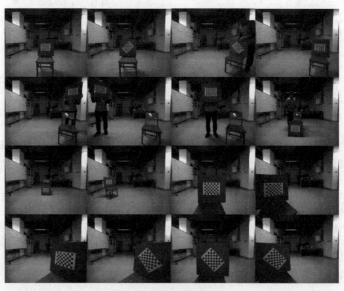

图 3.12　棋盘格图像

(3) 标记出每幅棋盘格图像的内角点，如图 3.13 所示；

图 3.13　内角点标记图

(4) 编写 OpenCV 程序，标定结果如表 3.3 所示。

表 3.3   相机参数对应表

参数名	参数值
内参矩阵 K	$\begin{bmatrix} 1244.7 & 1.5843 & 1296.9 \\ 0 & 1246.1 & 1017.3 \\ 0 & 0 & 1 \end{bmatrix}$
径向畸变系数 k_1	-0.1221
径向畸变系数 k_2	0.0490
径向畸变系数 k_3	0
切向畸变系数 p_1	-0.0020
切向畸变系数 p_2	-0.00049371

从而得出相机内参矩阵 K，径向畸变系数 k_1、k_2、k_3，切向畸变系数 p_1 和 p_2，进一步对图像进行畸变校正：

(1) 使用式(3.3)、式(3.4)和内参矩阵 K 将图像从图像像素坐标系转换到相机坐标系；

(2) 对图像在相机坐标系中的所有点进行遍历，将畸变系数 k_1、k_2、k_3、p_1 和 p_2 的值代入式(3.9)和式(3.10)中，计算出在相机坐标系中校正后的图像；

(3) 使用式(3.3)、式(3.4)和内参矩阵 K 将相机坐标系中校正后的图像转换到图像像素坐标系；

(4) 由于校正后的点可能无法覆盖整幅图像，对没有覆盖的点使用双线性插值法进行灰度重建。

对图 3.10 按以上步骤进行畸变校正，结果如图 3.14(b)所示。

(a) 原图   (b) 畸变校正后图像

图 3.14   畸变校正

由图 3.14 可以看出，在校正后的图像中，板面的四周边缘呈直线，板面呈矩形，为板面区域的准确提取奠定了基础。

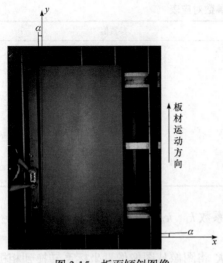

图 3.15　板面倾斜图像

3.3.2　板面倾斜校正

缺陷检测系统在生产线上进行在线检测，刨花板在运动过程中可能会发生倾斜和平移，导致采集到的图像板面区域倾斜，板面沿生产线运动方向的边缘与图像物理坐标系竖直轴呈夹角 α，如图 3.15 所示。虽然倾斜角度较小，但由于板面面积很大，在提取时如果直接划定矩形区域，当倾角为 1° 时边缘长度误差最大可达到 4cm，位于板面边缘的缺陷可能会被裁切掉而无法识别，因此在提取前先要进行板面倾斜校正。

1. 倾斜校正方法

倾斜校正首先要求出图像的倾斜角度，再使用仿射变换或透视变换将图像进行旋转，得到校正后的图像。常用的倾斜校正方法有以下几种。

1) 旋转投影法

旋转投影法是指对边缘检测后的图像在一定角度范围内进行水平投影，然后取投影长度最大时的旋转角度为倾斜角[74]。设图像的倾斜角度为 α，图像中心为原点 O，建立夹角为 θ 的两个坐标系，如图 3.16 所示。对图像进行边缘检测，各条边缘的水平投影之和为 S，以一定的步长 Δ 旋转坐标系(x, y')，θ 以步长 Δ 发生变化，计算每次旋转后的 S 值，当 θ 接近 α 时，S 值会增加，S 取最大值时的旋转角度 θ 就是图像倾角 α。旋转投影法的缺点在于其对噪声极其敏感。

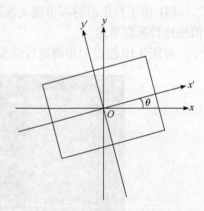

图 3.16　旋转投影法示意图

2) 角点检测法

角点是图像中亮度变化剧烈或图像边缘上曲率取极大值的点，当图像中感兴趣区域(region of interest，ROI)为多边形时可以使用角点检测法进行倾斜校正。通过 Harris 角点检测、SUSAN 角点检测等算法可以将图像中的角点提取出来，从所有角点中搜索到 ROI 的顶点，进而求出 ROI 各边的斜率，得到图像的倾斜角度。但当图像噪声较大时，会产生大量的角点，从中确定 ROI 的顶点比较困难。

3) 主成分分析法

若将二值化后的图像看成一个样本集，则每个像素点就是一个样本，用(x_i, y_i)表示一个样本的特征值，样本集中共有 n 个像素点。需要寻找一个新的坐标系(x', y')，将所有样本投影到 x' 方向，当投影点集合的方差最大时，x' 方向就是样本集的主方向。x' 方向与原坐标系 x 轴的夹角即图像的倾斜角度。主成分分析法对噪声敏感度低，但需要先进行图像分割，将 ROI 从背景中提取出来，校正的效果与图像分割效果关系密切。

4) 直线检测法

直线检测法是使用最为广泛的一种倾斜校正方法，先对图像进行边缘检测，再使用 Hough 变换、Radon 变换等算法检测出图像中的直线，计算直线斜率获得图像的倾斜角度。直线检测法对噪声的敏感程度低于旋转投影法和角点检测法，当图像内容比较单一或 ROI 为规则多边形时，直线检测法可以取得比较好的检测效果。

综上所述，在刨花板表面缺陷检测系统中，由于板面区域为矩形，板面四边为直线，适合用直线检测的方法进行倾斜校正。直线检测效果和计算量与边缘检测结果密切相关，检测出的边缘过多则直线检测计算量大，检测出的边缘过少则影响直线检测的准确性。此外，边缘检测结果与图像质量相关，当图像对比度下降时，检测出的边缘数量也会减少，从而影响倾斜角度计算的准确性。针对以上问题，对 Canny 边缘检测算法进行了改进，提出了图像梯度矩阵自适应阈值边缘检测算法。

2. 图像梯度矩阵自适应阈值边缘检测算法

图像梯度矩阵自适应阈值边缘检测算法是根据当前图像的梯度值矩阵自适应确定边缘梯度的高、低梯度阈值，使得检测结果中只保留图像主要内容的边缘。同时自适应阈值能够根据图像整体亮度和对比度情况进行变化，减少光照条件对边缘检测结果的影响。

在边缘检测过程中，首先计算每个像素点的梯度值，得到图像的梯度矩阵，若一个像素点的梯度值是其八邻域内各点梯度值的最大值，则对此像素点进行标记。设置高、低两个梯度阈值分别为 high_thresh 和 low_thresh，若被标记的像素点梯度值大于 high_thresh，则该点为真边缘点；若被标记的像素点梯度值小于 low_thresh，则该点不是边缘点，在两个阈值之间有弱边缘点，若弱边缘点的八邻域中有真边缘，则该弱边缘点也是真边缘点。

梯度阈值 high_thresh 和 low_thresh 用来判断像素点是否为边缘点，取值直接影响检测结果中边缘的数量。刨花板表面缺陷在线检测系统运行在生产车间,光照条件也比较复杂,在不同时间采集到的图像灰度值和梯度值差异较大,如果采用固定阈值,会有主要边缘丢失或假边缘过多的现象。图 3.17 为在不同光照条件下采集的板面图像,图 3.18 为使用 Canny 边缘检测算法固定阈值的检测结果,可见,当图像较亮时检测结果中有很多假边缘,而图像亮度较低时,检测结果中边缘不完整。

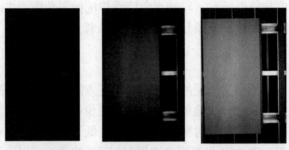

图 3.17　不同光照条件下采集的板面图像

图 3.18　Canny 边缘检测算法所得图像

针对以上问题,提出图像梯度矩阵自适应阈值边缘检测算法,使用梯度矩阵和比例系数求解 high_thresh 和 low_thresh,使得 high_thresh 和 low_thresh 根据图像亮度和对比度的变化而自适应进行调整,从而保证在光照不同的情况下能够检测出主要边缘,消除假边缘。

设 A 为待检测的图像样本,大小为 $m \times n$(单位为像素),图像 A 的梯度矩阵为 G,高阈值比例系数为 r_h,低阈值比例系数为 r_l,则有以下步骤。

1) 计算梯度矩阵

使用 Sobel 算子计算图像各像素点的梯度值和梯度方向,得到图像的梯度矩阵。x 方向和 y 方向的 Sobel 算子分别为 S_x 和 S_y:

$$S_x = \begin{bmatrix} -1 & 0 & 1 \\ -2 & 0 & 2 \\ -1 & 0 & 1 \end{bmatrix} \tag{3.11}$$

$$S_y = \begin{bmatrix} 1 & 2 & 1 \\ 0 & 0 & 0 \\ -1 & -2 & -1 \end{bmatrix} \tag{3.12}$$

对于图像 A 中的像素点 $A(i,j)$，分别使用 S_x 和 S_y 进行卷积，得到像素点 $A(i,j)$，在 x 方向和 y 方向的梯度为 $G_x(i,j)$ 和 $G_y(i,j)$，如式(3.13)和式(3.14)所示：

$$G_x(i,j) = \begin{bmatrix} -1 & 0 & 1 \\ -2 & 0 & 2 \\ -1 & 0 & 1 \end{bmatrix} \times \begin{bmatrix} A_{(i-1,j-1)} & A_{(i-1,j)} & A_{(i-1,j+1)} \\ A_{(i,j-1)} & A_{(i,j)} & A_{(i,j+1)} \\ A_{(i+1,j-1)} & A_{(i+1,j)} & A_{(i+1,j+1)} \end{bmatrix} \tag{3.13}$$

$$G_y(i,j) = \begin{bmatrix} 1 & 2 & 1 \\ 0 & 0 & 0 \\ -1 & -2 & -1 \end{bmatrix} \times \begin{bmatrix} A_{(i-1,j-1)} & A_{(i-1,j)} & A_{(i-1,j+1)} \\ A_{(i,j-1)} & A_{(i,j)} & A_{(i,j+1)} \\ A_{(i+1,j-1)} & A_{(i+1,j)} & A_{(i+1,j+1)} \end{bmatrix} \tag{3.14}$$

将 $G_x(i,j)$ 和 $G_y(i,j)$ 的绝对值之和作为像素点 $A(i,j)$ 的梯度 $G(i,j)$，如式(3.15)所示：

$$G(i,j) = \left| G_x(i,j) \right| + \left| G_y(i,j) \right| \tag{3.15}$$

梯度方向 θ 为

$$\theta = \arctan(G_y(i,j) / G_x(i,j)) \tag{3.16}$$

逐一计算图像中每个像素点的梯度，即可得到图像的梯度矩阵 G。

2) 根据比例系数 r_h 和 r_l 确定高、低梯度阈值

在图像中，边缘点数量要远远少于非边缘点，因此梯度矩阵 G 的特点是大部分像素点的梯度值都比较小，只有少部分像素点具有较高的梯度值而被标记为真边缘点或弱边缘点。设标记为真边缘的点在图像中的比例为 r_h，标记为弱边缘的点在图像中的比例为 r_l，通过研究 20 幅不同光照条件下的图像发现，虽然每幅图像的梯度矩阵 G 值不同，但 r_h 和 r_l 值比较稳定，因此可以通过 r_h 和 r_l 的值来确定边缘梯度阈值。

对梯度矩阵 G 各元素值进行降序排序，取前 r_h 比例中梯度值的最小值为 high_thresh，取前 r_l 比例中梯度值的最小值为 low_thresh，从而实现高、低梯度阈值随图像的梯度值而变化。高、低梯度阈值确定流程如图 3.19 所示，r_h 和 r_l 的取值分别为 0.4% 和 1%。

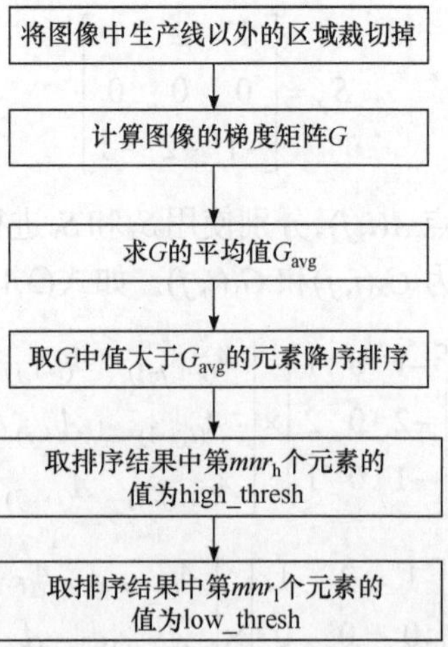

将图像中生产线以外的区域裁切掉

↓

计算图像的梯度矩阵 G

↓

求 G 的平均值 G_{avg}

↓

取 G 中值大于 G_{avg} 的元素降序排序

↓

取排序结果中第 mnr_h 个元素的
值为 high_thresh

↓

取排序结果中第 mnr_l 个元素的
值为 low_thresh

图 3.19　高、低梯度阈值确定流程图

　　由于只有高梯度阈值的点会对计算 high_thresh 和 low_thresh 产生影响，为了加快计算速度，首先计算 G 的平均值 G_{avg}，将低于 G_{avg} 的梯度值舍弃，不再参与排序，梯度矩阵 G 中绝大部分点的梯度值小于平均值，因此排序速度会大大提高。

　　对不同光照条件下的图像进行边缘检测，检测结果如图 3.20 所示。可见，算法在不同亮度的图像中都检测出了比较完整的边缘。这主要是亮度变化后，图像

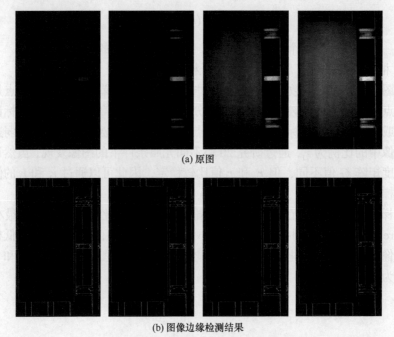

(a) 原图

(b) 图像边缘检测结果

图 3.20　不同亮度图像边缘检测结果

梯度矩阵的值整体发生变化，算法通过比例计算得出的高、低梯度阈值也随之一起改变，不再是一个固定的值，因此检测效果受图像光照变化影响较小。

3. Hough 变换与倾斜角度计算

边缘检测完成后，使用 Hough 变换计算出图像中的直线。Hough 变换是 P.V.Hough 提出的一种形状匹配技术，利用点与线的对偶性，将图像空间转换到参数空间，优点是抗干扰能力强，并且具有高鲁棒性[84]。

设 l 为板面图像边缘检测结果中的直线，方程为

$$y = kx + b \tag{3.17}$$

其中，k 为 l 的斜率；b 为 l 的截距。

图像空间以 x、y 为变量，(x, y) 表示一个点，一对参数 k、b 的值确定唯一一条直线。参数空间以 k、b 为变量，则式(3.17)可以写为

$$b = -xk + y \tag{3.18}$$

在参数空间中，b、k 为变量，一对 x、y 的值确定唯一一条直线。这样，图像空间中的一个点(x, y)可以确定参数空间中的一条直线。如果在板面边缘检测结果的图像中，多个点在参数空间中对应的直线相交于一点，那么这些点在图像中就位于一条直线上，在参数空间交点的坐标(k,b)就是直线的斜率和截距，如图 3.21 所示。

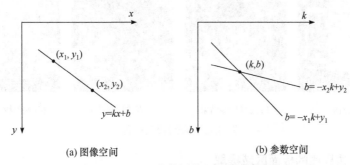

(a) 图像空间　　　　　　　(b) 参数空间

图 3.21　Hough 变换图像空间和参数空间

用极坐标系的形式表示参数空间，则板面边缘检测结果图像中的直线 l 表示形式为

$$\rho = x\cos\theta + y\sin\theta \tag{3.19}$$

其中，ρ 为 l 相对于原点的距离；θ 为 l 与 x 轴的夹角。

直线 l 上的点(x, y)可变换为参数空间中一条正弦曲线，如果多个图像中的点在参数空间中形成的正弦曲线相交于一点，则这些点在图像中就形成一条直线，

这个交点的坐标(ρ, θ)就是在图像中直线与原点的距离和直线与 x 轴的夹角，从而将板面边缘检测结果图像中的直线确定出来。

在刨花板表面图像中，板面区域较大且为矩形，其边缘直线较长，而图像中其他物体的边缘线较短。因此设置一个阈值 t，当参数空间中相交于一点的曲线数量大于阈值时，才认为这些曲线在图像中对应的点构成了一条直线，从而过滤掉较短的直线。直线检测结果如图 3.22(c)所示。

板面是矩形，因此只使用横向直线的斜率计算图像的倾斜角度。提取检测出的所有直线，如果直线起点和终点的横坐标之差大于纵坐标之差，那么认为该直线为横向直线，计算其斜率。取所有横线斜率的平均值，计算出图像的倾斜角度 α。

为了加快处理速度，当 $\alpha \leqslant 0.5°$ 时，认为是误差允许范围之内，不再进行校正。当 $\alpha > 0.5°$ 时对图像进行旋转，旋转中心为图像的中心，旋转角度为计算出的图像倾斜角度 α。根据旋转中心和旋转角度计算出图像的旋转矩阵 R，然后使用仿射变换得到倾斜校正后的图像。对于校正后的图像无法覆盖的像素点，使用线性插值法进行灰度重建，从而完成倾斜校正，校正结果如图 3.22(d)所示。

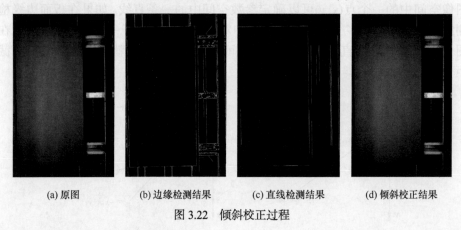

(a) 原图　　　　　(b) 边缘检测结果　　　　　(c) 直线检测结果　　　　　(d) 倾斜校正结果

图 3.22　倾斜校正过程

3.3.3　基于边界线的板面区域提取

在完成畸变校正和倾斜校正后，板面呈规则的矩形，且板面边缘与图像边缘平行，只要确定板面左上角像素点 $P_{\text{up-left}}$ 和右下角像素点 $P_{\text{down-right}}$ 的坐标就可确定板面区域。求 $P_{\text{up-left}}$ 点和 $P_{\text{down-right}}$ 点的坐标其实就是确定在直线检测结果中板面区域的四条边界线，求解过程如下。

设板面的短边缘宽度为 w(cm)，长边缘高度为 h(cm)，对应的像素数量分别为 m 和 n。

1) 求上、下边界线

在直线检测的结果集合中取出所有横向直线,由于板面位置在图像左侧部分,并占据了图像的绝大部分区域,板面内部没有直线,因此直线的起始点横坐标大于 2/3m 的直线被舍弃;分别计算位于图像中心点上方和下方的各条直线到中心点的距离,并分别按升序排列,形成两个数组;在两个数组中依次分别取一个元素,将两个元素的值相加,将相加结果根据检测精度换算成长度单位,寻找到结果大于 $h-\varepsilon$ 的第一对元素,则这两个元素对应的直线为板面区域的上、下边界线。ε 是一个较小的正数,为计算的误差范围。

2) 求左、右边界线

与上、下边界线的判断方法类似,两个数组中分别存储的是升序排列的位于图像中心点左右两侧的各条直线到中心点的距离,在两个数组中分别取一个元素,将两个元素的值相加并将结果换算成长度单位,第一对相加结果大于 $w-\varepsilon$ 的两个元素对应的直线为板面区域的左、右边界线。

3) 顶点坐标确定

四条边界线确定后,上边界线和左边界线的交点为 $P_{up\text{-}left}$ 点的坐标,下边界线和右边界线的交点为 $P_{down\text{-}right}$ 点的坐标。

综上所述,得出板面左上角像素点 $P_{up\text{-}left}$ 和右下角像素点 $P_{down\text{-}right}$ 的坐标。使用图像旋转矩阵 R 和仿射变换得到这两个点在倾斜校正后图像中对应的坐标点 $P'_{up\text{-}left}$ 和 $P'_{down\text{-}right}$,使用这两个坐标点将矩形板面区域提取出来,提取结果如图 3.23(d)所示。

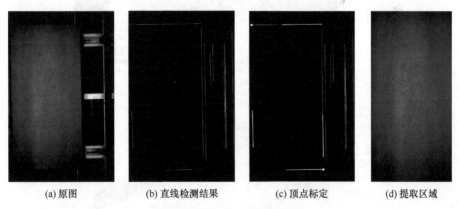

(a) 原图　　　　(b) 直线检测结果　　　(c) 顶点标定　　　　(d) 提取区域

图 3.23　板面区域提取过程

3.3.4　板面区域光照不均校正

由于受到相机性能、光源、自然光照环境等影响,提取出的板面区域存在光照不均情况,需要进行光照不均校正,以提高后续图像分割的准确率。

图像采集过程由于受到光照条件的影响，获得的图像光照分布不均匀，经常呈现图像靠近光源部分较明亮而远离光源部分较暗的情况。图 3.24(a)为带有油污缺陷的板面图像，其中横纵轴为坐标点的值。图 3.24(b)和(c)分别为板面灰度值分布的顶视图和侧视图。由图 3.24 可以看出，尽管光源位于板面中心的正上方，但凸透镜由中心点向外透光量依次减少，中心区域与外围区域最大透光量相差几倍甚至十几倍。因此，成像后使得图像中间部分较亮、灰度值较高，越靠近边缘越暗、灰度值越低。缺陷的灰度值虽然在小范围内低于其周边区域，但从整幅图像看，其灰度值却高于图像边缘区域。因此，在进行图像分割时，目标缺陷与背景的灰度值

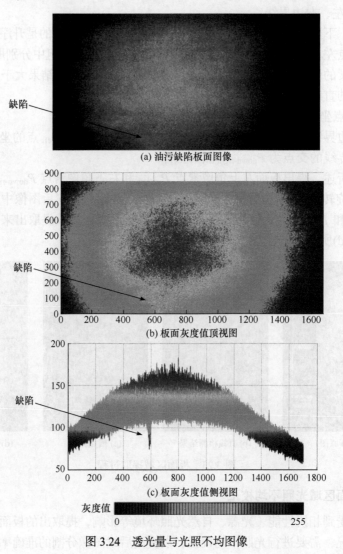

(a) 油污缺陷板面图像

(b) 板面灰度值顶视图

(c) 板面灰度值侧视图

图 3.24　透光量与光照不均图像

交叉在一起,增加了分割过程的难度和时间,所以要在分割前对板面区域光照不均进行校正。

1. 光照不均校正方法

常用的光照不均校正方法主要有基于空间域的灰度变换法和背景去除法,以及基于频率域的同态滤波法等。

1) 灰度变换法

灰度变换法使用变换函数改变图像每一个像素点的灰度值,以达到压缩或拉伸图像灰度范围的目的[86]。常用的变换函数分为线性变换、分段线性变换和非线性变换等几类。直方图均衡化是最典型的灰度变换法,使用累计分布函数作为变换函数[87]。在进行直方图均衡化前往往要先进行滤波,否则会使图像方差增大。

2) 背景去除法

背景去除法是将待校正的图像分成多个小块,对每个小块的灰度值进行采样,使用插值法拟合出背景图,将待校正图像与背景图像相减,从而消除光照不均对图像的影响[88]。背景去除法计算速度快,其关键在于拟合出能够反映光照强度变化的背景图像,校正效果与背景图像的拟合结果关联密切,对噪声也比较敏感[89]。

3) 同态滤波法

同态滤波法是将一幅图像描述为光源照明分量与物体反射分量乘积的形式,照明分量变化比较缓慢,属于低频成分,反射分量描述物体对光的反射特性,属于高频成分[90]。分离出图像的高频成分和低频成分后,再进行傅里叶变换和滤波,使得低频成分减弱、高频成分增强,从而达到校正图像光照不均的目的。但同态滤波可能在图像边界产生模糊效应,时频转换计算时间较长[91]。

综上所述,空间域的校正方法计算速度要快于频率域的校正方法,由于在线检测实时性要求高,考虑采用空间域校正方法。将伽马变换和图像差分相结合,提出了一种基于伽马变换和图像差分的光照不均校正方法。

2. 基于伽马变换和图像差分的光照不均校正方法

设 I_{in} 为输入的刨花板板面图像,I_{out} 为伽马变换结果图像,γ 为变换幂指数,则伽马变换公式为

$$I_{out} = I_{in}^{\gamma} \tag{3.20}$$

其中,不同 γ 值对应的变换曲线如图 3.25 所示。

当 $\gamma>1$ 时,输入图像整体亮度被压缩,高灰度值的部分被大幅扩展,而低灰度值部分变化平缓;当 $\gamma<1$ 时,图像整体亮度提升,低灰度值部分扩展迅速,而

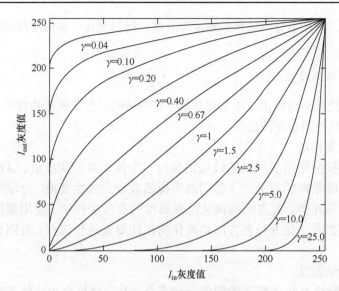

图 3.25　不同 γ 值对应的变换曲线

高灰度值部分变化缓慢;当 $\gamma=1$ 时,图像不发生变化。

在刨花板板面缺陷检测系统中,板面幅面大,生产车间照明条件不好,采集到的图像整体偏暗,因此 γ 取小于 1 的值。γ 的具体取值要根据光照条件和图像灰度值情况确定,变换结果图像的灰度均值在 100 左右为佳,因此取 γ 值为 0.45。

对带有大刨花、胶斑、油污和松软四种缺陷的板面区域进行伽马变换,变换结果如图 3.26~图 3.29 所示。变换后图像的亮度得到提升,光照不均的情况得到改善,而且缺陷部分与正常部分的灰度值差异依然存在。

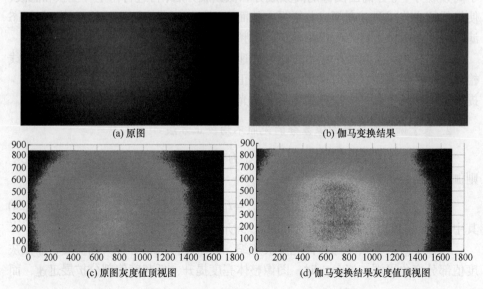

(a) 原图　　　　　　　　　　　　　　　(b) 伽马变换结果

(c) 原图灰度值顶视图　　　　　　　　　(d) 伽马变换结果灰度值顶视图

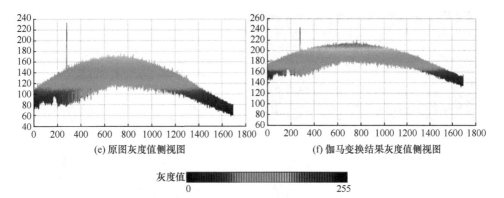

(e) 原图灰度值侧视图   (f) 伽马变换结果灰度值侧视图

灰度值 0　　　　　　　　　255

图 3.26　大刨花缺陷板面伽马变换图像

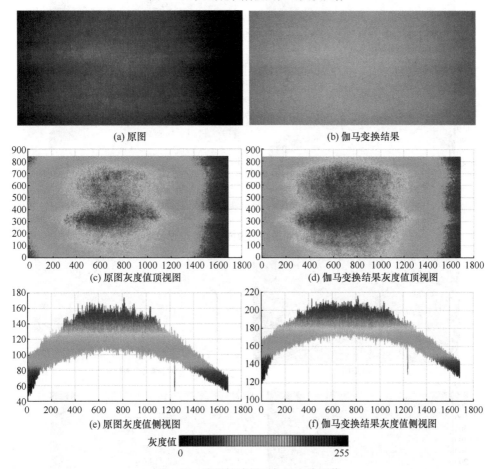

(a) 原图   (b) 伽马变换结果

(c) 原图灰度值顶视图   (d) 伽马变换结果灰度值顶视图

(e) 原图灰度值侧视图   (f) 伽马变换结果灰度值侧视图

灰度值 0　　　　　　　　　255

图 3.27　胶斑缺陷板面伽马变换图像

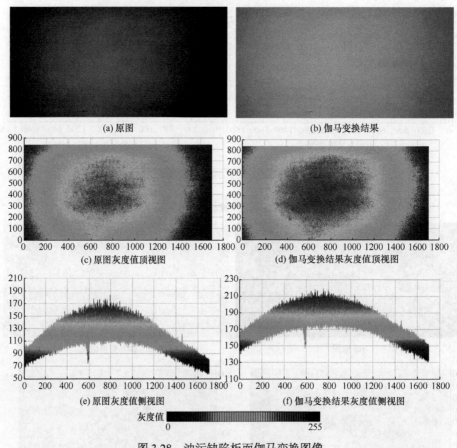

(a) 原图　　　　　　　　　　　　　　(b) 伽马变换结果

(c) 原图灰度值顶视图　　　　　　　　(d) 伽马变换结果灰度值顶视图

(e) 原图灰度值侧视图　　　　　　　　(f) 伽马变换结果灰度值侧视图

灰度值　　0　　　　　　　　　　255

图 3.28　油污缺陷板面伽马变换图像

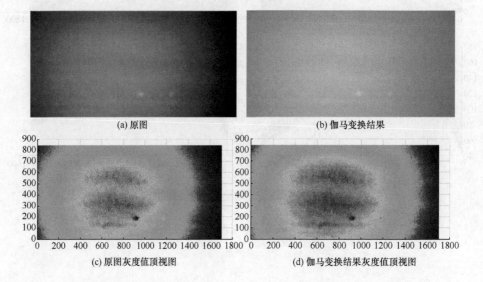

(a) 原图　　　　　　　　　　　　　　(b) 伽马变换结果

(c) 原图灰度值顶视图　　　　　　　　(d) 伽马变换结果灰度值顶视图

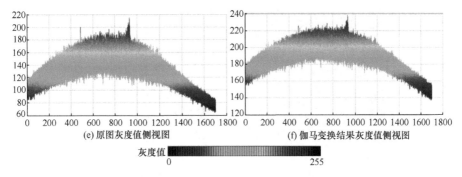

(e) 原图灰度值侧视图　　　　　　(f) 伽马变换结果灰度值侧视图

灰度值　　　　　　　　　　　　　　
0　　　　　　　　　255

图 3.29　松软缺陷板面伽马变换图像

由图 3.26～图 3.29 原图灰度值侧视图可以看出，在图中有很多"毛刺"，说明各像素点灰度值的连续性非常差，存在许多灰度值很高或很低的伪噪声点。这是由于刨花板表面由细小的刨花组成，小刨花的材质、颜色和形状各有不同，在图像中会形成许多微小的纹理和明暗不一的点。在进行伽马变换时，当 γ 值小于 1时，图像中较暗像素点的灰度值被大幅提升，而较亮像素点的灰度值变化幅度不大，在提高图像整体亮度的同时，又在一定程度上实现了图像平滑。

图 3.30(a) 为带有大刨花缺陷的板面局部区域图像原图，大小为 160 像素×160像素，方差为 40.0037，图 3.30(b) 为其伽马变换的结果，方差降低到 16.3691，缺陷区域仍然可以辨识并且没有发生明显的模糊和形状改变。图 3.31(a) 为正常板面局部区域图像原图，大小为 160 像素×160 像素，方差为 30.6851，图 3.31(b) 为其伽马变换的结果，方差降低到 11.9345。

从以上结果可以看出，伽马变换在提升图像整体亮度、改善光照不均的同时，起到了图像平滑去噪的作用，并且缺陷区域的形状和边界也没有发生明显变化。但从图 3.26～图 3.29 的伽马变换结果可以看出，光照不均的情况只是得到了一

(a) 原图　　　　　　　　　(b) 伽马变换结果

图 3.30　大刨花缺陷板面局部区域图像

(a) 原图　　　　　　　　　　　(b) 伽马变换结果

图 3.31　正常板面局部区域图像

定程度的改善，并没有完全消除，板面边缘区域仍然比中间区域略暗。为了获得更好的校正效果，提出基于伽马变换和图像差分的光照不均校正方法，运算方法如下：

(1) 采集 n 幅砂光均匀、没有缺陷的正常板面图像，进行畸变校正和倾斜校正后，提取出板面区域 $S_1, S_2, \cdots, S_n$，大小均为 $M \times N$，单位为像素，分别进行伽马变换，得到结果为 $G_1, G_2, \cdots, G_n$。

(2) 制作背景图像 G_s，设 $G_s(i, j)$ 为背景图像像素点 (i, j) 的灰度值，则有

$$G_s(i, j) = \frac{1}{n}\sum_{k=1}^{n} G_k(i, j), \quad i \in [0, M], \ i \in [0, N] \tag{3.21}$$

其中，$G_k(i, j)$ 为第 k 幅正常板面图像像素点 (i, j) 的灰度值。

(3) 设 $I_{in}(i, j)$ 为待测板面区域图像，$I_{correct}(i, j)$ 为校正后图像像素点灰度值，将待测图像与背景图像进行差分，则

$$I_{correct}(i, j) = I_{in}(i, j) - G_s(i, j) + \Delta, \quad i \in [0, M], \quad j \in [0, N] \tag{3.22}$$

其中，Δ 为正整数，防止出现灰度值小于零的情况。

选取 5 张正常板，Δ 值设为 70，即 $n=5$，$\Delta=70$，利用式(3.21)计算出背景图像，进而将图 3.26～图 3.29 中伽马变换结果与背景图像进行差分，得到最终校正结果图像，如图 3.32～图 3.35 所示。

 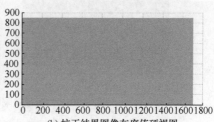

(a) 伽马变换结果图像　　　　　　　(b) 校正结果图像灰度值顶视图

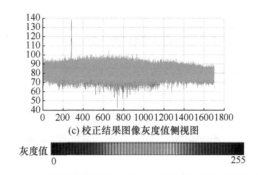

(c) 校正结果图像灰度值侧视图

灰度值
0　　　　　　　　　　　　　　　　　　　　　　255

图 3.32　大刨花缺陷板面伽马变换和图像差分校正结果

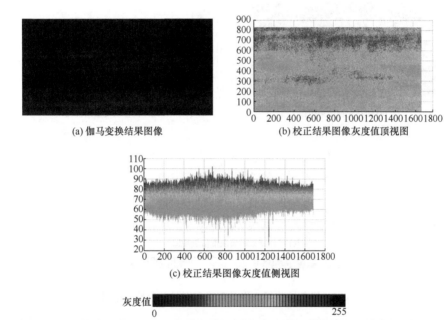

(a) 伽马变换结果图像　　　　　　(b) 校正结果图像灰度值顶视图

(c) 校正结果图像灰度值侧视图

灰度值
0　　　　　　　　　　　　　　　　　　　　　　255

图 3.33　胶斑缺陷板面伽马变换和图像差分校正结果

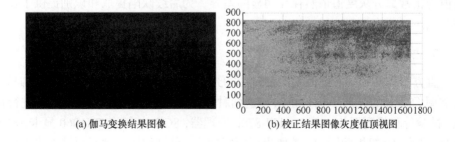

(a) 伽马变换结果图像　　　　　　(b) 校正结果图像灰度值顶视图

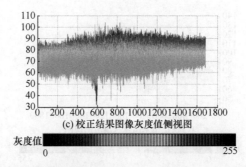

(c) 校正结果图像灰度值侧视图

图 3.34　油污缺陷板面伽马变换和图像差分校正结果

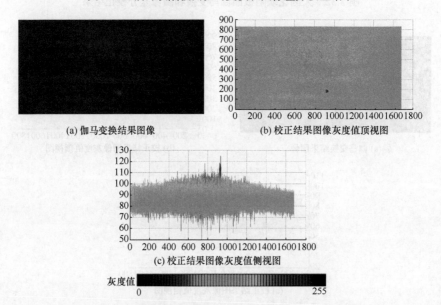

(a) 伽马变换结果图像　　　　　　(b) 校正结果图像灰度值顶视图

(c) 校正结果图像灰度值侧视图

图 3.35　松软缺陷板面伽马变换和图像差分校正结果

从结果图像的灰度值顶视图和侧视图可以看出，整幅图像亮度一致，原图光照不均的情况得到了很好的校正，而且缺陷的形状得到很好的保持，缺陷部分灰度值与正常部分灰度值依然存在明显的差异，为后续缺陷提取和识别提供了良好的基础。

3. 与其他方法的对比

直方图均衡和同态滤波是两种常用的光照不均校正方法[92,93]，将基于伽马变换和图像差分的光照不均校正法与这两种方法在执行时间和校正效果上进行比较。试验计算机配置为六核 Intel I7-8700 处理器，8GB 内存，GTX1060 显卡，6GB 显存。采集 10 幅板面图像，提取出板面区域后，分别使用三种不同的方法进行光照不均校正，平均一幅图像的校正用时如表 3.4 所示。

表 3.4　三种校正方法平均用时

校正方法	直方图均衡	同态滤波	本节方法
校正用时/ms	83	1902	531

对图 3.29(a)带有松软缺陷的板面图像分别使用三种方法进行校正,校正效果如图 3.36～图 3.38 所示。

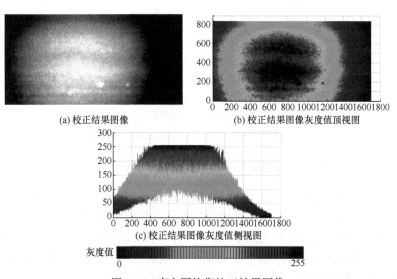

(a) 校正结果图像　　(b) 校正结果图像灰度值顶视图

(c) 校正结果图像灰度值侧视图

灰度值　0　255

图 3.36　直方图均衡校正结果图像

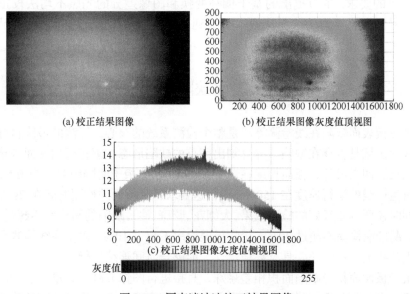

(a) 校正结果图像　　(b) 校正结果图像灰度值顶视图

(c) 校正结果图像灰度值侧视图

灰度值　0　255

图 3.37　同态滤波法校正结果图像

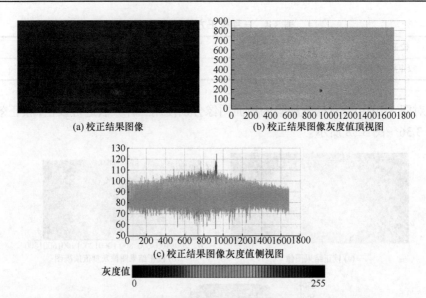

(a) 校正结果图像　　　　　　(b) 校正结果图像灰度值顶视图

(c) 校正结果图像灰度值侧视图

灰度值

0　　　　　　　　　　　　　255

图 3.38　基于伽马变换和图像差分的光照不均法校正结果图像

　　从校正结果可以看出，直方图均衡法和同态滤波法校正后的图像中亮度仍然不均匀，存在中间灰度值明显高于四周灰度值的情况。特别是直方图均衡法校正后，中间大片区域灰度值都达到了 255，而四周有部分区域灰度值接近零，因此虽然直方图均衡法检测时间是三种方法中最短的，但其校正效果非常不好。同态滤波法校正效果要好于直方图均衡法，但执行时间太长，无法满足系统对执行时间上的要求。本节提出的基于伽马变换和图像差分的光照不均法校正效果最好，图像光照不均的情况从根本上得到了改善，并且执行时间上也满足系统要求。

3.4　刨花板表面缺陷在线检测算法

　　刨花板表面缺陷在线检测算法是整个检测系统的核心，算法的最终目标是判断出板面区域是否存在缺陷，并分割出完整的缺陷形态。刨花板的幅面规格主要有四八尺、四六尺等，板面长度在 2.4～2.8m，两张板子间隔距离约为 0.5m，连续压机生产线的运行速度在 1500mm/s，这要求每张板面的检测时间在 2s 左右。算法同时还要具有很好的检测效果，大刨花、胶斑、油污缺陷的漏检率不超过 10%，松软、漏砂漏检率不超过 20%，正常板误检率不超过 10%。由于在线检测系统应用于生产线上，算法还要具有高稳定性，能够长时间连续运行。

　　由于板面面积与缺陷面积相差悬殊，直接进行图像分割计算量大、分割结果不理想，在分割前把缺陷区域划定在一个小范围内能够有效提高分割的速度和准确率，因此提出图像灰度均值分类器和灰度方差分类器，为图像建立灰度均值矩阵和灰度方差矩阵，识别出存在缺陷的区域，并进行矩阵区域连通，定位出缺陷的完整区域。针对系统对分割速度的要求，提出自适应快速阈值分割算法，根据图像灰度统计直方图自适应确定分割阈值数量，通过分析分割阈值性质提出新的阈值搜索策略，实现图像的快速分割。最后消除分割结果中面积过小的区域和缺陷内部的孔洞，获得形态完整的缺陷图像。刨花板表面缺陷在线检测算法的处理过程如图 3.39 所示。

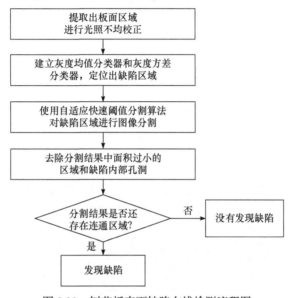

图 3.39　刨花板表面缺陷在线检测流程图

3.4.1　基于灰度均值分类器和灰度方差分类器的板面缺陷区域快速定位

刨花板最常见的板面规格为 2.44m×1.22m，缺陷的面积不会超过 0.1m×0.1m，大部分缺陷的面积在 0.01m×0.01m 左右，远远小于板面面积。在大背景下直接使用图像分割算法分离出小目标计算量大，分割效果也不好，因此需要首先将缺陷进行区域定位，寻找出缺陷所在的局部小区域，再进行图像分割。

图 3.2 为缺陷局部放大图像，根据缺陷的灰度值和面积，可以将缺陷分为两类：第一类是面积较小，灰度值与正常板面相差较大的缺陷，大刨花、胶斑和油污均属于此类缺陷；第二类为面积较大，但灰度值与正常板面相差较小的缺陷，如松软和漏砂。灰度值判别法是识别缺陷最简单、快速的算法，由于第一类缺陷的灰度值与正常部分相差较大，可以通过灰度值有效地识别。但第二类缺陷灰度值与正常部分灰度值相差较小，又受到板面砂光不均和图像光照不均的影响，单纯使用灰度值很难将缺陷识别出来，并且容易将正常部分误判为缺陷。

例如，图 3.40 中，松软缺陷位置靠近图像边缘，板面还存在砂光不均，在校正后图像灰度值的侧视图 3.40(c)中，松软部分的灰度值与正常部分没有明显差异，无法将缺陷判别出来。

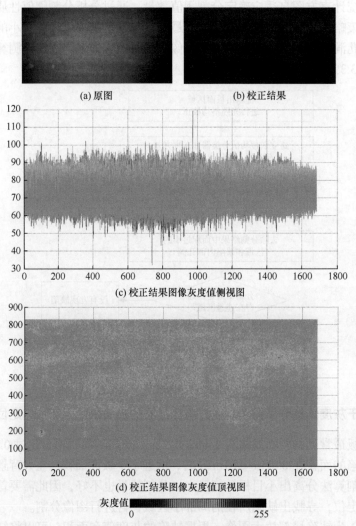

(a) 原图　　　　　　　　　　　　　(b) 校正结果

(c) 校正结果图像灰度值侧视图

(d) 校正结果图像灰度值顶视图

灰度值 0 ────── 255

图 3.40　松软缺陷板面灰度值分布图像

　　通过观察校正结果图像灰度值的顶视图 3.40(d)发现，虽然从整幅图像上看，使用灰度值判别法不能将松软缺陷识别出来，但松软部分与其周围小范围内正常部分的灰度值有较大差异，使得局部区域方差较大，而正常部分灰度值在小范围内变化较小，局部方差较小。因此，可以将图像划分成若干个小区域，计算每个区域的方差，通过方差大小判别是否为缺陷区域。由于松软面积较大，划分的区域面积也相对较大，对于第一类缺陷，由于其面积较小，对所在区域方差影响不大，使用方差可能无法将其分辨出来，因此要将灰度值和方差两个特征结合使用。

基于以上分析，提出基于灰度均值分类器和灰度方差分类器的板面缺陷区域快速定位方法，将图像划分成若干个小区域，计算每个小区域的灰度值均值和方差，建立灰度均值矩阵和灰度方差矩阵，根据矩阵中元素的值判定其在图像中对应的区域是否存在缺陷，然后在矩阵中进行区域连通，定位出完整的缺陷区域。

1. 建立灰度均值分类器

1) 板面区域划分

设待检测的板面图像为 G，大小为 $L \times W$（单位为像素），将其划分成 $M_{avg} \times N_{avg}$ 个小区域，每个小区域的大小相同，均为 $Cell_{avg\_l} \times Cell_{avg\_w}$。则当 L 能够被 $Cell_{avg\_l}$ 整除时，M_{avg} 值为 $L/Cell_{avg\_l}$；当 L 不能够被 $Cell_{avg\_l}$ 整除时，M_{avg} 值为 $L/Cell_{avg\_l}$ 向下取整加 1。同理，当 W 能够被 $Cell_{avg\_w}$ 整除时，N_{avg} 值为 $W/Cell_{avg\_w}$，当 W 不能够被 $Cell_{avg\_w}$ 整除时，N_{avg} 值为 $W/Cell_{avg\_w}$ 向下取整加 1。不失一般性，取 $Cell_{avg\_l}$ 与 $Cell_{avg\_w}$ 的值相等，记为 $Cell_{avg}$。当 L 或 W 不能被 $Cell_{avg}$ 整除时，每一行或每一列的最后一个小区域像素数量少于 $Cell_{avg} \times Cell_{avg}$，将该小区域扩充到 $Cell_{avg} \times Cell_{avg}$ 大小，扩充像素点的灰度值取该小区域内已有像素点的灰度值的均值。

灰度均值分类器用于判断大刨花、胶斑和油污缺陷，从生产实践中统计得出，在这三种缺陷中大刨花面积最小，因此选取大刨花面积作为小区域划分的标准。在生产中发现，90%以上的大刨花面积在 0.2mm×0.2mm 到 10mm×10mm 区间之内，板面图像中 1 像素×1 像素对应实际面积为 1.14mm×1.05mm，为将大刨花缺陷尽可能完整地包含在一个小区域内，选取小区域的边长 $Cell_{avg}$ 等于 10 像素。对于面积超过 10 像素×10 像素的大刨花以及胶斑和油污缺陷，再通过多个小区域连通的方法将缺陷完整地标识出来。

2) 灰度均值分类器构建

将待测板面图像 G 划分成 $M_{avg} \times N_{avg}$ 个小区域后，构建灰度均值分类器，对缺陷区域进行标识。设 T_h 为灰度均值的高阈值比例系数，T_l 为灰度均值的低阈值比例系数，I_{avg} 为图像 G 的灰度均值，依次计算各小区域像素点灰度值均值，将灰度均值高于 $T_h \times I_{avg}$ 和低于 $T_l \times I_{avg}$ 的区域标记出来。灰度均值分类器的构建方法如下：

(1) 新建一个矩阵 MAT_{avg}，大小为 $M_{avg} \times N_{avg}$，将矩阵中的各元素初始值都设为 0；

(2) 计算待测板面图像 G 的灰度值均值 I_{avg}；

(3) 计算图像 G 中第 (i, j) 个小区域像素点灰度值的平均值 $C_{avg}(i, j)$，其中 $i \in [0, M_{avg})$，$j \in [0, N_{avg})$；

(4) 若 $C_{avg}(i, j)$ 高于 $T_h \times I_{avg}$，则将矩阵 MAT_{avg} 中第 i 行第 j 列元素值置为 1，若低于 $T_l \times I_{avg}$，则置为 -1，即灰度值均值高于 $T_h \times I_{avg}$ 或者低于 $T_l \times I_{avg}$ 的小区域认为是缺陷区域；

(5) 遍历所有 (i, j)，将 MAT_{avg} 矩阵中所有元素赋值完毕，MAT_{avg} 矩阵中非零元素在图像中对应的小区域就是包含缺陷的区域。

在进行标识时，T_h 一般取大于 1 的值，T_l 一般取 $0 \sim 1$ 的值，T_h 值越大或者 T_l 值越小，图像中正常区域就会越多，标识出的缺陷区域就会越少，检测标准就越宽松，反之检测标准就越严格，检测出的缺陷区域就越多，具体取值要按照实际生产中的检测要求来确定。通过试验及企业缺陷检测标准，选取 T_h 值为 1.18，T_l 值为 0.87，在生产线中大刨花、胶斑和油污的辨识率分别到达了 100%、98.4% 和 96%。

2. 建立灰度方差分类器

灰度方差分类器用于辨识面积较大，但灰度值与板面正常部分灰度值相差较小的缺陷，主要为松软和漏砂。

1) 板面区域划分

灰度方差分类器对板面图像区域的划分方法与均值分类器类似。将待检测的板面图像 G 划分成 $M_{sqr} \times N_{sqr}$ 个小区域，每个小区域的大小相同，均为 $Cell_{sqr} \times Cell_{sqr}$。灰度方差分类器的辨识依据是图像的局部方差，用于判断松软和漏砂缺陷。在生产中发现，松软缺陷面积 90% 以上在 20mm×20mm 至 50mm×50mm 区间内，为使一个小区域能够完整地包含松软缺陷，选取灰度方差分类器小区域的边长 $Cell_{sqr}$ 等于 50 像素。对于面积超过 50 像素×50 像素的松软缺陷以及贯穿整个板面的漏砂缺陷，再通过多个小区域连通的方法将缺陷标识完整。

2) 灰度方差分类器构建

将待测板面图像 G 划分成 $M_{sqr} \times N_{sqr}$ 个小区域后，构建灰度方差分类器，对缺陷区域进行标识，灰度方差分类器的构建方法与灰度均值分类器类似。设 T_s 为方差的高阈值比例系数，依次计算各小区域像素点灰度值方差，得到所有小区域的方差的平均值 S_{mean}，将高于 $T_{sqr} \times S_{mean}$ 的小区域标记出来，构建过程如下：

(1) 新建一个矩阵 MAT_{sqr}，大小为 $M_{sqr} \times N_{sqr}$，将矩阵中的各元素初始值都设为 0；

(2) 依次计算待测板面图像 G 中所有小区域像素点灰度值的方差 $S(i, j)$，其中 $i \in [0, M_{sqr})$，$j \in [0, N_{sqr})$；

(3) 计算所有小区域方差的平均值 S_{mean}；

(4) 若 $S(i, j)$ 高于 $T_{sqr} \times S_{mean}$，则将矩阵 MAT_{sqr} 中第 i 行第 j 列元素值置为 1，即方差高于 $T_{sqr} \times S_{mean}$ 的小区域认为是缺陷区域；

(5) 遍历所有 (i, j)，将 MAT_{sqr} 矩阵中所有元素赋值完毕，MAT_{sqr} 矩阵中非零元素在图像中对应的小区域就是包含缺陷的区域。

阈值比例 T_{sqr} 的取值决定缺陷判别标准的严格程度，由于包含缺陷的小区域内灰度值变化更显著，因此缺陷区域方差要大于正常区域的方差，所以 T_{sqr} 的值应设为大于 1，当 T_{sqr} 值较大时，只有灰度值变化非常显著的区域会被判别为缺陷，T_{sqr} 值越大，检测出的缺陷区域就越少。通过试验验证并结合企业检测标准，取 T_{sqr} 值为 1.6，在生产线中松软和漏砂的辨识率分别达到了 93.4% 和 100%。

3. 缺陷区域定位结果

采集待测板面图像，对其建立灰度均值分类器和灰度方差分类器。取 $Cell_{avg}$ 等于 10，$Cell_{sqr}$ 等于 50，T_h 值为 1.18，T_l 值为 0.87，T_{sqr} 值为 1.6，将灰度均值分类器矩阵 MAT_{avg} 和灰度方差分类器矩阵 MAT_{sqr} 中不为零的元素在图像中对应的小区域用颜色标记出来，为便于观察，将 MAT_{avg} 中值为 1 的元素在图像中对应的区域用白色方框标记，代表浅色缺陷，值为 –1 的区域用黑色方框标记，代表深色缺陷，将 MAT_{sqr} 中值为 1 的区域用黑色方框标记。正常板面和各类缺陷板面标记结果如图 3.41～图 3.46 所示。

通过标记结果可以看出，大刨花缺陷面积很小，灰度方差分类器没有标记出来，均值分类器标记正确；而漏砂缺陷灰度值与正常板面相差较小，灰度均值分类器没有标记出来，灰度方差分类器标识正确；其余缺陷在灰度均值分类器和灰度方差分类器中都进行了标记。油污缺陷虽然靠近板面边缘，但也正确标记，没有受到原始图像光照不均的影响。但存在正常板面部分被误判为缺陷区域的情况，

(a) 原图　　　　　　　　(b) 方差标记结果　　　　　　　(c) 均值标记结果

图 3.41　正常板面标记结果

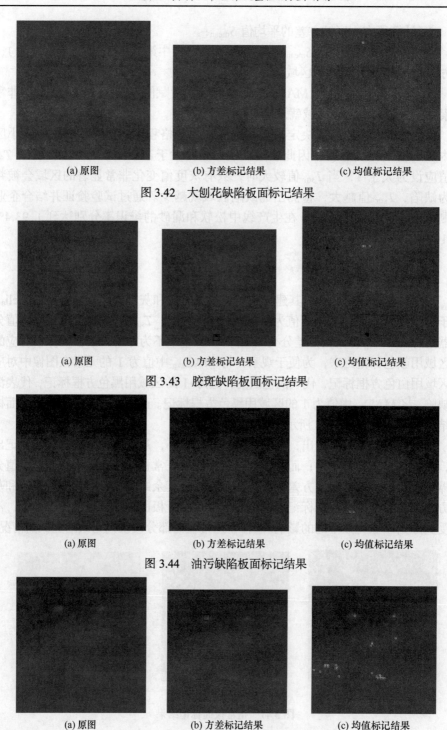

(a) 原图　　　　　　　(b) 方差标记结果　　　　　　(c) 均值标记结果

图 3.42　大刨花缺陷板面标记结果

(a) 原图　　　　　　　(b) 方差标记结果　　　　　　(c) 均值标记结果

图 3.43　胶斑缺陷板面标记结果

(a) 原图　　　　　　　(b) 方差标记结果　　　　　　(c) 均值标记结果

图 3.44　油污缺陷板面标记结果

(a) 原图　　　　　　　(b) 方差标记结果　　　　　　(c) 均值标记结果

图 3.45　松软缺陷板面标记结果

| (a) 原图 | (b) 方差标记结果 | (c) 均值标记结果 |

图 3.46　漏砂缺陷板面标记结果

这主要是由于板面砂光不均，使得板面图像的灰度值不均匀，在图像分割阶段会继续处理，将误判的区域剔除。

4. 基于行连通算法的缺陷区域提取

观察图 3.41～图 3.46 的标记结果可以发现，由于缺陷大小和位置各不相同，会存在一个缺陷被划分到多个小区域的情况，为了完整地将缺陷提取出来，需要进行区域连通。

对灰度均值分类器矩阵 MAT_{avg} 和灰度方差分类器矩阵 MAT_{sqr} 中不为零的元素进行区域连通。定义矩阵每一行中相邻的元素为一个行连通区域。以行连通区域为出发点，判断一行的行连通区域与上一行的行连通区域是否连通。若连通，则将这两个行连通区域合并，通过逐行判断，最终完成整个矩阵的区域连通。图 3.47 中，矩阵的第 0 行有两个行连通区域，分别用 1 和 2 作为这两个区域的标签；第 1 行有一个行连通区域，这个区域与第 0 行的行连通区域 2 相连通，因此也使用 2 作为连通标签；第 2 行有一个行连通域，但不与上一行的行连通区域连通，因此使用一个新的标签 3 来标记，依次逐行判断，直到将矩阵所有行判断完毕。

按上述方式得到连通算法，设 i 表示矩阵中的行号，C_m 为第 i 行的第 m 个行连通区域，change 为 C_m 的修改标识位，矩阵区域连通算法流程如图 3.48 所示。

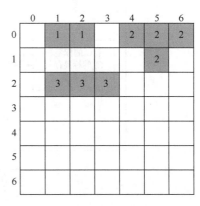

图 3.47　矩阵区域连通示意图

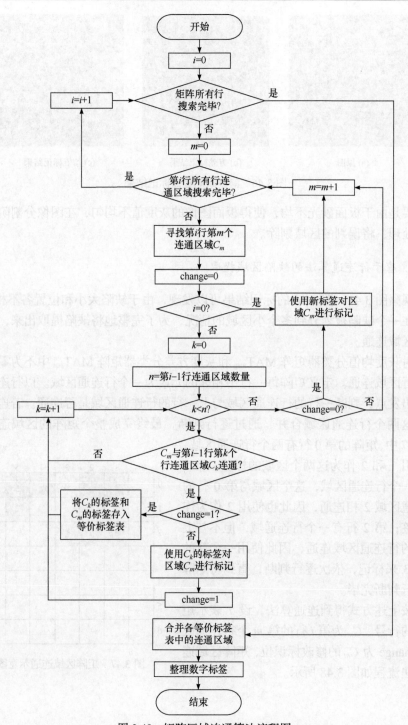

图 3.48 矩阵区域连通算法流程图

算法的主要步骤如下：

(1) 矩阵首行 i 等于 0，寻找出该行所有的行连通区域，每个行连通区域使用一个数字标签进行标记。

(2) i 不为 0 时，寻找出第 i 行中的一个行连通区域，记为 C_m，令 change=0。

(3) 取第 i–1 行的第 k 个行连通区域 C_k，判断是否与 C_m 连通，若不连通，则转步骤(5)；若连通，则转步骤(4)。

(4) 如果第 i–1 行的区域 C_k 与 C_m 连通，判断 C_m 的修改标识位 change 是否为 0，若为 0，则使用 C_k 的数字标签对 C_m 进行标记，表示 C_m 与 C_k 属于同一个连通区域，并设 C_m 的 change 值为 1；若 change 不为 0，表示 C_m 之前已经被标记过，与第 i–1 行的另外一个区域 $C_n(n<k)$ 连通，C_m 的数字标签值已经被修改成为 C_n 的标签值，这说明 C_m、C_n 和 C_k 三个区域连通，将 C_m 的标签和 C_k 的标签存入一个等价标签表。

(5) 重复执行步骤(3)，将第 i–1 行所有连通区域与 C_m 的连通情况判别完毕，如果 C_m 的修改标识位 change 仍为 0，则表明 C_m 与第 i–1 行没有连通，使用一个新的数字标签对 C_m 进行标记。

(6) 重复执行步骤(2)，判断第 i 行第 m+1 个行连通区域 C_{m+1} 是否与第 i–1 行连通，直到将第 i 行所有行连通区域判别完毕。

(7) 矩阵所有行的行连通区域都判别完毕后，将各等价标签表中的连通区域进行合并。

(8) 对所有连通区域的数字标签进行整理，使标签为从 1 开始的连续整数。

分别对待测板面图像的均值分类器矩阵 MAT_{avg} 和方差分类器矩阵 MAT_{sqr} 进行八邻域区域连通，取每个连通区域的最小外接矩形，其在待测板面图像中对应的区域即缺陷区域。对于不与其他区域连通的独立区域，为了将缺陷提取完整，取其八邻域作为缺陷区域。对图 3.41～图 3.46 的灰度均值分类器和灰度方差分类器的标记结果分别进行行连通，得到完整的缺陷区域，将缺陷区域使用黑色或白色方框在图像上进行标记，如图 3.49～图 3.54 所示。

一幅待测板面图像经过灰度均值分类器和灰度方差分类器两次检测后，取两个分类器标记出的缺陷区域的并集作为该板面的缺陷区域。图 3.50 中，大刨花缺陷在灰度均值分类器中被标记出来，在灰度方差分类器中没有被标记出来，则取两个标记区域的并集，即灰度均值分类器的标记区域为缺陷区域。图 3.51 中，胶斑缺陷在灰度均值分类器和灰度方差分类器中都被标记出来，则取两个区域的并集，即面积较大的灰度方差分类器的标记区域为最终缺陷区域。

当一个分类器的标记结果中有区域交叉的情况时，分别取交叉的各个区域作为单独的缺陷区域，图 3.54 中的灰度方差分类器标记区域中存在两区域交叉和三区域交叉的情况，则该图最终得到 8 个缺陷区域。

(a) 均值定位缺陷   (b) 方差定位缺陷

图 3.49 正常板面缺陷区域定位

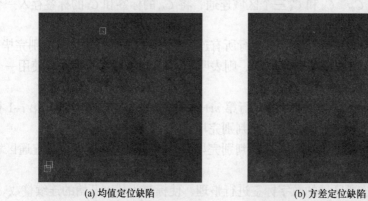

(a) 均值定位缺陷   (b) 方差定位缺陷

图 3.50 大刨花缺陷区域定位

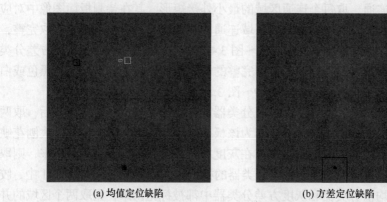

(a) 均值定位缺陷   (b) 方差定位缺陷

图 3.51 胶斑缺陷区域定位

(a) 均值定位缺陷   (b) 方差定位缺陷

图 3.52 油污缺陷区域定位

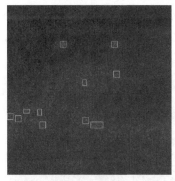 

(a) 均值定位缺陷   (b) 方差定位缺陷

图 3.53 松软缺陷区域定位

(a) 均值定位缺陷   (b) 方差定位缺陷

图 3.54 漏砂缺陷区域定位

从缺陷定位结果中可以看出，所有缺陷都被定位出来，但存在将正常区域误定位为缺陷区域的情况，如图 3.49 所示，需要通过后续的图像分割和处理将错误定位的区域过滤掉，保留真正有缺陷的区域。

3.4.2　自适应快速阈值分割算法

使用上述行连通方法对灰度均值分类器和灰度方差分类器标记出的缺陷区域进行连通后，得到完整的缺陷区域，还需要用图像分割方法使缺陷与背景分离。

在图像分割算法中，Otsu 阈值法应用广泛，其具有计算简单、稳定性好、执行速度快等特点，适合于实时性较高的应用。Otsu 算法分为单阈值算法和多阈值算法两种，但需要事先确定分割阈值的个数。在板面表面缺陷检测过程中，一张板面中缺陷的种类和个数是无法确定的，阈值数量需要随板面表面缺陷情况而发生变化，无法预先设定。大多数区域内只有一个缺陷，只需要一个分割阈值，但在极个别的情况下会出现同一个区域中存在多个不同的缺陷，如图 3.55 所示，在同一个区域出现了大刨花和油污两种缺陷，需要双阈值分割。但传统 Otsu 算法中的阈值数量无法根据区域中缺陷种类进行变化，导致分割结果不正确。同时，Otsu 算

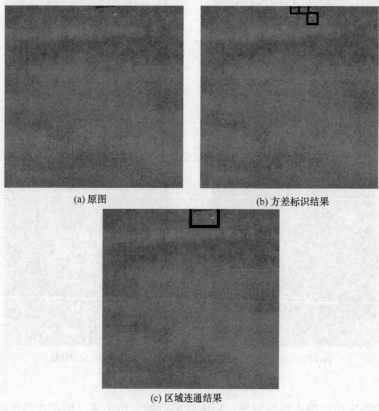

(a) 原图　　　　　　　　　　　　　　(b) 方差标识结果

(c) 区域连通结果

图 3.55　大刨花和油污缺陷同时出现时区域定位图像

法是一种穷举算法，单阈值分割时需要遍历所有灰度值才能得到最佳分割阈值，而多阈值分割时要遍历灰度值的所有组合。对灰度值范围为 $[0,L-1]$ 的图像进行多阈值分割，分成 n 类，搜索次数为 C_{L-1}^{n-1}，这是一个非常耗时的过程。

针对以上问题，本节提出一种自适应快速阈值分割算法，其能够根据缺陷类型自适应确定分割阈值个数，并优化阈值搜索策略，实现快速分割。该算法首先对缺陷区域的一维灰度直方图进行处理，自动确定分割阈值个数，然后通过分析 Otsu 算法性质将全局多阈值分割转化为局部单阈值分割，优化搜索策略，提高分割速度。

1. 模型算法构建

本节提出的自适应快速阈值分割算法基于 Otsu 算法改进而成，Otsu 算法是由日本著名学者大津展之(Nobuyuki Otsu)于 1979 年提出的一种图像分割算法，该算法的原理是通过阈值比较将各个像素点依据灰度值分为目标和背景两类，并使两类的类间方差最大化[94, 95]。

若图像的灰度值统计直方图具有明显的双峰特性，则在进行单阈值分割时，最佳阈值 T^* 就是两个波峰之间的统计意义上的最小波谷[96]。设 T^* 将图像中的像素点分为 C_0 类和 C_1 类，则 T^* 的值为两类均值的平均值向下取整[97, 98]，即

$$T^* = \left\lfloor \frac{1}{2}\left(\mu_0(T^*) + \mu_1(T^*)\right) \right\rfloor \tag{3.23}$$

其中，$\mu_0(T^*)$ 为 C_0 类均值；$\mu_1(T^*)$ 为 C_1 类均值。

$$\mu_0(T^*) = \sum_{i=0}^{T^*} i\Pr(i\,|\,C_0) = \frac{1}{P_0}\sum_{i=0}^{T^*} ip_i$$

$$\mu_1(T^*) = \sum_{i=T^*+1}^{L-1} i\Pr(i\,|\,C_1) = \frac{1}{P_1}\sum_{i=T^*+1}^{L-1} ip_i$$

$\Pr(i\,|\,C_0)$ 和 $\Pr(i\,|\,C_1)$ 分别为灰度值为 i 的像素点在 C_0 类或 C_1 类中所占的比例；p_i 为各灰度值出现的概率，$p_i = n_i/N$，n_i 为图像中灰度值为 i 的像素点的个数，N 为图像的总像素数量；P_0 为 C_0 类的概率，$P_0 = \sum_{i=0}^{T^*} p_i$；$P_1$ 为 C_1 类的概率，$P_1 = \sum_{i=T^*+1}^{L-1} p_i$。

式(3.23)表明，在直方图中，最佳阈值 T^* 位于 C_0 类和 C_1 类在直方图中所形成区域重心的中间，若直方图具有明显的双峰，则 T^* 位于两个主要波峰之间。设 C_0 类和 C_1 类在直方图中所占的区域为 Area_0 和 Area_1，则 T^* 的位置位于 Area_0 和 Area_1 重心的中间，如图 3.56 所示。

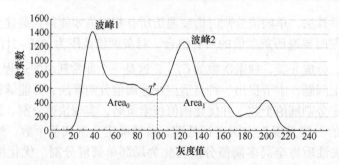

图 3.56　最佳阈值的位置

在进行多阈值分割时，直方图会呈现多峰情况。文献[99]已经证明，使用 Otsu 算法得到的最佳阈值组合 T_1^*, T_2^*, $\cdots$, T_{n-1}^* 依然满足式(3.23)，即每个分割区间的最佳阈值 T_k^* 位于其所分割的两类 C_{k-1} 和 C_k 重心的中间。如图 3.57 所示，直方图中有三个主要波峰，使用双阈值对图像进行分割，设最佳分割阈值为 T_1^* 和 T_2^*。所分割得到的三类在直方图中的区域为 Area_0、Area_1 和 Area_2，T_1^* 的位置在 Area_0 和 Area_1 重心的中间，T_2^* 的位置在 Area_1 和 Area_2 重心的中间。可见，T_1^* 和 T_2^* 位于各主要波峰之间，将三个主要波峰划分开。

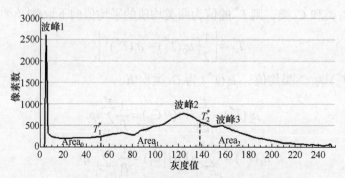

图 3.57　最佳双阈值在灰度直方图中的位置

从以上分析可以看出，在进行多阈值分割时，最佳阈值都位于主要波峰之间。如果能确定主要波峰的数量和位置，就可以确定阈值数量。同时，由于最佳阈值位于主要波峰之间，可以根据主要波峰的位置将直方图划分成多个区间，找出各个区间的最佳阈值。这样全局多阈值分割就转化为在多个区间内的单阈值分割，阈值搜索范围大大减小，分割速度得到很大提高。

2. 灰度直方图主要波峰的确定

缺陷的灰度值与正常部分灰度值不同，在直方图上会形成比较明显的波峰，称为主要波峰，缺陷的类型和数量决定了主要波峰的数量。通过对缺陷区域的灰度直方图进行处理，获得主要波峰的位置和数量，从而确定分割阈值个数，以及每个阈值的分割区间。

1) 直方图平滑

由于图像灰度值的复杂性和噪声的影响,直方图上会出现很多细小的"毛刺",如图 3.58(a)所示。这些"毛刺"对寻找主要波峰带来很大的干扰，因此需要先进行直方图平滑，使用线性插值法进行平滑，去掉"毛刺"的同时较好地保持直方图的原始性状。

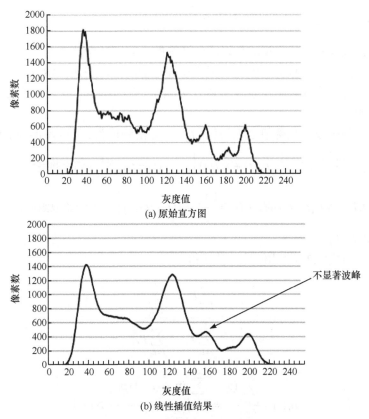

(a) 原始直方图

(b) 线性插值结果

图 3.58 线性插值法平滑直方图波形图

2) 主要波峰筛选

平滑后的直方图依然存在多个不显著波峰，如图 3.58(b)中灰度值为 159 的波峰。不显著波峰主要包括距离过近的多个波峰和峰值与两边波谷值相差过小的波峰。将平滑后直方图中所有波峰灰度值的集合记为 Peak $= \{P'_1, P'_2, \cdots, P'_m\}$。当 Peak 集合中两个相邻波峰之间的距离小于距离阈值 pt 时，将峰值较小的波峰从集合中去掉，保留峰值较大的波峰。

波峰合并完成后进行波峰筛选，依次计算集合 Peak 中每个波峰两边的波谷值，若波峰值与波谷值相差小于阈值 st，则认为该波峰是不显著波峰，将其在集合中去掉，最后保留的波峰就是主要波峰。如果保留的波峰过多，可以增大阈值 pt 和 st，再次进行波峰合并和筛选。

设最后 Peak 集合中保留的主要波峰灰度值为 $\{P_1, P_2, \cdots, P_n\}$，利用这些波峰划分直方图，得到各个区间灰度值的范围为 $[P_1, P_2), [P_2, P_3), \cdots, [P_{n-1}, P_n)$，对各区间进行单阈值分割。

3. 提出最佳分割阈值的快速搜索方法

由于传统 Otsu 分割算法是以两个波峰的中间点开始从左右两个方向分别进行搜索的，搜索效率较低。因此，提出最佳分割阈值的快速搜索方法，该方法能够根据已知的波峰寻求定位点及搜索方向，解决了 Otsu 算法中从两个方向搜索效率低的问题。

设待分割区域的灰度值范围为 $[L_1, L_2)$，分割阈值为 t，分割得到的两类均值为 μ_0 和 μ_1，设 $\left\lfloor f_1(t) = \dfrac{1}{2}(\mu_0(t) + \mu_1(t)) \right\rfloor$，$f_2(t) = t$，则有如下推论。

推论 3.1　当 $\mu_0 \mu_1 \neq 0$ 时，$f_1(t) = \left\lfloor \dfrac{1}{2}(\mu_0(t) + \mu_1(t)) \right\rfloor$ 是单调非减函数，即 $f_1(t+1) \geqslant f_1(t)$，$t \in [L_1, L_2)$。

证明　由式(3.23)中均值计算公式得

$$\mu_0(t) = \frac{\displaystyle\sum_{i=L_1}^{t} i p_i}{\displaystyle\sum_{i=L_1}^{t} p_i} \leqslant \frac{t \displaystyle\sum_{i=L_1}^{t} p_i}{\displaystyle\sum_{i=L_1}^{t} p_i} = t \tag{3.24}$$

$$\mu_1(t) = \frac{\displaystyle\sum_{i=t+1}^{L_2-1} i p_i}{\displaystyle\sum_{i=t+1}^{L_2-1} p_i} = \frac{\displaystyle\sum_{i=t+2}^{L_2-1} i p_i + (t+1) p_{t+1}}{\displaystyle\sum_{i=t+2}^{L_2-1} p_i + p_{t+1}} \geqslant t+1 \tag{3.25}$$

由式(3.23)中均值计算公式和式(3.24)得

$$\mu_0(t+1) = \frac{\displaystyle\sum_{i=L_1}^{t+1} i p_i}{\displaystyle\sum_{i=L_1}^{t+1} p_i} = \frac{\displaystyle\sum_{i=L_1}^{t} i p_i + (t+1) p_{t+1}}{\displaystyle\sum_{i=L_1}^{t} p_i + p_{t+1}} \geqslant \frac{\mu_0(t) \displaystyle\sum_{i=L_1}^{t} p_i + \mu_0(t) p_{t+1}}{\displaystyle\sum_{i=L_1}^{t} p_i + p_{t+1}} = \mu_0(t) \tag{3.26}$$

由式(3.23)中均值计算公式和式(3.25)得

$$\mu_1(t+1)=\dfrac{\sum\limits_{i=t+2}^{L_2-1}ip_i}{\sum\limits_{i=t+2}^{L_2-1}p_i}=\dfrac{\sum\limits_{i=t+1}^{L_2-1}ip_i-(t+1)p_{t+1}}{\sum\limits_{i=t+1}^{L_2-1}p_i-p_{t+1}}>\dfrac{\mu_1(t)\sum\limits_{i=t+1}^{L_2-1}p_i-\mu_1(t)p_{t+1}}{\sum\limits_{i=t+1}^{L_2-1}p_i-p_{t+1}}=\mu_1(t)\quad(3.27)$$

由式(3.24)~式(3.27)得

$$f_1(t+1)=\left\lfloor\dfrac{1}{2}\big(\mu_0(t+1)+\mu_1(t+1)\big)\right\rfloor\geqslant\left\lfloor\dfrac{1}{2}\big(\mu_0(t)+\mu_1(t)\big)\right\rfloor=f_1(t)\quad(3.28)$$

推论 3.2　设 $L_1'\in[L_1,L_2)$，L_1' 是 $[L_1,L_2)$ 区间中 $\mu_0(L_1')\neq0$ 的最小值，即 $\mu_0(L_1')\neq0$，$\mu_0(l)=0$，$L_1\leqslant l\leqslant L_1'-1$，有 $f_1(L_1')>f_2(L_1')$。

证明　由 $\mu_0(l)=0$，$L_1\leqslant l\leqslant L_1'-1$ 可得，$\sum\limits_{i=L_1}^{L_1'-1}ip_i=0$，$\sum\limits_{i=L_1}^{L_1'-1}p_i=0$，再由式(3.23)中均值计算公式得

$$\mu_0(L_1')=\dfrac{\sum\limits_{i=L_1}^{L_1'}ip_i}{\sum\limits_{i=L_1}^{L_1'}p_i}=L_1'\quad(3.29)$$

$$\mu_1(L_1')=\dfrac{\sum\limits_{i=L_1'+1}^{L_2-1}ip_i}{\sum\limits_{i=L_1'+1}^{L_2-1}p_i}=\dfrac{\sum\limits_{i=L_1'+2}^{L_2-1}ip_i+(L_1'+1)p_{L_1'+1}}{\sum\limits_{i=L_1'+2}^{L_2-1}p_i+p_{L_1'+1}}>L_1'+1\quad(3.30)$$

由式(3.29)和式(3.30)可得

$$f_1(L_1')=\left\lfloor\dfrac{1}{2}\big(\mu_0(L_1')+\mu_1(L_1')\big)\right\rfloor>\left\lfloor\dfrac{1}{2}\big(L_1'+L_1'+1\big)\right\rfloor=L_1'=f_2(L_1')\quad(3.31)$$

推论3.3　设 $L_2'\in[L_1,L_2)$，L_2' 是 $[L_1,L_2)$ 区间中 $\mu_1(L_2')\neq0$ 的最大值，即 $\mu_1(L_2')\neq0$，$\mu_1(l)=0$，$L_2'+1\leqslant l<L_2$，有 $f_1(L_2')<f_2(L_2')$。

证明　由 $\mu_1(l)=0$，$L_2'+1\leqslant l\leqslant L_2-1$，可得 $\sum\limits_{i=L_2'+2}^{L_2-1}ip_i=0$，$\sum\limits_{i=L_2'+2}^{L_2-1}p_i=0$，再由式 (3.23)中均值计算公式得

$$\mu_1(L_2') = \frac{\sum\limits_{i=L_2'+1}^{L_2-1} i p_i}{\sum\limits_{i=L_2'+1}^{L_2-1} p_i} = L_2' + 1 \tag{3.32}$$

$$\mu_0(L_2') = \frac{\sum\limits_{i=L_1}^{L_2'} i p_i}{\sum\limits_{i=L_1}^{L_2'} p_i} < \frac{L_2' \sum\limits_{i=L_1}^{L_2'-1} p_i + L_2' p_{L_2'}}{\sum\limits_{i=L_1}^{L_2'-1} p_i + p_{L_2'}} = L_2' \tag{3.33}$$

由式(3.32)和式(3.33)可得

$$f_1(L_2') = \left\lfloor \frac{1}{2}(\mu_0(L_2') + \mu_1(L_2')) \right\rfloor < \left\lfloor \frac{1}{2}(L_2' + L_2' + 1) \right\rfloor = L_2' = f_2(L_2') \tag{3.34}$$

从以上三条推论得出，在$[L_1, L_2)$区间中，$f_1(t) = \left\lfloor \frac{1}{2}(\mu_0(t) + \mu_1(t)) \right\rfloor$与$f_2(t) = t$

在$\mu_0(t)\mu_1(t) \neq 0$范围内必有交点，由式(3.23)可知，该交点就是最佳分割阈值T^*。

在进行阈值搜索时，设当前阈值为t，计算$f_1(t)$和$f_2(t)$的值，若$f_1(t) - f_2(t) > 0$，说明t在交点左侧，即$t < T^*$，则需要增加t值，向右搜索；若$f_1(t) - f_2(t) < 0$，则t在交点右侧，即$t > T^*$，则需要减小t值，向左搜索；若$f_1(t) - f_2(t) = 0$，则$t = T^*$，当前值t就是最佳阈值T^*。通过比较$f_1(t)$和$f_2(t)$的值可以确定当前阈值t与最佳阈值T^*的关系，从而确定t值是向增大还是减小的方向搜索，避免了Otsu算法中双向搜索计算量大、耗时的弊端。

4. 算法的程序实现

算法采用C++结合OpenCV类库，在Visual Studio 2010环境下开发。首先计算图像的一维灰度直方图，然后进行直方图平滑、波峰合并和波峰筛选，设获得的主要波峰集合Peak $= \{P_1, P_2, \cdots, P_n\}$。用主要波峰对直方图进行划分，设划分后的各个区间灰度值范围为$[P_1, P_2), [P_2, P_3), \cdots, [P_{n-1}, P_n)$。在每个区间中搜索最佳阈值，搜索过程如图3.59所示。

搜索$[P_k, P_{k+1})$区间的最佳阈值T_k^*步骤如下：

(1) 设阈值t_k初始值为$t_k = \lfloor (P_k + P_{k+1})/2 \rfloor$。

(2) 计算$f_1(t_k) = \lfloor (\mu_0(t_k) + \mu_1(t_k))/2 \rfloor$，$f_2(t_k) = t_k$，$g(t_k) = f_1(t_k) - f_2(t_k)$。

(3) 设$[P_k, P_{k+1})$区间的最佳阈值为T_k^*，若$g(t_k)$大于0，则说明t_k值小于T_k^*，将t_k赋值给P_k，跳转到步骤(1)继续搜索；若$g(t_k)$小于0，则t_k值大于T_k^*，将t_k

赋值给 P_{k+1}，跳转到步骤(1)继续搜索；若 $g(t_k)$ 值等于 0，则 t_k 为最佳阈值 T_k^*，搜索结束。

所有区间搜索完成后，使用得到的最佳阈值组合 $(T_1^*, T_2^*, \cdots, T_{n-1}^*)$ 对图像进行分割。

5. 算法效果

用提出的自适应快速阈值分割算法对待测板面中定位出的缺陷区域进行分割，对图 3.49～图 3.55 进行分割，结果如图 3.60～图 3.66 所示，其中图 3.60 为

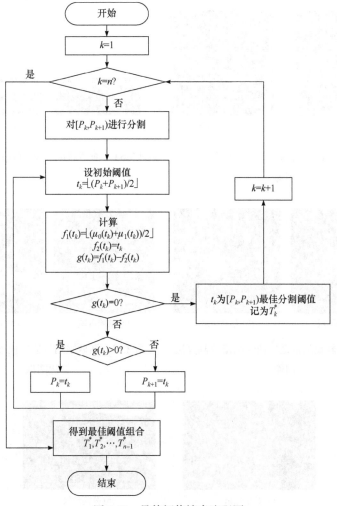

图 3.59　最佳阈值搜索流程图

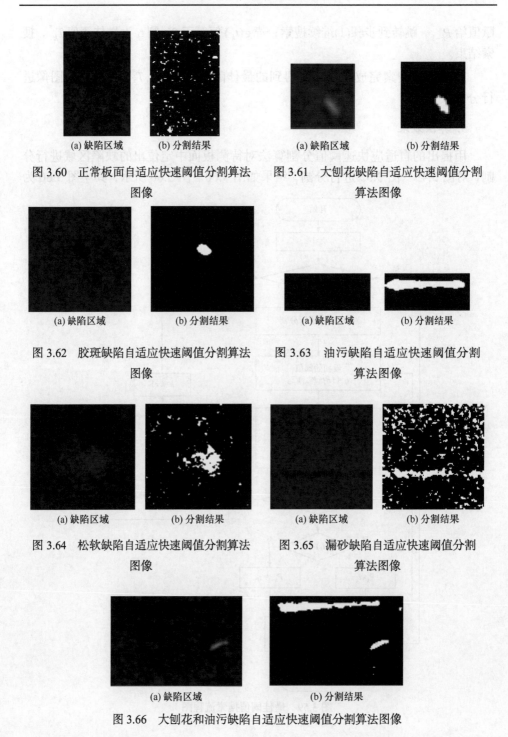

(a) 缺陷区域　　(b) 分割结果

图 3.60　正常板面自适应快速阈值分割算法图像

(a) 缺陷区域　　(b) 分割结果

图 3.61　大刨花缺陷自适应快速阈值分割算法图像

(a) 缺陷区域　　(b) 分割结果

图 3.62　胶斑缺陷自适应快速阈值分割算法图像

(a) 缺陷区域　　(b) 分割结果

图 3.63　油污缺陷自适应快速阈值分割算法图像

(a) 缺陷区域　　(b) 分割结果

图 3.64　松软缺陷自适应快速阈值分割算法图像

(a) 缺陷区域　　(b) 分割结果

图 3.65　漏砂缺陷自适应快速阈值分割算法图像

(a) 缺陷区域　　(b) 分割结果

图 3.66　大刨花和油污缺陷自适应快速阈值分割算法图像

在图 3.49 中正常板面误判出的缺陷区域。为了便于观察，分割结果中的缺陷像素点用白色表示，背景像素点用黑色表示。

1) 分割结果评价

为了衡量分割准确率，使用 Dice 相似性系数(Dice similarity coefficient, DSC)作为评价指标[100]。DSC 的定义为

$$DSC(A, B) = 2(A \cap B)/(A+B) \tag{3.35}$$

其中，A 和 B 分别为标准图像和待评价图像；DSC 值为两幅图像重合部分的面积占图像总面积的比例，取值范围在 0～1。DSC 能反映待评价图像与标准图像的相似程度，值越大说明待评价图像与标准图像重合部分越多，两者相似程度越大。

对各缺陷区域用人工进行图像分割，将缺陷部分手动标记作为标准图像，计算分割结果图像 DSC 值，如表 3.5 所示。

表 3.5　本节算法的 DSC 值

编号	缺陷类型	DSC 值
图 3.60(b)	正常	0.86
图 3.61(b)	大刨花	0.94
图 3.62(b)	胶斑	0.96
图 3.63(b)	油污	0.91
图 3.64(b)	松软	0.82
图 3.65(b)	漏砂	0.66
图 3.66(b)	大刨花和油污	0.89

从表 3.5 数据可以看出，对于大刨花、胶斑和油污这三种缺陷，由于缺陷与正常背景分界明显，标准图像和算法分割结果图像差别不大，DSC 值较高。而松软和漏砂由于边缘与背景之间是渐变过渡，没有明显的界线，人工标记时也很难界定在过渡区域中哪些像素点属于正常部分，哪些像素点是缺陷部分。

2) 分割时间

使用计算机硬件为 Intel Core i7-8700U 六核 CPU 处理器，8GB 内存，GTX1060 显卡，6GB 显存。计算图 3.60～图 3.66 图像分割的时间，如表 3.6 所示。使用遗传算法对 Otsu 阈值搜索方法进行优化也是许多研究人员常用的提高算法速度的方法[101]，在试验中也对其执行时间进行了比对。

表 3.6　算法执行时间对比表

编号	缺陷类型	阈值个数	Otsu 算法/ms	遗传算法优化 Otsu/ms	本节算法/ms
图 3.60 (b)	正常	1	0.94	0.81	0.78
图 3.61 (b)	大刨花	1	0.31	0.39	0.27
图 3.62 (b)	胶斑	1	1.09	0.89	0.94
图 3.63 (b)	油污	1	0.47	0.41	0.32
图 3.64 (b)	松软	1	1.10	1.05	1.10
图 3.65 (b)	漏砂	1	1.09	1.02	0.93
图 3.66 (b)	大刨花和油污	2	1438.50	35.06	2.81

从表 3.6 中可以看出，本节算法对 Otsu 算法的阈值搜索方向和判定条件进行了优化，使得自适应快速阈值分割算法的执行时间大大低于原 Otsu 算法。在进行单阈值分割时，遗传算法优化 Otsu 算法和自适应快速阈值分割算法在分割时间上基本相同，都低于传统的 Otsu 算法。当进行多阈值分割时，传统 Otsu 算法和遗传算法优化 Otsu 算法速度明显下降，而自适应快速阈值分割算法速度虽然也有所下降，但执行时间仍然远远小于另外两种算法。

3.4.3　基于面积限定的小区域去除及孔洞填充

对缺陷区域进行图像分割后，结果图像中仍然存在着许多分割不正确的小区域，缺陷中也有小孔洞，这主要是刨花板表面存在刨花和细小纹理、缺陷与正常区域分界不明显以及图像中存在噪声等原因造成的。为了使分割结果更加准确、缺陷形态更加完整，需要将这些小区域删掉，并且填充缺陷中的孔洞。

数学形态学处理是常用的小区域去除和孔洞填充的方法，但处理后的缺陷区域形状会发生变化，不利于后续缺陷几何形状的测量。综合上述分析，采用基于区域生长和面积限定的方法进行处理，使用区域生长法标识出分割后图像中的连通区域，计算区域包含的像素点数量作为区域面积，当面积小于设定的阈值时，认为该连通区域为要去除的小区域或者为孔洞，将小区域在图像中删除，对孔洞进行填充。

用 A 表示分割结果图像，i 和 j 分别表示 A 中像素点的行号和列号，去除小区域的具体过程如下：

(1) 建立一个与图像 A 大小一样的矩阵 M_{label}，矩阵元素初始化值为 0；

(2) 将 A 中所有值为 0 的像素点(背景)在矩阵 M_{label} 对应位置的元素值置为 3；

(3) 逐行逐列扫描图像 A，若像素点 $A(i,j)$ 在 M_{label} 对应位置的值等于 0，则在 A 中以点 (i,j) 为种子点，进行八邻域连通区域生长；

(4) 生长完毕后，计算结果区域像素点的数量，若小于面积阈值 T_{amin}，则认为该区域是要删除的小区域，将区域所有像素点在矩阵 M_{label} 对应位置的值置为 2；

(5) 返回步骤(3)继续判断 A 中剩余的 M_{label} 对应位置的值等于 0 的点，直到所有像素点判断完毕；

(6) 去除小区域，将 M_{label} 中所有标记为 2 的点在图像 A 中的像素值置为 0。

去除小区域完成后，进行孔洞填充，方法与删除小区域类似，只是在步骤(2)将 A 中所有值为 255 的点(目标)在矩阵 M_{label} 对应位置的元素值置为 3，在步骤(6)将 M_{label} 中所有标记为 2 的点在图像 A 中的像素值置为 255。

在实际中分别使用上述算法和数学形态学开运算对分割结果图像进行处理，本算法中阈值 T_{amin} 在删除小面积时取 28，在填充孔洞时取 50，数学形态学开运算的结构元素为椭圆，大小分别为 SIZE(3, 3) 和 SIZE(5, 5)。三种方法的处理结果如图 3.67～图 3.73 所示，计算时间如表 3.7 所示。

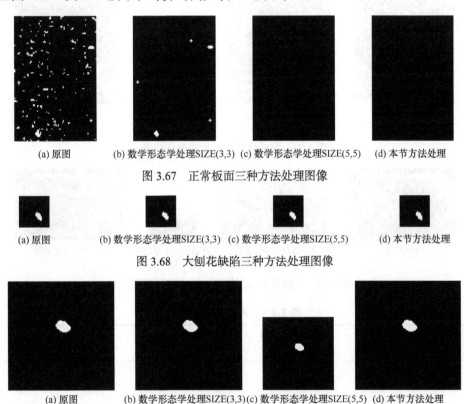

(a) 原图　(b) 数学形态学处理SIZE(3,3)　(c) 数学形态学处理SIZE(5,5)　(d) 本节方法处理

图 3.67　正常板面三种方法处理图像

(a) 原图　(b) 数学形态学处理SIZE(3,3)　(c) 数学形态学处理SIZE(5,5)　(d) 本节方法处理

图 3.68　大刨花缺陷三种方法处理图像

(a) 原图　(b) 数学形态学处理SIZE(3,3)　(c) 数学形态学处理SIZE(5,5)　(d) 本节方法处理

图 3.69　胶斑缺陷三种方法处理图像

(a) 原图　　(b) 数学形态学处理SIZE(3,3)　(c) 数学形态学处理SIZE(5,5)　(d) 本节方法处理

图 3.70　油污缺陷三种方法处理图像

(a) 原图　　(b) 数学形态学处理SIZE(3,3)　(c) 数学形态学处理SIZE(5,5)　(d) 本节方法处理

图 3.71　松软缺陷三种方法处理图像

(a) 原图　　(b) 数学形态学处理SIZE(3,3)　(c) 数学形态学处理SIZE(5,5)　(d) 本节方法处理

图 3.72　漏砂缺陷三种方法处理图像

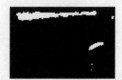  

(a) 原图　　(b) 数学形态学处理SIZE(3,3)　(c) 数学形态学处理SIZE(5,5)　(d) 本节方法处理

图 3.73　大刨花和油污缺陷三种方法处理图像

表 3.7　三种算法执行时间　　(单位：ms)

编号	数学形态学处理SIZE(3,3)	数学形态学处理SIZE(5,5)	本节算法
图 3.67	9.6	14.0	20
图 3.68	1.5	4.7	2.6
图 3.69	6.3	11.0	16
图 3.70	4.7	6.3	8.3

续表

编号	数学形态学处理 SIZE(3,3)	数学形态学处理 SIZE(5,5)	本节算法
图 3.71	9.4	12.5	18
图 3.72	14	17.2	21.5
图 3.73	12.5	17.3	15.9

从图 3.67~图 3.73 可以看出，使用数学形态学开运算处理效果并不理想，当结构元素为(3,3)时，有个别小区域没有被去掉，而将结构元素增加到(5,5)时，缺陷本身的形状和大小都出现了比较明显的变化。而基于区域生长和面积限定的方法可以在删除小区域的同时非常完好地保持缺陷的几何形状。在执行时间上，该算法比数学形态学算法略慢，但也能完全满足在线检测的要求。

由图 3.67(d)可以看出，经过小区域删除和孔洞填充后，之前被误判的正常板面由于分割出的缺陷区域面积很小，被删除掉，在结果图像中不再存在缺陷，从而纠正了之前在缺陷区域提取中的误判。

3.4.4　在线缺陷检测结果

在生产线中，随机选取 600 张板面图像，其中正常板 200 张，缺陷板 400 张，包括大刨花缺陷板面 43 张，胶斑缺陷板面 124 张，油污缺陷板面 49 张，松软缺陷板面 180 张，漏砂缺陷板面 4 张。提取每幅图像的板面区域后，对其进行缺陷检测，使用上面提出的灰度均值分类器和灰度方差分类器确定出缺陷位置区域，再用自适应快速阈值分割算法对缺陷区域进行图像分割，并对分割结果进行小区域去除和缺陷内部孔洞填充。

平均一幅图像的检测用时为 867ms。使用漏检率、误检率和准确率对算法的检测效果进行评价。漏检率是指检测算法未发现的缺陷板数量占缺陷板总数量的比例；误检率是指检测算法检测出缺陷的正常板占正常板总数量的比例；准确率等于(100%−漏检率)。各种类型的缺陷图像检测结果如表 3.8 所示。

表 3.8　缺陷检测结果表

类别	正常板	缺陷				
		大刨花	胶斑	油污	松软	漏砂
实际数量	200	43	124	49	180	4
检出数量	190	43	122	47	168	4
误检率	5.0%	—	—	—	—	—
漏检率	—	0%	1.6%	4.1%	6.7%	0%
准确率	—	100%	98.4%	95.9%	93.3%	100%

由表 3.8 可以看出，共有缺陷板 400 张，检测出缺陷 384 张，算法辨识的准确率为 96%，因此提出的刨花板表面缺陷检测算法能达到生产线应用的要求。

3.5　板面缺陷类型识别

板面图像经过缺陷检测后，识别出了正常板面和缺陷板面，并在缺陷板面中分离出了缺陷，但未具体识别缺陷的种类。为了便于生产线能够根据缺陷类型不同而将缺陷板进行分仓，还需要进一步判别缺陷类别。因此，本节构建随机森林分类器，使用缺陷的几何形状特征和灰度共生矩阵纹理特征，对大刨花、胶斑、油污、松软和漏砂五种缺陷进行分类。同时，为了对比随机森林分类器的分类准确性与速度，构建 8 层轻量型卷积神经网络分类器，将其分类结果与随机森林分类器进行对比，以确定哪一种分类器性能更优。

3.5.1　刨花板缺陷随机森林分类器构建

随机森林算法是一种数据分类和预测算法，采用多棵分类回归树(classification and regression tree, CART)作为弱分类器来构建成的组合分类模型。训练时，从训练集样本和特征空间中利用有放回随机抽样方法随机抽取出多个样本子集和特征子集，再对每个样本子集和特征子集建立决策树，构成随机森林。测试时，使用各决策树分别对测试样本的类别进行预测，通过投票方式决定最终的分类结果。随机森林算法能够直接应用于多分类情况，具有泛化能力强、训练速度快、预测效果好等特点[102-104]。

本节构建随机森林分类器对缺陷进行类型判断。提取缺陷的形状特征和纹理特征，建立训练样本集和测试样本集，通过网格验证确定随机森林分类器的构建参数，使用训练集样本对随机森林分类器进行训练，利用训练好的分类器模型对测试集进行缺陷分类。

1. 缺陷形状和纹理特征提取

1) 缺陷几何形状特征提取

在板面缺陷图像中，不同类型的缺陷具有不同的形状特征，在分割出板面缺陷后，提取缺陷的 8 个几何形状特征，包括缺陷的面积、周长、长度、宽度、长宽比、矩形度、线性度和复杂度[105-115]。

(1) 面积。

分割后的二值化板面图像中，缺陷像素点的值为 255，非缺陷像素点值为 0，缺陷面积为二值化板面图像中值为 255 的像素点个数之和，采用式(3.36)计算：

$$S = \sum_{x,y \in R} 1 \tag{3.36}$$

其中，R 为灰度值是 255 的像素点集合。

(2) 周长。

提取出缺陷的边界，缺陷的周长可以通过统计边界上的像素数量得到，采用式(3.37)计算：

$$C = \sum_{x,y \in B} 1 \tag{3.37}$$

其中，B 为边界像素点集合。

(3) 长度、宽度。

根据缺陷的边界，计算出缺陷的最小外接矩形，四个顶点的坐标为(a_0,b_0)、(a_1,b_1)、(a_2,b_2)和(a_3,b_3)。缺陷的长度 Length 和宽度 Width 就是最小外接矩形的长度和宽度，采用式(3.38)和式(3.39)计算：

$$\text{Length} = \sqrt{(a_0 - a_1)^2 + (b_0 - b_1)^2} \tag{3.38}$$

$$\text{Width} = \sqrt{(a_1 - a_2)^2 + (b_1 - b_2)^2} \tag{3.39}$$

(4) 长宽比。

长宽比即缺陷长度和宽度的比值，采用式(3.40)计算：

$$\text{AR} = \frac{\text{Length}}{\text{Width}} \tag{3.40}$$

(5) 矩形度。

矩形度即缺陷的面积与其最小外接矩形的面积之比，采用式(3.41)计算：

$$\text{RD} = \frac{S}{\text{Length} \times \text{Width}} \tag{3.41}$$

矩形度反映了缺陷对其最小外接矩形的填充程度，缺陷的形状越接近矩形，RD 的值越接近 1。

(6) 线性度。

线性度为缺陷的面积与周长之比，采用式(3.42)计算：

$$\text{LD} = \frac{S}{C} \tag{3.42}$$

线性度反映了缺陷接近于直线的程度，其值越小表示缺陷形状越接近线形，值越大表示缺陷形状越接近圆形。

(7) 复杂度。

复杂度表示缺陷形状的复杂程度，采用式(3.43)计算：

$$\text{Comp} = \frac{C^2}{4\pi S} \tag{3.43}$$

　　当缺陷形状为圆形时，复杂度取最小值 1；当缺陷形状不为圆形时，复杂度值大于 1，且形状越复杂值越大。

　　选取大刨花、胶斑、油污、松软和漏砂五种缺陷图像各 4 幅，计算每种缺陷的 8 个几何形状特征，结果如表 3.9～表 3.13 所示。

表 3.9　大刨花缺陷形状特征

图像编号	面积	周长	长度	宽度	长宽比	矩形度	线性度	复杂度
1	29.00	22.00	7.00	6.00	1.17	0.69	1.32	1.33
2	37.00	42.00	10.21	7.43	1.37	0.49	0.88	3.79
3	67.00	51.00	19.15	7.31	2.62	0.48	1.31	3.09
4	50.00	41.00	17.46	4.46	3.92	0.64	1.22	2.68
平均值	45.75	39.00	13.46	6.30	2.27	0.58	1.18	2.72

表 3.10　胶斑缺陷形状特征

图像编号	面积	周长	长度	宽度	长宽比	矩形度	线性度	复杂度
1	88.00	43.00	14.14	9.90	1.43	0.63	2.05	1.67
2	117.00	41.00	12.73	12.02	1.06	0.76	2.85	1.14
3	89.00	62.00	16.47	11.88	1.39	0.45	1.44	3.44
4	70.00	34.00	10.73	8.94	1.20	0.73	2.06	1.31
平均值	91.00	45.00	13.52	10.69	1.27	0.64	2.10	1.89

表 3.11　油污缺陷形状特征

图像编号	面积	周长	长度	宽度	长宽比	矩形度	线性度	复杂度
1	421.00	170.00	75.05	8.89	8.44	0.63	2.48	5.46
2	356.00	198.00	83.00	10.00	8.30	0.43	1.80	8.76
3	378.00	205.00	89.03	9.09	9.80	0.47	1.84	8.85
4	555.00	179.00	81.00	11.00	7.36	0.62	3.10	4.59
平均值	427.50	188.00	82.02	9.75	8.48	0.54	2.31	6.92

表 3.12　松软缺陷形状特征

图像编号	面积	周长	长度	宽度	长宽比	矩形度	线性度	复杂度
1	1829.00	386.00	62.39	48.74	1.28	0.60	4.74	6.48
2	1149.00	281.00	46.83	41.69	1.12	0.59	4.09	5.47
3	1683.00	532.00	72.61	47.01	1.54	0.49	3.16	13.38
4	455.00	187.00	33.33	29.01	1.15	0.47	2.43	6.12
平均值	1279.00	346.50	53.79	41.61	1.27	0.54	3.61	7.86

表 3.13　漏砂缺陷形状特征

图像编号	面积	周长	长度	宽度	长宽比	矩形度	线性度	复杂度
1	320.00	214.00	70.00	13.00	5.38	0.35	1.50	11.39
2	196.00	146.00	46.00	10.00	4.60	0.43	1.34	8.65
3	688.00	331.00	107.00	15.00	7.13	0.43	2.08	12.67
4	541.00	269.00	86.00	12.00	7.17	0.52	2.01	10.67
平均值	436.25	240.00	77.25	12.50	6.07	0.43	1.73	10.85

从表 3.9 和表 3.10 可以看出，大刨花、胶斑缺陷的面积和周长较小，面积的平均值分别为 45.75 和 91.00，周长平均值分别为 39.00 和 45.00。松软缺陷的面积和周长最大，平均值分别为 1279.00 和 346.50。大刨花、胶斑和松软缺陷的长宽比在 1.3 左右，而油污和漏砂缺陷的长宽比分别为 8.48 和 6.07，说明大刨花、胶斑和松软缺陷形状更接近圆形。油污、松软和漏砂缺陷的复杂度都大于 6，而大刨花和胶斑缺陷的复杂度低于 3，说明油污、松软和漏砂缺陷的形状更加复杂。

综上所述，几何形状特征虽然能表征出各类缺陷的形状特点，但仅靠几何形状无法准确地将大刨花、胶斑、油污、松软和漏砂缺陷辨识出，因此尝试在几何形状特征提取出后，根据缺陷内部的纹理特征，进一步辨识缺陷的类别。实践中发现，各种类型的缺陷在灰度纹理特征上也有各自的特点，如图 3.74 所示。松软缺陷和漏砂缺陷内部都有小刨花形成的纹理，但松软缺陷纹理颜色较浅，灰度值高于漏砂。大刨花、胶斑和油污缺陷内部纹理不明显，大刨花灰度值要高于胶斑和油污，而胶斑缺陷和油污缺陷在几何形状特征上又有所不同，因此将纹理特征与几何形状特征相结合，可以较好地将各类缺陷识别出来。

(a) 大刨花　　　　　(b) 胶斑　　　　　(c) 松软

(d) 油污　　　　　(e) 漏砂

图 3.74　刨花板缺陷放大图像

2) 灰度共生矩阵纹理特征提取及筛选

为了正确地辨识出板面表面缺陷的种类,提取缺陷的灰度共生矩阵纹理特征。灰度共生矩阵由 Haralick 等提出,定义了 14 个用于纹理分析的特征参数[116],从不同的角度反映图像的纹理特征规律。灰度共生矩阵特征参数包括角二阶矩(angular second moment, ASM)、对比度(contrast, CON)、相关度(correlation, COR)、熵(entropy, ENT)、方差(variance, VAR)、均值和(sum of average, SOA)、方差和(sum of variance, SOV)、逆差矩(inverse difference moment, IDM)、差方差(difference of variance, DOV)、和熵(sum of entropy, SOE)、差熵(difference of entropy, DOE)、最大相关系数(maximal correlation coefficient, MCC)和两个相关性度量参数(information measures of correlation, IMOC)。其中后 3 个参数是对前 11 个参数的进一步描述,并非直接对纹理进行表征,且计算过程复杂,因此这 3 个参数很少被采用[117],基于以上分析选用前 11 个参数建立模型。

(1) 灰度共生矩阵 $W(d, \theta)$ 的建立。

设缺陷区域图像为 G,灰度级为 N_g,其中任一像素点 A 坐标为 $A(x,y)$,灰度值为 i,另一像素点 B 坐标为 $B(x+a,y+b)$,灰度值为 j,记 (i,j) 为 A、B 两点的灰度值对。设步长参数 d 表示两点坐标间的距离,方向参数 θ 表示两点连线与水平方向的夹角,如图 3.75 所示。在保持 d 和 θ 不变的情况下移动像素点 A、B,得到两个 N_g 灰度值对。遍历整幅图像,统计出每种灰度值对出现的次数 $P_\theta(i,j)$。新建 $N_g \times N_g$ 矩阵 W,矩阵中第 i 行第 j 列的值填充为 $P_\theta(i,j)$。当 W 矩阵填充完毕后进行归一化,得到图像 G 在 d 步长、θ 方向上的灰度共生矩阵,记为 $W_{(d,\theta)}$,如式(3.44)所示:

$$W_{(d,\theta)} = \begin{bmatrix} P_\theta(0,0) & P_\theta(0,1) & \cdots & P_\theta(0,j) & \cdots & P_\theta(0,N_g-1) \\ P_\theta(1,0) & P_\theta(1,1) & \cdots & P_\theta(1,j) & \cdots & P_\theta(1,N_g-1) \\ \vdots & \vdots & & \vdots & & \vdots \\ P_\theta(i,0) & P_\theta(i,1) & \cdots & P_\theta(i,j) & \cdots & P_\theta(i,N_g-1) \\ \vdots & \vdots & & \vdots & & \vdots \\ P_\theta(N_g-1,0) & P_\theta(N_g-1,1) & \cdots & P_\theta(N_g-1,j) & \cdots & P_\theta(N_g-1,N_g-1) \end{bmatrix} \quad (3.44)$$

(2) 灰度共生矩阵参数的确定。

在构建灰度共生矩阵时,要根据所要表征的纹理特点,对步长参数 d、方向参数 θ 和灰度级 N_g 的值进行合理设置,以便对纹理进行更好的描述。

① 方向参数 θ 的确定。

方向参数 θ 表示两个像素点之间的角度关系,当纹理显示出一定的方向性时,纹理方向上的灰度共生矩阵与其他方向具有较大差异,常用的 θ 取值包括 0°、45°、90°和 135°等。由于缺陷纹理不具有方向性,对 θ 参数的影响比较小。为了减小计

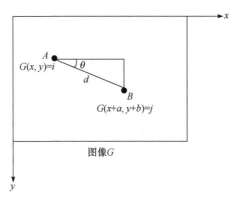

图 3.75　灰度共生矩阵位置关系

算量，缩短计算时间，选取 θ 值为 0°。

② 灰度级参数 N_g 的确定。

由于缺陷内部的纹理没有明显的周期性，为了能够更好地保留细节，提高精度，应该保留较高的灰度级，但灰度级增加会增大灰度共生矩阵的维数，增长计算时间，要在计算精度和时间上进行权衡。由于缺陷检测系统实时性要求较高，选择 64 级灰度。

③ 步长参数 d 的确定。

对胶斑、大刨花、松软、油污、漏砂缺陷区域图像在步长 d 分别为 1～6 的情况下构建灰度共生矩阵，计算角二阶矩、熵、对比度、逆差矩、均值和、方差和 6 个特征参数值，得到的结果如图 3.76 所示。可以看出当 d 值小于 5 时，各参数值随 d 的值变化比较明显，大于 5 时，大部分参数变化比较平稳，因此 d 值取 5。

选取带有大刨花、胶斑、油污、松软和漏砂五种缺陷的板面图像各 4 幅，分割出缺陷后，计算出缺陷的外接矩形，对外接矩形区域构建灰度共生矩阵，构建参数取灰度级 N_g 为 64，方向 θ 为 0°，步长 d 为 5。计算灰度共生矩阵的 11 个特征参数，结果如表 3.14～表 3.18 所示。

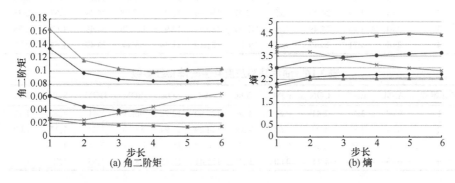

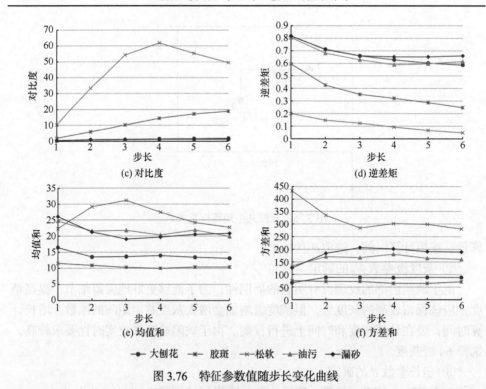

图 3.76　特征参数值随步长变化曲线

表 3.14　大刨花缺陷灰度共生矩阵特征参数

图像编号	ASM	ENT	CON	IDM	COR	VAR	SOA	SOV	DOV	SOE	DOE
1	0.07	2.69	51.50	0.05	-2.61	618.99	24.25	298.91	51.50	1.01	2.01
2	0.05	3.25	5.57	0.36	-0.28	504.20	22.98	253.44	5.57	0.99	1.66
3	0.01	4.77	72.34	0.16	-2.93	602.83	24.03	282.01	72.34	1.63	2.73
4	0.02	4.22	59.53	0.20	1.29	571.88	24.15	310.92	59.53	1.66	2.67

表 3.15　胶斑缺陷灰度共生矩阵特征参数

图像编号	ASM	ENT	CON	IDM	COR	VAR	SOA	SOV	DOV	SOE	DOE
1	0.01	4.54	40.77	0.13	3.14	198.15	12.26	113.87	40.77	1.56	2.54
2	0.01	4.46	24.49	0.29	12.47	186.94	12.93	117.98	24.49	1.67	2.35
3	0.01	4.46	24.49	0.29	12.47	186.94	12.93	117.98	24.49	1.67	2.35
4	0.01	4.71	26.47	0.17	9.09	131.19	11.44	83.44	26.47	1.68	2.27

表 3.16　油污缺陷灰度共生矩阵特征参数

图像编号	ASM	ENT	CON	IDM	COR	VAR	SOA	SOV	DOV	SOE	DOE
1	0.04	3.40	1.41	0.61	3.06	187.60	13.72	96.31	1.41	1.29	1.13
2	0.04	3.39	1.24	0.63	3.55	154.29	11.94	83.10	1.24	1.27	1.08
3	0.03	3.90	2.54	0.51	5.17	230.82	14.48	125.38	2.54	1.35	1.36
4	0.03	3.60	1.55	0.60	3.89	171.41	13.45	88.61	1.55	1.38	1.18

表 3.17　松软缺陷灰度共生矩阵特征参数

图像编号	ASM	ENT	CON	IDM	COR	VAR	SOA	SOV	DOV	SOE	DOE
1	0.03	3.79	3.29	0.48	1.44	602.38	24.98	299.00	3.29	1.27	1.48
2	0.02	4.19	5.43	0.40	6.27	281.46	15.98	161.89	5.43	1.36	1.68
3	0.03	3.82	3.77	0.46	1.44	476.33	21.36	243.31	3.77	1.24	1.53
4	0.02	4.20	5.17	0.43	2.17	452.29	21.10	232.11	5.17	1.35	1.67

表 3.18　漏砂缺陷灰度共生矩阵特征参数

图像编号	ASM	ENT	CON	IDM	COR	VAR	SOA	SOV	DOV	SOE	DOE
1	0.10	2.55	1.60	0.60	0.17	381.77	21.87	164.41	1.60	0.93	1.19
2	0.08	2.72	1.14	0.65	0.50	395.47	20.58	191.28	1.14	1.01	1.06
3	0.07	2.95	1.53	0.59	0.60	400.31	19.12	211.26	1.53	1.01	1.16
4	0.08	2.88	1.39	0.61	0.53	398.71	19.67	203.79	1.39	1.01	1.13

(3) 特征筛选。

灰度共生矩阵各参数之间存在信息冗余和重复表述的问题，在研究时要进行特征筛选或降维[118]。本节使用 Fisher 准则和线性相关性对各特征的分类能力和特征间的关联情况进行量化，结合两者结果选出分类性能好、独立性强的特征参数，选择过程如下所述。

① 特征参数分类能力评价。

在本节所构建的灰度共生矩阵中，筛选出分类能力较强的特征参数。设将 n 个样本分为 C 类 $w_1, w_2, \cdots, w_C$，第 i 类 w_i 包含 n_i 个样本，x^k、m_i^k 和 m^k 分别表示在第 k 维上，样本 x 的值、第 i 类样本均值和所有样本均值。第 k 维特征 Fisher 比值的计算公式为

$$J_{\text{Fisher}}(k) = S_{\text{B}}^{(k)} / S_{\text{W}}^{(k)} \tag{3.45}$$

其中，$S_{\text{B}}^{(k)}$ 和 $S_{\text{W}}^{(k)}$ 分别为第 k 维特征在样本集上的类间方差和类内方差，计算公式为

$$S_{\text{B}}^{(k)} = \sum_{i=1}^{C} \frac{n_i}{n} \left(m_i^{(k)} - m^{(k)} \right)^2 \tag{3.46}$$

$$S_{\text{W}}^{(k)} = \frac{1}{n} \sum_{i=1}^{C} \sum_{x \in w_i} \left(x^{(k)} - m_i^{(k)} \right)^2 \tag{3.47}$$

计算灰度共生矩阵各特征参数的 Fisher 比值，结果如表 3.19 所示。

表 3.19　灰度共生矩阵各特征参数 Fisher 比值

特征参数	ASM	ENT	CON	IDM	COR	VAR	SOA	SOV	DOV	SOE	DOE
Fisher 比值	0.118	0.069	0.858	0.662	0.191	0.816	0.614	0.796	0.858	0.328	0.594

② 特征参数相关性评价。

如前所述，计算出每个参数的分类能力后，进一步对构建的灰度共生矩阵各个参数进行相关性计算。设 ε 和 η 是两个特征参数，$\mathrm{Conv}(\varepsilon,\eta)$ 表示两者的协方差，D_ε 和 D_η 分别表示两者的方差，若 $\mathrm{Conv}(\varepsilon,\eta)$ 存在且 $D_\varepsilon>0$、$D_\eta>0$，则 ε 和 η 的线性相关系数 ρ 为

$$\rho = \frac{\mathrm{Conv}(\varepsilon,\eta)}{\sqrt{D_\varepsilon \times D_\eta}} \tag{3.48}$$

构建的灰度共生矩阵各特征参数的线性相关系数计算结果如表 3.20 所示。

表 3.20　灰度共生矩阵特征参数线性相关系数矩阵

特征参数	ASM	ENT	CON	IDM	COR	VAR	SOA	SOV	DOV	SOE	DOE
ASM	1.000	0.969	0.373	0.426	0.236	0.249	0.304	0.172	0.373	0.796	0.666
ENT	—	1.000	0.431	0.471	0.217	0.168	0.224	0.096	0.431	0.795	0.711
CON	—	—	1.000	0.837	0.279	0.293	0.185	0.322	0.966	0.484	0.812
IDM	—	—	—	1.000	0.247	0.129	0.025	0.173	0.837	0.338	0.909
COR	—	—	—	—	1.000	0.391	0.391	0.336	0.279	0.498	0.082
VAR	—	—	—	—	—	1.000	0.984	0.990	0.293	0.280	0.102
SOA	—	—	—	—	—	—	1.000	0.966	0.185	0.336	0.003
SOV	—	—	—	—	—	—	—	1.000	0.322	0.220	0.163
DOV	—	—	—	—	—	—	—	—	1.000	0.484	0.872
SOE	—	—	—	—	—	—	—	—	—	1.000	0.624
DOE	—	—	—	—	—	—	—	—	—	—	1.000

计算结果 ρ 的绝对值越接近于 1，则 ε 和 η 的相关性越强，当 $\rho=0$ 时，两个特征无线性关系。通过分析表 3.20 中的数据，将 11 个参数分为 6 组，每组内各参数相关性较强，而各组间相关性较弱。第一组为 ASM 和 ENT，第二组为 DOE和 IDM，第三组为 CON 和 DOV，第四组包括 VAR、SOA 和 SOV，第五组为COR，第六组为 SOE。

结合表 3.19 中各特征的 Fisher 比值，在每一组中选取 Fisher 比值最高的特

征，最终选择 ASM、CON、IDM、VAR、SOE、COR 6 个特征参数。

综上所述，本节提取了板面缺陷的面积、周长、长度、宽度、长宽比、矩形度、线性度和复杂度 8 个几何形状特征，用角二阶矩、对比度、逆差矩、方差、和熵、相关度 6 个纹理特征，作为随机森林分类器缺陷样本的分类特征。从而，样本缺陷特征选择完毕，为随机森林分类器建模做好准备。

2. 随机森林分类器模型构建

所要提取的缺陷特征确定后，采集刨花板板面图像，计算缺陷特征值，形成样本集。

1) 样本集生成

采集 4 万余张刨花板板面图像，经 3.4 节缺陷检测算法，检出缺陷板面 400 张，对每个缺陷的类型进行人工标识。其中，大刨花缺陷板面 43 张，胶斑缺陷板面 124 张，松软缺陷板面 180 张，油污缺陷板面 49 张，漏砂缺陷板面 4 张。经过缺陷检测算法确定缺陷区域并分割出缺陷后，计算每个缺陷的 8 个几何形状特征和 6 个灰度共生矩阵纹理特征，生成 400 条缺陷特征数据，作为样本集。

2) 随机森林分类器的构建

在构建随机森林时，需要确定分类器中每棵决策树抽取的特征数量。设样本的特征数量为 M，在构建单棵决策树时，从 M 个特征中随机抽取 m 个作为决策树的特征，一般 m 取值为 $\sqrt{M}$ [119]。本节样本共有 14 个特征，包括 8 个几何形状特征和 6 个纹理特征，因此每棵决策树构建时抽取的特征数量为 14。

除了每棵决策树的特征数量，随机森林决策树的数量和每棵树的最大深度也直接影响随机森林的分类结果。取决策树数量在[10,200]范围内，步长为 10，最大深度在[4,40]范围内，步长为 4，从样本集中随机选出 300 个样本作为训练集，剩余 100 个样本作为测试集。通过网格验证的方式，使用不同的决策树数量和最大深度值对训练集构建随机森林分类器，在训练集上完成训练后，在测试集上进行测试，测试结果的准确率如表 3.21 所示。

表 3.21　随机森林分类器预测准确率

决策树数量	最大深度									
	4	8	12	16	20	24	28	32	36	40
10	0.92	0.86	0.90	0.84	0.90	0.86	0.86	0.90	0.88	0.90
20	0.89	0.88	0.86	0.91	0.88	0.9	0.82	0.88	0.88	0.88
30	0.90	0.92	0.82	0.84	0.88	0.95	0.92	0.92	0.90	0.86
40	0.90	0.88	0.96	0.90	0.94	0.88	0.88	0.90	0.88	0.92
50	0.88	0.90	0.86	0.88	0.88	0.86	0.93	0.87	0.86	0.88

决策树数量	最大深度									
	4	8	12	16	20	24	28	32	36	40
60	0.88	0.88	0.88	0.93	0.90	0.88	0.86	0.90	0.86	0.92
70	0.88	0.88	0.95	0.90	0.87	0.90	0.88	0.90	0.88	0.90
80	0.88	0.88	0.88	0.90	0.88	0.90	0.88	0.89	0.86	0.90
90	0.89	0.90	0.88	0.92	0.89	0.86	0.88	0.86	0.89	0.88
100	0.88	0.88	0.86	0.90	0.90	0.86	0.88	0.90	0.90	0.86
110	0.88	0.90	0.90	0.90	0.92	0.88	0.90	0.88	0.90	0.88
120	0.92	0.88	0.90	0.91	0.90	0.93	0.88	0.88	0.92	0.90
130	0.88	0.88	0.88	0.90	0.90	0.88	0.88	0.90	0.90	0.90
140	0.88	0.86	0.94	0.90	0.89	0.86	0.88	0.89	0.88	0.88
150	0.88	0.90	0.88	0.86	0.90	0.86	0.93	0.90	0.88	0.90
160	0.88	0.92	0.88	0.88	0.90	0.90	0.90	0.88	0.90	0.90
170	0.87	0.90	0.90	0.88	0.88	0.88	0.88	0.91	0.88	0.90
180	0.88	0.91	0.86	0.90	0.90	0.88	0.88	0.90	0.87	0.85
190	0.88	0.86	0.90	0.86	0.90	0.86	0.88	0.88	0.88	0.87
200	0.88	0.88	0.88	0.88	0.86	0.86	0.88	0.90	0.88	0.88

除了准确率外，袋外误差也是衡量随机森林模型分类效果的重要指标，它表征模型的泛化能力[120-126]。取决策树数量在[10,200]范围内，步长为10，最大深度在[4,40]范围内，步长为4，建立不同数量和最大深度的随机森林分类器，计算袋外误差，结果如表 3.22 所示。

表 3.22　随机森林分类器袋外误差

决策树数量	最大深度									
	4	8	12	16	20	24	28	32	36	40
10	0.13	0.12	0.10	0.12	0.08	0.13	0.11	0.11	0.11	0.15
20	0.11	0.08	0.07	0.09	0.11	0.07	0.09	0.07	0.07	0.10
30	0.09	0.10	0.09	0.08	0.09	0.07	0.08	0.09	0.08	0.08
40	0.08	0.08	0.07	0.08	0.09	0.10	0.07	0.11	0.09	0.08
50	0.08	0.09	0.08	0.07	0.08	0.09	0.08	0.08	0.08	0.10
60	0.08	0.08	0.07	0.08	0.08	0.08	0.08	0.08	0.07	0.07
70	0.08	0.08	0.07	0.07	0.09	0.06	0.08	0.08	0.07	0.09
80	0.08	0.07	0.07	0.07	0.07	0.06	0.07	0.06	0.08	0.08
90	0.07	0.07	0.07	0.08	0.07	0.07	0.07	0.07	0.08	0.07
100	0.07	0.09	0.08	0.07	0.06	0.08	0.08	0.10	0.07	0.08
110	0.06	0.08	0.07	0.08	0.08	0.08	0.08	0.08	0.07	0.08

续表

决策树数量	最大深度									
	4	8	12	16	20	24	28	32	36	40
120	0.08	0.08	0.08	0.07	0.08	0.07	0.07	0.08	0.08	0.07
130	0.08	0.07	0.09	0.08	0.07	0.09	0.09	0.07	0.06	0.08
140	0.07	0.08	0.07	0.07	0.08	0.08	0.07	0.07	0.07	0.07
150	0.09	0.08	0.07	0.07	0.06	0.08	0.06	0.07	0.07	0.08
160	0.07	0.08	0.06	0.08	0.08	0.09	0.07	0.08	0.07	0.07
170	0.08	0.09	0.08	0.07	0.08	0.08	0.07	0.08	0.07	0.08
180	0.08	0.08	0.08	0.08	0.08	0.08	0.07	0.07	0.07	0.07
190	0.09	0.07	0.07	0.07	0.08	0.08	0.07	0.07	0.08	0.08
200	0.09	0.07	0.07	0.07	0.06	0.07	0.07	0.07	0.07	0.09

从表 3.21 和表 3.22 中的数据可以看出，当随机森林决策树数量为 40，树的最大深度为 12 时，其预测准确率为最高的 96%，且此时袋外误差也较低，为 0.07，因此确定构建的随机森林决策树的数量为 40，最大深度为 12。

3. 刨花板缺陷随机森林分类器分类效果

构建决策树数量为 40、每棵树最大深度为 12、每棵树的特征数量为 4 的随机森林分类器。

1) 训练过程

测试计算机硬件配置为 Intel Core i7-8700U 六核 CPU 处理器，8GB 内存，GTX1060 显卡，6GB 显存。对 400 幅缺陷图像计算 14 个特征值，形成样本集，平均每个缺陷特征计算时间为 41ms。

从样本集中随机选出 300 个样本作为训练集，剩余 100 个样本作为测试集。使用训练集对随机森林分类器进行训练，完成训练后使用测试集进行预测。进行 10 次试验，平均每次训练时间为 238ms，平均每次预测时间为 0.28ms。

综上所述，使用随机森林分类器判断一个样本的平均时间为 41.28ms。

2) 测试结果

为了验证本节构建的随机森林分类器的准确度(precision)和召回率(recall)，采用混淆矩阵的方法进行表征。设样本集共分为 n 类，则混淆矩阵是一个 n 行 n 列的方阵，列表示预测结果的类别，每一列的总数表示预测为该类别的样本数目；行表示样本的真实类别，每一行的总数表示该类别的真实样本数目。在本节使用的刨花板板面缺陷样本集中，共有大刨花、胶斑、油污、松软和漏砂五种缺陷类别，计算 10 次试验的混淆矩阵并求和，结果如表 3.23 所示。

表 3.23　混淆矩阵

真实类别	预测类别				
	大刨花	胶斑	油污	松软	漏砂
大刨花	94	4	2	2	0
胶斑	2	282	12	4	0
油污	0	13	131	2	0
松软	8	4	0	424	2
漏砂	0	2	4	2	8

从混淆矩阵可以计算出分类器的精确度和召回率，精确度反映的是方法的查准率，召回率反映的是查全率，这两个指标值越高说明模型的分类性能越好。由混淆矩阵计算出五种缺陷类型识别的精确度和召回率，结果如表 3.24 所示。

表 3.24　各类缺陷的精确度和召回率

类型	大刨花	胶斑	油污	松软	漏砂	平均值
精确度	0.92	0.94	0.89	0.97	0.50	0.84
召回率	0.90	0.93	0.88	0.98	1.00	0.94

从混淆矩阵和各类缺陷分类的精确度和召回率可以看出，随机森林分类器对各种缺陷分类的平均精确度为 84%，平均召回率为 94%。其中，大刨花、胶斑、油污和松软缺陷的精确度和召回率为 90% 左右。漏砂缺陷的识别精确度为 50%，召回率为 100%，这是不正常的数据，主要是由训练集中样本数量不均衡导致的。样本集中，漏砂样本数量只有 4 个，远小于其他缺陷类别的样本数量。在随机森林分类器训练时，漏砂样本被抽中的概率远低于其他类型缺陷，有的训练集中甚至没有漏砂样本。因此，在测试集进行预测时，漏砂缺陷的精确度和召回率都比较低，本节使用过采样算法人为增加漏砂样本数量，并重新进行训练，漏砂样本处理过程如下所述。

3) 漏砂样本过采样

漏砂缺陷是在铺装不均匀或砂光机出现故障时才会出现，因此生产线上有漏砂缺陷的板材非常少，难以采集到大量样本图像[127]。所以，只能使用人工方法来对漏砂样本的数量进行扩充。当样本分布不均衡时，为提高分类器性能而增加少数类样本数量的方法称为过采样[128, 129]。

本节首先对漏砂样本进行三次复制，然后使用合成少数类过采样技术 (synthetic minority oversampling technique, SMOTE)算法[130]生成 48 个新的漏砂样本。过采样完成后，样本集数量增加到 460 个。随机选择 360 个样本集作为训练集，100 个样本集作为测试集，再次进行训练和预测。进行 10 次试验，将各次试验得到的混淆矩阵求和，结果如表 3.25 所示。由混淆矩阵计算出各种缺陷识别的精确度和召回率如表 3.26 所示。

表 3.25　混淆矩阵

真实类别	预测类别				
	大刨花	胶斑	油污	松软	漏砂
大刨花	82	0	0	4	0
胶斑	6	270	6	6	0
油污	0	10	102	0	0
松软	2	10	0	374	2
漏砂	0	0	2	0	124

表 3.26　各类缺陷的精确度和召回率

类型	大刨花	胶斑	油污	松软	漏砂	平均值
精确度	0.95	0.94	0.91	0.96	0.98	0.95
召回率	0.91	0.93	0.93	0.97	0.98	0.94

对比过采样之前的数据，大刨花缺陷的精确度和召回率提升了 3 个百分点和 1 个百分点，油污缺陷的精确度和召回率提升了 2 个百分点和 5 个百分点，漏砂缺陷的数据也属于正常范围。松软缺陷的精确度和召回率略有下降，这是由于每次试验的训练集和样本集都是随机抽取的，数据会有微小的波动。系统的平均精确度达到 95%，平均召回率达到 94%，满足实际生产要求。

3.5.2　基于卷积神经网络的缺陷识别

为了检验随机森林分类器对缺陷的分类效果，本节设计了卷积神经网络 (convolutional neural network, CNN)[131-134]分类器，将两者的分类结果进行比较。

卷积神经网络现在已经被越来越多的研究者应用到图像识别和分类中。相比于传统人工神经网络，卷积神经网络结构的隐含层至少有 5~6 层，甚至多达十几层，能够解决复杂的分类问题。而且，卷积神经网络直接使用原始图像作为输入，不需要进行特征提取，同时具备旋转、缩放、平移不变性，因此在机器视觉领域得到了广泛应用。在刨花板表面缺陷识别中，使用随机森林、人工神经网络和支持向量机等传统分类器都需要对缺陷的各特征值进行计算，而卷积神经网络分类器使用缺陷区域原始图像作为输入，不再进行特征提取，具有更短的分类时间。

1. 卷积神经网络的基础理论

卷积神经网络是深度学习的代表算法之一，它源于多层感知机，是一种包含卷积计算且具有深度结构的前馈神经网络，能从二维图像中提取其拓扑结构及其他特征信息，采用反向传播算法来优化网络，求解网络中的未知参数[135-138]。

1) 卷积神经网络的起源和发展

1980 年日本学者福岛邦彦(Kunihiko Fukushima)仿造生物的视觉皮层设计了新认知机(neocognition)神经网络，被认为是卷积神经网络的开创性研究[139]。1987年由 Waibel 等提出了第一个卷积神经网络——时间延迟神经网络(time delay neural network, TDNN)[140]。1989 年，纽约大学的 LeCun 等提出了应用于图像分类的卷积神经网络模型 LeNet，使用了随机梯度下降(stochastic gradient descent, SGD)作为学习策略，并首次使用了"卷积"一词[141]。1998 年，LeCun 又构建了更加完备 LeNet-5 网络，在 LeNet 原有设计中加入了池化层[142]。LeNet-5 定义了现代卷积神经网络的基本结构，其卷积层和池化层交替出现的形式有效地提取了输入图像的平移不变特征。

LeNet-5 在 MNIST 手写字符数据集上对数字的识别取得了很高的准确率，它的成功使卷积神经网络的应用备受关注。2006 年后，随着深度学习技术的发展，卷积神经网络开始迅速兴盛起来。2012 年的 AlexNet 网络[143]、2013 年的 ZFNet网络[144]、2014 年的 VGGNet 网络[145]和 GoogLeNet 网络[146]、2015 年的 ResNet 网络[147]等各类卷积神经网络多次成为 ImageNet 视觉识别竞赛的优胜算法。

2) 卷积神经网络的结构

典型的卷积神经网络结构包括输入层、卷积层、池化层、全连接层和输出层。卷积神经网络的输入为二维图像，经过交替的卷积层和池化层，再通过全连接层的映射，最后在输出层得到分类结果。经典的 LeNet-5 网络模型如图 3.77 所示。

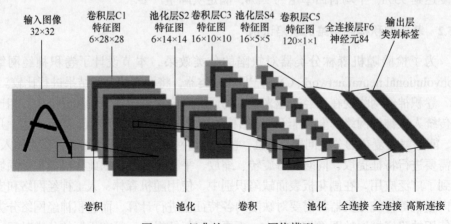

图 3.77　经典的 LeNet-5 网络模型

3) 卷积神经网络的训练

卷积神经网络是有监督学习。在训练时，输入样本的类别已知，通过网络后得到输出类别，计算实际输出与期望输出之间的误差，通过调整网络内部的权值和偏置，使误差随着训练次数增加而逐步减小或者收敛到某个值。

(1) 损失函数的计算。

卷积神经网络在计算误差时，常用的损失函数包括均方误差、交叉熵损失[148,149]、铰链损失[150]等，其中交叉熵损失函数使用得最为普遍。

设有一个离散型的随机变量 X，其概率分布函数为 $p(x) = \mathrm{Pr}(X = x)$，定义事件 $X = x_0$ 的信息量 $I(x_0)$ 为

$$I(x_0) = -\lg(p(x_0)) \tag{3.49}$$

用 $p(x_i)$ 表示 $X = x_i$ 的概率，n 表示 X 所有取值的数量，将所有信息量的期望称为熵，表示为

$$H(x) = -\sum_{i=1}^{n} p(x_i)\lg(p(x_i)) \tag{3.50}$$

设随机变量 x 有两个单独的概率分布 $p(x)$ 和 $q(x)$，用 $p(x_i)$ 和 $q(x_i)$ 分别表示这两个概率分布中 $X = x_i$ 的概率，则这两个分布的差异可以使用相对熵 $\mathrm{DKL}(p\|q)$ 进行衡量：

$$\mathrm{DKL}(p\|q) = \sum_{i=1}^{n} p(x_i)\lg\left(\frac{p(x_i)}{q(x_i)}\right) \tag{3.51}$$

对式(3.51)进行变形可以得到

$$\mathrm{DKL}(p\|q) = -H(p(x)) + \left(-\sum_{i=1}^{n} p(x_i)\lg(q(x_i))\right) \tag{3.52}$$

式(3.52)的第二个加数称为交叉熵 $H(p,q)$，为

$$H(p,q) = -\sum_{i=1}^{n} p(x_i)\lg(q(x_i)) \tag{3.53}$$

在卷积神经网络的训练过程中，$p(x)$ 表示样本的真实分布，$q(x)$ 表示网络预测出的样本分布，训练的目标是使 $q(x)$ 接近 $p(x)$。相对熵 $\mathrm{DKL}(p\|q)$ 描述了两者之间的差距，在式(3.52)中共有两项，第一项是一个不变量，因此只需关注第二项交叉熵 $H(p,q)$，通过对网络的训练，不断调整网络中各权重和偏置项的值，使 $H(p,q)$ 值逐步减小或收敛到某一个特定的值。

(2) 优化器。

通过调整权重来最小化损失函数的过程称为优化，卷积神经网络中常用的优化器包括批量梯度下降(batch gradient descent, BGD)算法[151]、随机梯度下降

(SGD)算法[152]、小批量梯度下降(mini-batch gradient descent, MBGD)算法[153]、适应性梯度(AdaGrad)算法[154]和适应性矩估计(adaptive moment estimation, Adam)算法[155]等，其中比较常用的是 SGD 和 Adam 算法。

SGD 算法通过不停计算每个点各个方向的梯度来判断和选择最优的路径，从而实现在最短路径下求取到最小值。每次更新权值时要计算所有数据的梯度值，因此当数据量很大时这种方法并不可行，所以随机选取一个数据来计算其梯度值，并以此对权重进行更新，这种优化方法就是随机梯度下降法。但 SGD 算法下降速度较慢，而且可能会出现振荡，停留在一个局部最优点[156]。

Adam 算法是由 Diederik Kingma 和 Jimmy Ba 在 2015 年提出的一种一阶优化算法，是随机梯度下降算法的扩展。Adam 算法通过计算梯度的一阶矩估计和二阶矩估计，使不同的参数具有各自的自适应学习率。Adam 算法计算高效、实现简单、内存使用少、对目标函数没有平稳要求，并且能够较好地处理噪声样本和梯度稀疏情况，近几年在深度学习领域得到了广泛应用。

(3) 激活函数。

激活函数用于对隐含层节点的输入进行非线性变换，以解决非线性分类的问题。在卷积神经网络中常用的激活函数包括 Sigmoid 函数、Tanh 函数和 ReLU 函数[157]，计算方法分别如式(3.54)、式(3.55)和式(3.56)所示，各函数的曲线如图 3.78 所示。其中，最为常用的是 ReLU 函数。

$$f(z) = \frac{1}{1+e^{-z}} \tag{3.54}$$

$$f(z) = \frac{e^z - e^{-z}}{e^z + e^{-z}} \tag{3.55}$$

$$f(z) = \max(0, z) \tag{3.56}$$

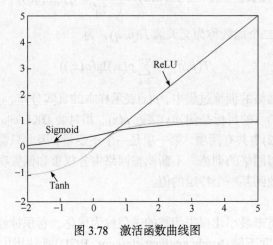

图 3.78　激活函数曲线图

4) 卷积神经网络的特点

相比于传统的人工神经网络，卷积神经网络具有局部连接、权值共享、多核卷积和降采样池化等特点。卷积层的神经元只与前一层的部分神经元进行局部连接，极大地减少了网络中权重的数量。权值共享的特殊结构降低了卷积神经网络的复杂性，使其能够轻松实现高维数据处理。多核卷积使卷积神经网络能够自行提取图像的各个特征，如纹理、形状、颜色及拓扑结构等，不再需要单独的特征提取过程。池化降低了特征图像的维数和计算复杂度，同时使网络对输入图像的位移、缩放和扭曲具有良好的鲁棒性。

卷积神经网络的缺陷在于，由于它是有监督学习，且网络层次很深，需要训练的参数数量众多，需要有数量庞大的训练样本。而实际中，有时难以获取到大量样本，且对样本的类别进行人工标记工作量巨大，同时卷积神经网络对计算机硬件性能也提出了相当高的要求，这些都是制约卷积神经网络在实践中应用的主要因素。

2. 卷积神经网络刨花板表面缺陷分类器构建

本节构建一个 8 层的轻量型卷积神经网络，用于刨花板表面缺陷的类型识别，输入为 64×64 缺陷图像，输出为缺陷的类别，包括大刨花、胶斑、油污和松软四种缺陷，由于漏砂缺陷样本数量过少，不足以训练卷积神经网络，故没有设定为一个输出类别。

1) 网络结构设计

网络结构由输入层、卷积层 C1、池化层 S2、卷积层 C3、池化层 S4、全连接层 F5、全连接层 F6 和输出层构成，如图 3.79 所示。

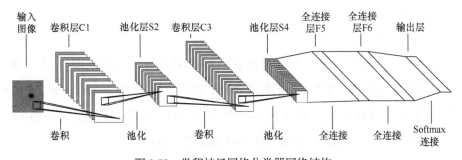

图 3.79　卷积神经网络分类器网络结构

(1) 卷积层 C1 的构建。

对输入的 64×64 图像使用 16 个 3×3 卷积核进行卷积，步长为 1。为使卷积结果特征图与输入图像大小一致，对输入图像边缘进行相同值填充。设输入图像大小为 $m×m$，步长为 step，卷积核大小为 $n×n$，卷积结果特征图大小为 $L×L$，则输入图像应扩充的行、列数 x 为

$$x = (L-1) \times \text{step} + n - m \tag{3.57}$$

由于输入图像为 64×64，卷积核为 3×3，步长为 1，则按式(3.57)计算，输入图像扩充的行、列数应为 2，将扩充的行、列填充为与边缘相同的值，即将输入图像扩充为 66×66，再与 3×3 卷积核进行卷积，卷积得到的特征图大小也为 64×64。卷积的计算方法为

$$x_j^1 = f\left(\sum_{i \in M} x_i^0 \cdot k_{ij}^1 + b_j^1\right) \tag{3.58}$$

其中，x_j^1 为卷积结果特征图，$j \in [1,16]$；x_i^0 为输入图像；M 为输入图像的数量；k_{ij}^1 为连接输入的第 i 个图像与卷积层第 j 个特征图的卷积核，大小为 3×3，初始化为随机小数；b_j^1 为卷积层第 j 个特征图的偏置项；f 为 ReLU 激活函数。

式(3.58)中 ReLU 激活函数由式(3.79)给出：

$$f(x) = \max(0, x) \tag{3.59}$$

其中，x 为函数的输入值。当输入值小于 0 时，ReLU 函数使其输出为 0；当输入值大于等于 0 时，输出值与输入值相等。

(2) 池化层 S2 的构建。

对 C1 层输出的 16 幅卷积结果特征图像 x_j^1 ($j \in [1,16]$)使用最大池化策略进行降采样，采样窗口为 3×3，取采样窗口中最大值作为采样结果，窗口移动步长为 2。对特征图进行相同值边缘填充，由于特征图 x_j^1 为 64×64，采样窗为 3×3，步长为 2，则按式(3.57)计算出特征图 x_j^1 扩充行、列数应为 1，降采样得到大小为 32×32 的特征图 p_j^2，$j \in [1,16]$。

(3) 卷积层 C3 的构建。

对 S2 层输出的 16 幅特征图像 p_j^2 ($j \in [1,16]$)进行卷积，使用 32 个 3×3 卷积核，步长为 1。对图像边缘进行相同值填充，按式(3.57)计算出特征图 p_j^2 扩充行、列数应为 2，即将特征图 p_j^2 扩充为 34×34，再与 3×3 卷积核进行卷积，得到 32 幅特征图像 x_j^3，$j \in [1,32]$，x_j^3 计算方法与卷积层 C1 相同。

(4) 池化层 S4 的构建。

对 C3 层输出的 32 幅特征图像 x_j^3 ($j \in [1,32]$)进行最大池化，采样邻域为 3×3，步长为 2，池化方法与 S2 层相同，得到 32 幅大小为 16×16 的特征图像 p_j^4，$j \in [1,32]$。

(5) 全连接层 F5 的构建。

全连接层 F5 具有 64 个神经元,将输入的 32 幅 16×16 特征图像展开为 1×8192 个神经元，与这 64 个神经元进行全连接。

(6) 全连接层 F6 的构建。

全连接层 F6 具有 64 个神经元，与 F5 层的 64 个神经元进行全连接。

(7) 输出层的构建。

输出层共有 4 个神经元，代表大刨花、胶斑、油污和松软四种缺陷类别，将 F6 层各神经元的输出使用式(3.60)进行 Softmax 函数计算，得到的输入缺陷图像属于各种类别的概率，选择 Softmax 值最大的神经元所对应的类别作为输出的分类结果。

$$S_i = \frac{e^{z_j}}{\sum\limits_{k=1}^{K} e^{z_k}}, \ j \in [1, K] \tag{3.60}$$

其中，K 为输出层神经元数量；e^{z_j} 为第 j 个神经元的输出值。

2) 权重和偏置值选择策略

使用 Adam 优化器对各卷积核权重和偏置值进行调整。由 Adam 算法，有以下步骤。

(1) 设 t 表示训练次数，g_t 表示向量 θ_{t-1} 的梯度，计算其一阶矩 m_t 和二阶矩 v_t，则

$$m_t = \beta_1 \cdot m_{t-1} + (1 - \beta_1) \cdot g_t \tag{3.61}$$

$$v_t = \beta_2 \cdot v_{t-1} + (1 - \beta_2) \cdot g_t^2 \tag{3.62}$$

其中，$m_0 = 0$；$v_0 = 0$；β_1 和 β_2 为两个超参数。

(2) 由于 m_t 和 v_t 的初始值为零，所以会向零偏置，为了减少这种偏置的影响，需要对 m_t 和 v_t 的值进行修正，公式为

$$\hat{m}_t = m_t / \left(1 - \beta_1^t\right) \tag{3.63}$$

$$\hat{v}_t = v_t / \left(1 - \beta_2^t\right) \tag{3.64}$$

(3) 使用修正后的一阶矩 $\hat{m}_t$ 和二阶矩 $\hat{v}_t$ 计算出更新后的向量 θ_t，公式为

$$\theta_t = \theta_{t-1} - \alpha \cdot \hat{m}_t / \left(\sqrt{\hat{v}_t} + \varepsilon\right) \tag{3.65}$$

其中，α 为学习率；ε 为一个超参数。

上述算法每次更新的步长与学习率 α，超参数 β_1、β_2、ε 有关系。其中 ε 的作用是防止式(3.65)中出现除数为 0 的情况，因此通常取一个很小的正数。经过调试比较，构建的卷积神经网络分类器参数设置为 $\alpha = 0.001$、$\beta_1 = 0.9$、$\beta_2 = 0.999$、$\varepsilon = 1 \times 10^{-8}$。

综上所述，完成了一个 8 层卷积神经网络的设计构建。在使用本节构建的卷积神经网络分类器对刨花板板面缺陷类型进行识别时，因为训练样本集比较小，而卷积神经网络需要训练的参数很多，训练出来的模型很容易出现过拟合现象，

所以本节在训练卷积神经网络时加入了 Dropout 策略[158]。

3. 解决卷积神经网络刨花板表面缺陷分类器过拟合问题

为了防止过拟合的现象，在训练卷积神经网络时，在每一次迭代中对隐含层的各个神经元以一定的概率随机剔除，用余下的神经元所构成的网络来对本次迭代数据进行训练，使一个神经元不再依赖于另外一个神经元，以阻止某些特征间的协同作用，防止网络出现过拟合的情况，如图 3.80 所示。

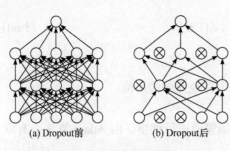

(a) Dropout前　　　(b) Dropout后

图 3.80　Dropout 策略

神经元被保留的概率 p 称为 Dropout 率。在训练时，先根据设定好的 p 值随机将隐含层中的一部分神经元剔除，再将输入数据经过修改后的网络进行前向传播，把预测结果通过修改后的网络进行反向传播，一个批次的数据执行完后，对保留的神经元更新其权重和偏置。然后将剔除的神经元全部恢复，再次按照概率 p 随机剔除网络的部分神经元，按照相同的过程进行下一批次的训练。Dropout 只在训练时进行，测试时所有神经元都被保留。概率 p 是一个超参数，一般取值为 0.5～0.8，p 等于 0.5 时随机生成的网络结构数量最多，因此通常情况下 p 等于 0.5 时效果最好[158]。

对刨花板表面缺陷的分类过程中，企业前期没有缺陷图像积累，因此在短时间内难以获取到大量缺陷图像用以训练卷积神经网络。在样本集较小的情况下，训练卷积神经网络刨花板表面缺陷分类器非常容易出现过拟合现象，因此本节在进行卷积神经网络训练时加入了 Dropout 策略，Dropout 概率 p 值取 0.5，以提升卷积神经网络在测试集上的测试效果。

4. 卷积神经网络的训练和测试

卷积神经网络刨花板表面缺陷分类器构建完成后，生成样本集，对卷积神经网络进行训练，测试其分类效果。

1) 生成样本集

虽然卷积神经网络可以直接使用原始图像作为输入，但对图像进行适当的预处理可以有效减少训练时间。使用采集到的 400 幅带有缺陷的刨花板板面图像，图像的预处理过程如下：

(1) 对每幅图像，确定出缺陷区域，并划定出区域的外接正方形；

(2) 将缺陷区域外接正方形对应的部分提取出来，得到 400 幅缺陷图像；

(3) 为扩大样本集数量，对每幅图像进行翻转、平移、旋转等操作，最终得到

1600 幅样本图像；

(4) 将图像大小统一缩放为 64 像素×64 像素。

预处理完成后部分样本图像如图 3.81 所示。对所有图像的缺陷类型进行人工标识作为图像的标签，得到 1600 个图像、标签对。将其顺序打乱，从中随机选取出 120 对作为测试集，其余 1480 对作为训练集。

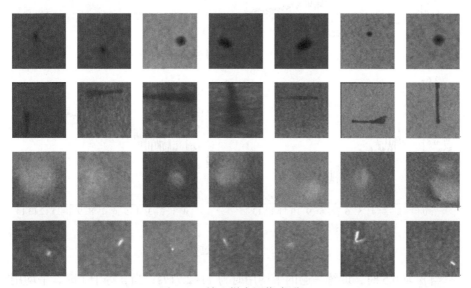

图 3.81　输入样本图像(部分)

2) 训练过程

网络训练和测试使用计算机硬件配置为 Intel Core i7-8700U 六核 CPU 处理器，8GB 内存，GTX1060 显卡，6GB 显存。按照设计好的卷积神经网络刨花板表面缺陷分类器的结构，开发卷积神经网络辨识模型，采用 ReLU 激活函数、交叉熵损失函数和 Adam 优化器。训练时，每 50 幅图像作为一个批次，每个批次训练结束后调整一次权重和偏置值。所有样本都训练完，称为一遍训练，共训练 50 遍，保存训练好的模型用于测试。训练过程中，分别取 Dropout 率为 0.5 和不进行 Dropout(即 p 为 1)，两种情况下网络的误差和准确率变化过程如图 3.82 和图 3.83 所示。

从图 3.82 和图 3.83 可以看出，当 $p=1$ 时，即网络中不进行 Dropout，训练时所有神经元都处于可用状态，损失函数的收敛要比 $p=0.5$ 时早，并且训练集的准确率在后期也很快达到了 100%，由于本节构建的卷积神经网络规模较小，并且训练样本较少，因此很有可能在 $p=1$ 时存在过拟合现象。

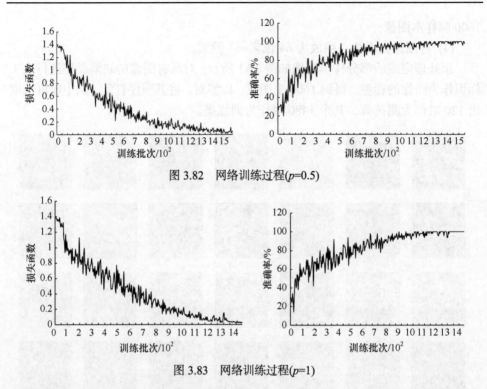

图 3.82　网络训练过程(p=0.5)

图 3.83　网络训练过程(p=1)

　　当 p 为 0.5 时，训练一遍的平均用时为 1142.717s；当 p 等于 1 时，平均用时为 611.082s，可见使用 Dropout 策略会使训练时间延长。

　　3) 测试结果

　　训练完成后，使用训练好的网络模型对测试集中的 120 幅缺陷图像进行分类。在 120 幅图像中，有大刨花缺陷 27 张、胶斑缺陷 34 张、松软缺陷 36 张和油污缺陷 23 张。当 p=0.5 和 p=1 时，卷积神经网络分类器对各类缺陷测试结果的混淆矩阵如表 3.27 和表 3.28 所示。由混淆矩阵计算出 p=0.5 和 p=1 时各种缺陷识别的精确度和召回率，如表 3.29 和表 3.30 所示。

表 3.27　混淆矩阵(p=0.5)

真实类别	预测类别			
	大刨花	胶斑	松软	油污
大刨花	21	1	4	1
胶斑	4	26	3	1
松软	0	0	36	0
油污	0	0	0	23

表 3.28 混淆矩阵(*p*=1)

真实类别	预测类别			
	大刨花	胶斑	松软	油污
大刨花	16	6	4	1
胶斑	9	22	1	2
松软	1	0	35	0
油污	0	0	0	23

表 3.29 各类缺陷的精确度和召回率(*p*=0.5)

类型	大刨花	胶斑	松软	油污	平均值
精确度	0.78	0.76	1	1	0.89
召回率	0.84	0.96	0.84	0.92	0.89

表 3.30 各类缺陷的精确度和召回率(*p*=1)

类型	大刨花	胶斑	松软	油污	平均值
精确度	0.59	0.64	0.97	1	0.80
召回率	0.61	0.78	0.87	0.88	0.79

测试结果表明,引入了 Dropout 策略训练的网络模型在测试集上表现更好,各类缺陷的精确度和召回率都高于没有进行 Dropout 策略训练的网络模型。从对各类型缺陷的识别情况看,松软和油污识别效果较好,精确度达到了 1,召回率也较高。但大刨花和胶斑识别效果相对较差,精确度不到 0.8,从表 3.27 和表 3.28 中发现,两种缺陷容易相互混淆,主要是由于大刨花和胶斑在形状上都是近似椭圆形的小区域。

从整体识别效果上看,卷积神经网络对各类缺陷识别的精确度和召回率都低于随机森林分类器,主要原因是网络训练的样本数量比较少。连续压机生产线的产品合格率非常高,一天生产的不合格产品也只有十几张,并且企业之前没有自动化的检测系统,没有积累的缺陷板面图像,因此很难在短时间内获得大量的样本图像。随着该系统的上线使用,缺陷板面图像会保存在计算机中,经过一段较长时间的累积后,可以使用大量的样本再次对卷积神经网络进行训练,会得到较好的测试效果。

从时间上分析,当 *p* 为 0.5 时,卷积神经网络预测一幅图像平均用时 5.4ms,当 *p* 为 1 时,预测一幅图像的平均用时为 5.2ms。由于在测试时不再对神经元进行 Dropout,*p*=0.5 和 *p*=1 时的测试网络结构是一样的,所以二者在执行时间上基本相等。卷积神经网络在识别时直接使用原始图像作为输入,不再进行特征提取,因此其预测时间远远小于随机森林分类器,更加适用于实时性要求较高的检测系统中。

3.6 系统实施应用

刨花板表面缺陷在线检测系统开发完成后，在丰林亚创(惠州)人造板有限公司刨花板连续压机生产线进行了在线生产线上应用。丰林亚创(惠州)人造板有限公司拥有一条年产 30 万 m³ 的刨花板连续压机生产线，在本项目实施前，没有自动化的板面表面缺陷检测系统，在分拣线上依靠工人用肉眼观察判断是否存在板面缺陷。由于刨花板在生产线上一直维持速度为 1500mm/s 左右的运动状态，长时间观察板面会使检测工人视觉疲劳，漏检率和误检率比较高，急需自动化的在线检测系统来替代人工操作。

3.6.1 系统硬件平台

根据系统的硬件设计方案，进行了设备采购、安装和调试，在生产线上完成了硬件平台的搭建，如图 3.84 所示。将 LED 阵列光源安装于生产线正上方，相机和镜头放置在阵列中心位置，在辊台上安装光电触发开关，当板材运动到开关位置时，相机被触发进行图像采集，调整触发开关位置，使得采集到的图像中刨花板板面位于图像中心，如图 3.85 所示。PLC 放置在控制柜中，与光电触发开关、计算机串口和生产线控制系统相连接。系统采用的计算机硬件配置为 Intel Core i7-8700U 六核 CPU 处理器、8GB 内存、GTX1060 显卡、6GB 显存，PLC 型号为西门子 S7-200。

图 3.84　缺陷检测系统硬件组成
1.LED 阵列光源；2.控制柜；3.生产线辊台；4.工业相机和镜头；5.光电触发开关；6.计算机

图 3.85　相机采集到的刨花板图像

3.6.2 人机交互界面

1. 主界面

系统启动后，打开主界面，系统处于等待状态，如图 3.86 所示。单击"打开相机"按钮启动相机,然后单击"开始"按钮,等待接收 PLC 发送的采集信号。

计算机从串口接收到 PLC 发送的信号后,向相机发送采集命令,相机进行图像采集并将图像回传给计算机,在主界面上显示采集到的图像,如图 3.87 所示。计算机执行辨识算法计算,判断图像是否存在板面缺陷。若存在板面缺陷,则在界面上用白色显示缺陷的位置和形状,并在界面上提示"发现缺陷",如图 3.88 所示。若没有发现板面缺陷,则在界面上显示"正常板面",如图 3.89 所示。为了便于统计,在界面上还显示了已经检测的板面数量和发现缺陷板的数量。

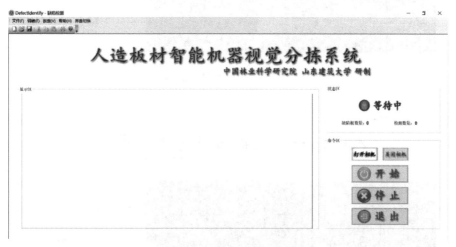

图 3.86　系统启动界面

图 3.87　板坯采集图像

图 3.88　发现和显示缺陷

图 3.89　正常板面显示

2. 参数设置

在主界面上单击"停止"按钮，使系统暂停检测，然后单击菜单栏的"界面切换"项，切换到参数设置界面，如图 3.90 所示。

在参数设置界面上设置的主要参数包括如下内容。

(1) 曝光时间。

用于设置相机的曝光时间，参数范围为 10～8000000μs。曝光时间需要根据系统的照明环境设置，增加曝光时间可以提高图像的整体亮度，但由于图像采集时刨花板处于运动状态，曝光时间过长会使图像出现明显的运动模糊。

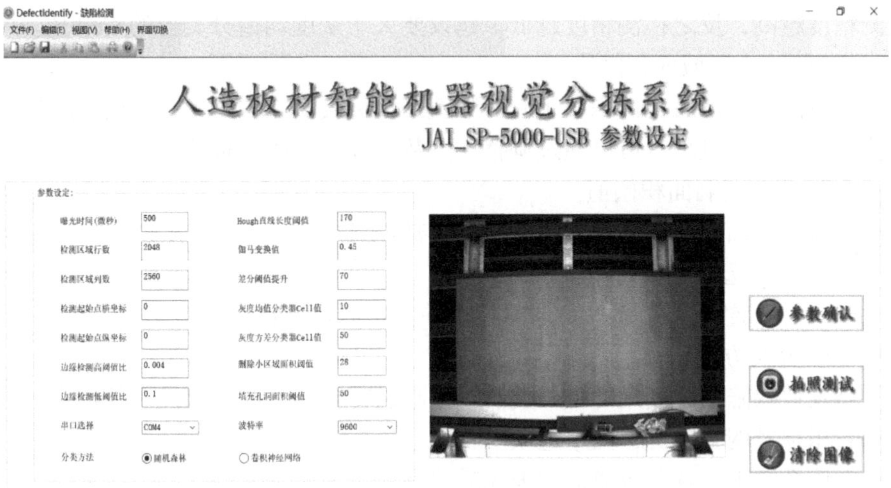

图 3.90　参数设置界面

(2) 检测区域行数、检测区域列数、检测起始点横坐标、检测起始点纵坐标。

这四个参数用于设置图像中被检测的区域，分别设置被检测区域的行数、列数以及检测区域左上角像素点在图像中的横、纵坐标，可以通过这四个参数划定图像中的部分区域，并只对该区域进行检测。

(3) Canny 高阈值比、Canny 低阈值比。

这两个参数用于设定进行边缘检测时强边缘和弱边缘的梯度比例阈值，这两个值越低，检测出的边缘数量越多，反之检测出的边缘数量就越少。

(4) Hough 直线长度阈值。

用于设定在进行 Hough 变换直线检测时，形成一条直线最少需要的点数，当一条直线上的点多于参数值时，这条直线才会被检测出来。

(5) 伽马变换值。

用于设置光照不均校正时伽马变换的系数，值越小则校正完的图像越亮，反之就越暗，取 1 时不进行校正。

(6) 差分阈值提升。

此参数是将被测板面图像与背景图像进行差分后，为了防止灰度值出现负数，将差分结果加上一个固定正整数进行提升。

(7) 灰度标识矩阵 Cell 值。

此参数为图像建立灰度均值分类器时，每个小区域的边长，取值越小则算法的检测精度越高，反之检测精度越低。

(8) 方差标识矩阵 Cell 值。

此参数为图像建立灰度方差分类器时，每个小区域的边长，取值越小算法的检测精度越高，反之检测精度越低，建议要大于灰度均值分类器的 Cell 值。

(9) 删除小区域面积阈值。

进行图像分割后，面积小于此参数值的目标会被删除掉，只有面积超过此参数值的缺陷会被发现，可以通过调整此参数值控制系统的检测精度。

(10) 填充孔洞面积阈值。

缺陷内部面积小于此参数值的孔洞将被填充。

(11) 串口选择、波特率。

参数为设置计算机与 PLC 通信使用的串口以及波特率。

(12) 分类方法。

当发现缺陷后，使用哪种分类器对缺陷进行分类，此参数提供随机森林分类器和卷积神经网络分类器两个选项。

在该系统中，各参数取值如表 3.31 所示。

表 3.31　参数取值

参数名	参数值
曝光时间	500
检测区域行数	2048
检测区域列数	2560
检测起始点横坐标	0
检测起始点纵坐标	0
Canny 高阈值比	0.004
Canny 低阈值比	0.01
Hough 直线长度阈值	170
伽马变换值	0.45
差分阈值提升	70
灰度标识矩阵 Cell 值	10
方差标识矩阵 Cell 值	50
删除小区域面积阈值	28
填充孔洞面积阈值	50
串口选择	4
波特率	9600
分类方法	随机森林

3.6.3　应用效果

1. 检测时间

系统启动后，在生产线上连续运行，检测的板面规格为 1.22m×2.44m，记录每张板材从图像采集到输出检测结果所需的时间。系统连续运行 6h，共检测板材 2520 张，平均一张板面的检测时间为 1922ms，最长检测时间为 2103ms，最短检测时间为 1677ms，满足实时性要求。

2. 检测结果

连续两天记录检测结果，两天共检测板材 9757 张，人工检测出缺陷板 88 张，系统检测出缺陷板 198 张，经人工核对，系统误检板材 487 张，漏检 3 张，误检率为 5.1%，漏检率为 2.7%，缺陷板检测的准确率达到了 97.3%。部分检测结果如图 3.91 所示。

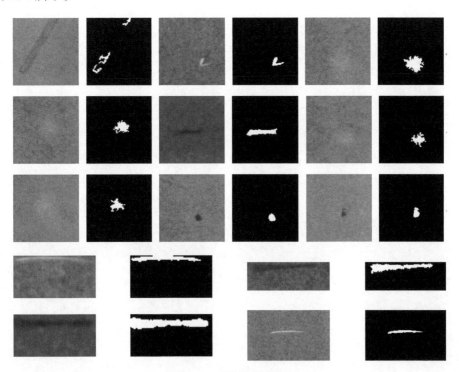

图 3.91　系统检测结果

检查系统误检的图像，发现这些板面都存在明显的砂光不均现象，如图 3.92 所示。砂光不均板面灰度值变化明显，在中间部位的欠砂光区域灰度值明显低于周围的过砂光区域，导致系统将灰度值较低的部分认为是缺陷。

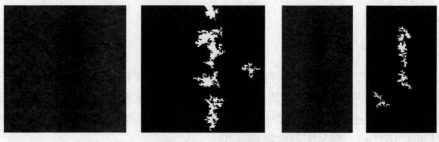

图 3.92　砂光不均图像

（2）试验分析。

第4章 木结构古建筑计算机断层扫描健康侦测技术

中国是世界上木结构古建筑最多的国家，如北京的故宫、拉萨的布达拉宫、曲阜的孔府和孔庙，以及应县木塔等宫殿和楼台亭阁的木结构都经过几百年甚至上千年的历史。古建筑的柱、梁、檩的结构强度和抗压/抗弯强度的数据都需要用科学的方法和工具探测。但截止到目前，木结构的健康侦测工具普遍采用生长锥、阻抗仪、应力波及超声波方法。但上述方法不能反映木材内部的全部状况，因此本章介绍作者团队研发的用于古建筑健康鉴定的攀爬机器人计算机断层扫描(computed tomography, CT)技术。

4.1 CT 成像背景

CT 不受被检测物体材料、形状和表面状况等限制，可实现物体内部结构的无损观测，是一种先进的非接触式检测技术，最早应用于医学领域，目前已逐步推广至工业、农业、林业等领域[159,160]。林业科学研究中，木材 CT 成像系统可重建木材三切面图像，真实反映木材的裂纹、节子、生长轮等信息，对木材内部结构观测具有重要的科学意义和应用价值[161,162]。

4.1.1 数据修正和中心校正综述

获取木材断层图像过程主要分为两步：①采集 X 射线穿过不同旋转角度下被检测木材的投影数据；②基于反投影图像重建算法生成木材扫描切面断层图像。投影数据的准确获取是图像重建的基础，所以为完成木材断层图像的正确重建，必须保持被检测样品在旋转过程中的稳定性，并且保证系统转台旋转中心(center of rotation, COR)在射线源焦点与探测器中点的连线上。在实际工程中，很难准确判断射线源焦点、旋转中心和探测器中点三者是否位于一条直线上，加之机械制造和装配误差的存在，以及负载或测试环境的变化，转台在扫描过程中总是存在微小距离的偏移，此时找准偏移位置费力费时。若仍以理论上的旋转中心为基准重建图像，会引起重建图像畸变，形成向周边扩展的环形伪迹，对后期基于图像的尺寸测量、面积测量、体积测量、密度测量、缺陷识别以及 CT 图像的精度都有严重的影响[163]，所以图像重建过程中必须进行 COR 校正。

扇形束扫描和锥形束扫描是木材 CT 断层成像系统采用的主流扫描方式[164]，COR 确定算法主要有几何法和迭代法[165]。几何法需要特定模型完成旋转中心定位，优点是方法简单，缺点是校正精度低。迭代法所能校正的旋转中心偏移量精度受到系统调焦设备机械精度的影响，需要进行多次试探调节，很难满足现在各种 CT 检查设备对自动化程度和检测精度的要求。利用投影正弦图修正投影中心的方法，对测量数据中的噪声较为敏感，灵敏度相对偏小，修正效果不是特别明显。张俊等采用一种适用于锥束 CT 系统旋转平移(RT)轨迹几何参数标定方法，对存在偏差的系统进行仿真，试验结果表明该方法能有效抑制由几何参数误差造成的几何伪影，提高图像质量[166]。傅健等采用基于样品投影质心公式和最小二乘正弦拟合的校正技术，精确求解出系统旋转中心在每个角度的随机偏移量，实现旋转中心随机偏移校正，抑制重建伪影[167]。王敬雨等提出一种全参数标定方法，一次标定锥束 CT 成像系统所有几何参数，并用校正后系统重建 Shepp-Logan 体模图像，重建图像效果良好，未见几何伪影[168]。以上技术在医学或工业 CT 成像系统中获得了较好的校正效果，但木材作为一种生物质材料，内部结构复杂，密度差异性较大，木材 CT 成像系统在图像重建过程中易受噪声及边界像素定位精度的影响，几何参数标定烦琐复杂。

　　本章从几何学角度出发，推导出 CT 图像重组算法，并详细推导出卷积函数与核函数(滤波器)的计算方法。同时，对扫描数据进行 COR 偏移量校正，从而使二维图像重组效果更加清晰。

4.1.2　木材 CT 成像原理

　　CT 成像原理是应用物理技术，测定有一定能量的射线穿过被测物体时，在物体内的能量衰减系数，经计算机运算，获取衰减系数值在被测物体断层上的二维分布矩阵，再将衰减系数矩阵转变为图像上人眼可识别的灰度分布，实现断层扫描成像。根据这一原理，以任意一条穿过木材的 X 射线为研究对象，令其输出强度为 I_0，穿过被测物体后，其强度衰减至 I。经研究发现，射线束穿过物体后能量衰减的多少与通过木材的密度、穿过路径的长度、木材结构以及 X 射线源的输出能量密切相关。根据 Lambert-Beer 定律，有

$$I = I_0 e^{-\mu l} \tag{4.1}$$

某一极窄的 X 射线束，强度为 I_0，经准直器穿过被测物体，如该被测物体各处密度均匀一致，射线强度按指数规律衰减，如图 4.1 所示。

　　重建 CT 图像的基本原理就是从这一关系出发，通过扫描被测物体，获取每一旋转角度下的投影数据，再应用相应的数学算法处

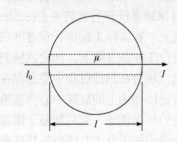

图 4.1　X 射线穿过密度均匀的物质

理探测器接收到的投影值，确定断层内每一小块对
X 射线的衰减系数 μ 值，根据 μ 值在扫描平面的二
维分布矩阵即可绘制被测物体断层图像。木材是一
种结构较为复杂的生物质材料，因为木材内部可能
同时存在早材、晚材、心材、边材、节子、裂纹等
结构，每种结构的密度都不相同甚至差异很大，所
以对 X 射线的衰减系数也不同。为了方便计算，将
X 射线束通过路径 l 上的介质分成若干很小的小块，
每一小块视为密度相同的介质，且对应相应的线性
衰减系数，如图 4.2 所示。

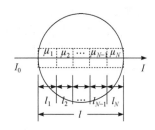

图 4.2　X 射线穿过密度相同
的物质

各段介质的线性衰减系数分别为 μ_1, μ_2, $\cdots$, μ_N，相应的线段长度分别为 l_1,
l_2, $\cdots$, l_N，则

$$I = I_0 e^{-(\mu_1 l_1 + \mu_2 l_2 + \cdots + \mu_N l_N)} \tag{4.2}$$

在木材 CT 横截面建立 xOy 直角坐标系，如果断面内密度都不均匀，则令衰
减系数分布为 $f(x, y)$。在某一方向沿某一路径 L 的射线强度变化为 s，有

$$I = I_0 e^{-\int_L f(x, y) \mathrm{d}l} \tag{4.3}$$

通过图像重建算法来重构木材的横截面图像，图像的灰度值与木材组织的衰
减系数相对应。式(4.3)经取负对数后，记为 p，称为射线穿透物体后的投影，它是
一个可测量的物理量，其物理意义就是木材断面在 X 射线下的衰减系数沿直线 L
方向的线积分，为

$$p = \int_L f(x, y) \mathrm{d}l = \ln\left(\frac{I_0}{I}\right) \tag{4.4}$$

理论上 X 射线沿某一路径穿过被测物体，该路径可理解为一条直线，但物体
断层是一个平面，在该平面建立 xOy 直角坐标系，平面内任意一点可用 (x, y) 表示，
也可将该点理解为一个很小的矩形区域，该矩形区域的衰减系数为 $f(x, y)$。因此，
穿过点 (x, y) 的射线束投影也可用 $p(x, y)$ 表示，即

$$p(x, y) = \iint f(x, y) \mathrm{d}x \mathrm{d}y = \ln\left(\frac{I_0}{I}\right) \tag{4.5}$$

图像重建的理论基础即根据 X 射线沿某一路径穿过断层的投影 $p(x, y)$，计算
出扫描断层上每个点的衰减系数 $f(x, y)$。在射线源发射平行射线束条件下，在 CT
截面内建立两个坐标系，其一为固定不动的直角坐标系 xOy，其二是旋转坐标系
$x_r O y_r$。旋转坐标系以原点为圆心匀速转动，X 射线总是沿着 y_r 方向穿过平面内任

一点投影在 x_r 轴上，x_r 轴与 x 轴夹角为 φ，将 φ 视为不同时刻的投影视角。令 E 为断层平面内任一点，穿过 E 点的射线束位置可由坐标投影值 (x_r, φ) 确定，它对应于一个射线投影值。建立极坐标 r-θ，在极坐标内，E 点坐标可用 (r, θ) 表示，如图 4.3 所示。

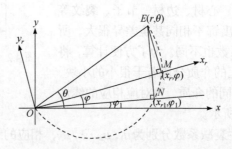

图 4.3　过给定点 (r, θ) 伪射线坐标 (x_r, φ) 的轨迹

图像重建算法的基础是找出经过断层平面内某一点的所有射线束，进而计算出不同旋转角度下过该点射线投影的均值。根据正弦图理论，过给定点 (r, θ) 的射线在 x_r 轴的投影点 (x_r, φ) 均在以 $(r/2, \theta)$ 为圆心、r 为直径的圆周上，即过 (r, θ) 的 (x_r, φ) 满足方程：

$$x_r = r\cos(\theta - \varphi) \tag{4.6}$$

为直观描述投影点随旋转角度变化的轨迹，以 x_r 为横坐标，以旋转角 φ 为纵坐标，在 x_r-φ 坐标系内固定点 (r, θ) 情况下，根据式 (4.6) 绘制出一条正 (余) 弦曲线，如图 4.4 所示。曲线经过之处，描绘出扫描断层内某一点，在不同旋转角度下，接收到投影值的探测点位置。φ 以 $\varDelta$ 角度为增量，x_r 以 d 为单位距离增量，则 $(m_\varDelta, n_d)$ 或 (m, n)（m、n 均为整数）对应于探测点接收到的投影值。视角度增量 $\varDelta$、距离增量 d 足够小，取出探测点接收到的数据再相加后求平均，即可精确计算出固定点 (r, θ) 的相对像素值，进而重建木材断层图像。

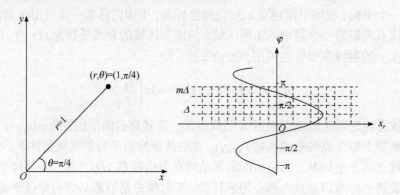

图 4.4　空间点 $(r, \theta) = (1, \pi/4)$ 及相应的正弦图

4.1.3　扇形束成像

重建算法作为 CT 技术的核心,直接影响重建图像的效率与质量。图像重建的方法有很多,目前主要应用的算法有代数迭代法和反投影成像法。代数迭代法重建图像具有噪声小的优点,但对计算机资源消耗较大且耗时长。反投影成像法又称逆投影法,虽然可能引入噪声干扰,但运算速率较快,且占用系统资源较少。本节以卷积反投影重建算法为理论基础,提出一种反投影坐标快速算法,很好地解决了图像中噪声、伪影及重建图像耗时长等问题。该算法不仅适用于 CT 系统,对其他形式的断层扫描装置,如 ECT(发射型计算机断层扫描)、NMR-CT(核磁共振计算机断层扫描)等也同样适用,只要系统能获得某种形式的投影数据,就可以应用该算法重建断层图像。扇形束成像几何结构如图 4.5 所示。

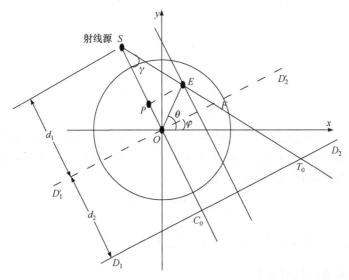

图 4.5　扇形束成像几何结构

X 射线源发射扇形射线束,射线穿过被检测物体后由等距平板探测器接收。如图 4.5 所示,在扫描断层内建立两个坐标系,分别为固定不动的直角坐标系 xOy 和极坐标系 r-θ。E 点是物体扫描断层平面上任意一点,用直角坐标表示其位置为 (x, y),极坐标表示其位置为 (r, θ),即 $OE=r$。过 E 点作 EP 垂直于中心射线束 SO 于 P 点。D_1、D_2 是实际探测器的位置,C_0T_0 是射线穿过 E 点后落在实际探测器上的探测点到探测器中点的距离。平行移动 D_1、D_2 至穿过旋转中心位置,即 D_1'、D_2' 为虚拟探测器的位置,OF 是射线穿过 E 点后落在虚拟探测器上的探测点到旋转中心的距离。φ 是虚拟探测器不同时刻的旋转角度,即 D_1'、D_2' 与 x 轴的夹角,$\varphi \in (0°, 360°]$。令系统旋转中心 O 点到射线源 S 的距离 SO 为 d_1,到探测器中点

C_0 的距离 OC_0 为 d_2，即 $SO=d_1$，$OC_0=d_2$，$SC_0=d_1+d_2$，则

$$PE = r\cos(\theta - \varphi) \tag{4.7}$$

$$SP = SO - PO = d_1 - r\sin(\theta - \varphi) \tag{4.8}$$

根据变量的几何关系，计算 OF 的长度，用 s' 表示，则

$$\frac{PE}{OF} = \frac{SP}{SO}$$

即

$$s' = \frac{d_1 r\cos(\theta - \varphi)}{d_1 - r\sin(\theta - \varphi)} \tag{4.9}$$

根据变量的几何关系，计算 C_0T_0 的长度，用 s 表示，则

$$\frac{OF}{C_0T_0} = \frac{SO}{SC_0}$$

即

$$s = \frac{(d_1 + d_2)r\cos(\theta - \varphi)}{d_1 - r\sin(\theta - \varphi)} \tag{4.10}$$

由此可知，穿过扫描断层内任意一点的投影地址 s 与旋转角度 φ 存在一定的函数关系，投影地址的轨迹在扫描过程中是一条与旋转角度相关的正弦曲线，等距射线扇形数据重建公式可表示为

$$f(x,y) = \int_0^{2\pi} P(s,\theta)h(s) \tag{4.11}$$

其中，$f(x,y)$ 为点 E 反投影数值；$h(s)$ 为滤波函数。

4.1.4 反投影坐标快速算法

本节提出的扇形束反投影坐标快速算法主要由数据修正、投影坐标值计算、滤波运算和反投影成像四步构成。

1. 数据修正

现行的反投影法为平行束法，扇形束法所采集的 CT 投影值不能直接用于图像重建，因此必须先将扇形束转换为平行束后再进行反投影。为避免环状伪影、图像偏差甚至错误图像，需对原始数据预先修正，即偏置校正、增益校正和坏像素校正等[169, 170]。检测器的增益与偏置校正使每个像元对 X 射线剂量的响应保持一致，进而消除固有的噪声。

为校正坏像素点，采用相邻像素点投影值相加取平均值的方法代替[171]。数据

采集过程中，旋转台匀速旋转，同时 X 射线管对检测器不间断照射，使数据采集变得复杂，为得到相对准确的试验数据，需修正试件自转痕迹，采用每 10 行数据对应列相加取平均值的方法，获得 360 行、1280 列投影值，每行投影值代表单位扫描角度为 1° 的各像元接收的投影数据。

2. 投影坐标值计算

目前 CT 中普遍采用扇形束投影重建算法[172, 173]，该算法分为两类：一类是重排算法，即把视图中采集到的扇形束重新组合成平行的射线投影数据，再进行图像重建，这种算法受扇形束投影视角和每一个扇形束投影各射线间的增角约束；另一类是扇形投影直接重建算法，此算法不必先将数据重排，只需适当加权即可运用卷积反投影算法重建图像。但上述两种算法均存在计算量大、耗时长的缺点。因此，本节提出等距扇形束反投影坐标快速算法，检测系统原理如图 4.6 所示。

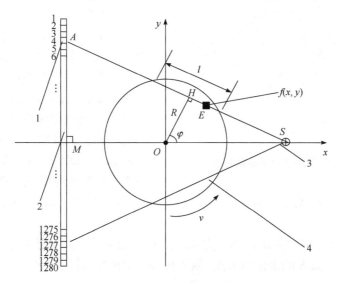

图 4.6　检测系统原理图
1. 4 号探测点；2. 等距平板检测器；3. X 射线源；4. 原木试件

令 S 为 X 射线发射器的发射源点，E 为被测物体上的任意一点，则过 S 点穿过 E 点的射线投影到接收器上的 A 点。过 S 点的射线经过 O 点与接收器的 M 点相交，射线 SM 为发射源的法线，作射线 SA 的垂线，垂足为 H。

由于 $\triangle HOS$ 相似于 $\triangle MAS$，则

$$OH = \frac{HS \times AM}{SM} \tag{4.12}$$

又因为在 Rt$\triangle HOS$ 中，$HS = OS \times \cos\left(\dfrac{\pi}{2} - \varphi\right)$，则

$$AM = \frac{OH \times SM}{HS} = \frac{OH \times SM}{OS \times \cos\left(\dfrac{\pi}{2} - \varphi\right)} \tag{4.13}$$

由于 SA 垂直于 OH，可以将过 E 点的射线 SA 看作垂直于 OH 的平行束，即可以利用平行束反投影公式计算扇形束反投影成像。等距扇形束参数关系如图 4.7 所示。

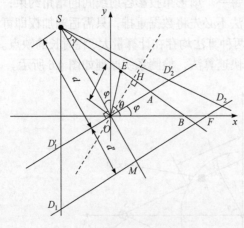

图 4.7 等距扇形束参数关系

图 4.7 中，OH 垂直于 SA，因此可将 SA 视为平行束，计算出原点 O 到穿过被测物体内任一点 E 的射线 SA 的距离，即 OH 的长度，求得该点的衰减系数。

在 xOy 直角坐标系中，虚拟检测器 $D_1'D_2'$ 过旋转中 O 点与实际检测器 D_1D_2 平行。射线源 $S(x_0, y_0)$ 发射的中心射束 SM 穿过 O 点且垂直于 $D_1'D_2'$，S 到试件旋转中心 O 的距离为 $d=566\text{mm}$，O 点到 D_1D_2 的距离为 $d' = 391\text{mm}$，$D_1'D_2'$ 与 x 轴的夹角为 φ。

对于扫描区域内任一点 E，射线 SB 穿过 E 点且与 $D_1'D_2'$ 交于 A 点，与 x 轴交于 B 点，A 点即 E 点在试件旋转角为 φ 的投影位置。

令 SB 与 x 轴的夹角 $\angle SBF$ 为 θ_1，在 xOy 坐标系中，发射源点 S 的坐标为 $S(x_0, y_0)$，任一点 E 的坐标为 (i, j)。因为 $\theta_1 = \pi - \angle ABO$，则

$$\theta_1 = \arctan\frac{y_0 - j}{x_0 - i} \tag{4.14}$$

令射线 SO 与 x 轴的夹角 $\angle SOB$ 为 θ_2，则

$$\theta_2 = \arctan\frac{y_0}{x_0} \tag{4.15}$$

令 $\angle OSA$ 为 γ，因为在 $\triangle SOB$ 中，$\angle SBF = \theta_1 = \angle OSA + \angle SOB$，即

$$\gamma = \theta_1 - \theta_2 \tag{4.16}$$

将扇形束修正为平行束。过 O 点作垂直于 SB 的垂线，垂足为 H。OH 为 O 点到 SB 的距离，用 t 表示，即 E 点在旋转角为 φ 时，投影位置到旋转中心的距

离。Rt△SOA 面积为

$$\frac{SO \times OA}{2} = \frac{t \times SA}{2} \tag{4.17}$$

令 $OA=s$，在 Rt△SOA 中，则

$$SO \times s = t \times SA \tag{4.18}$$

即

$$\cos\gamma = \frac{SO}{SA} \tag{4.19}$$

由于 $SO=d$，$SA=\sqrt{s^2+d^2}$，则有

$$t = s\cos\gamma = \frac{ds}{\sqrt{s^2+d^2}} \tag{4.20}$$

由于实际检测器 D_1D_2 有效长度为 512mm，其上线性等距排列 1280 个像元，像元尺寸为 0.4mm×0.4mm，则最大值 t_m=146mm，分为 640 等份，重建图像每个像素代表物体断层 0.052mm^2。通过上述计算，在旋转角 φ 下，O 点到穿过扫描区域内任一点射线束的距离可用 1280×1280 矩阵表示为

$$T = \begin{bmatrix} t_{1,1}(\varphi) & t_{1,2}(\varphi) & \cdots & t_{1,1280}(\varphi) \\ t_{2,1}(\varphi) & t_{2,2}(\varphi) & \cdots & t_{2,1280}(\varphi) \\ \vdots & \vdots & & \vdots \\ t_{1280,1}(\varphi) & t_{1280,2}(\varphi) & \cdots & t_{1280,1280}(\varphi) \end{bmatrix} \tag{4.21}$$

式(4.21)中，扫描区域内任一点 $E(i, j)$ 在某个旋转角 φ (φ=1°, 2°,$\cdots$, 360°)的投影坐标值可表示为

$$t_{i,j}(\varphi) = d\sin\left(\arctan\frac{y_0-j}{x_0-i} - \arctan\frac{y_0}{x_0}\right) \tag{4.22}$$

当射线源 S 围绕物体扫描一周时，射线源 $S(x_0, y_0)$ 位置不断变化，获得每个旋转角下 E 点的投影坐标值 $t_{i,j}(\varphi)$。对于任意的 $t_{i,j}(\varphi)$，可以选择滤波函数进行卷积运算。

3. 滤波运算

滤波器的性能会直接影响重建图像的质量，目前常用的滤波函数有 RS、SL、Butterworth 等 60 多种。通过多次试验，选取 Butterworth 和 sinc 窗函数的组合作为滤波器，能有效地消除伪影、散射、噪声等干扰，滤波器选取如式(4.23)所示：

$$h(t) = \frac{\sin\left(\dfrac{\pi t}{N}\right)}{\pi \sqrt{1 + \left(\dfrac{t}{2f_c}\right)^{2n}}} \tag{4.23}$$

其中，f_c 为截止频率，取 750Hz；N 为滤波器长度，取 2048s；n 为阶数，取 3。

4. 反投影成像

重建图像由每个滤波投影的反投影组合而成，但计算得出的投影坐标值 $t_{i,j}(\varphi)$ 并非正好为虚拟探测器像元尺寸的整数倍。因此，与该点对应的投影值需用适当的插值方法计算得出，这里采用线性插值运算方法。在极坐标系内，令 (r,θ) 为物体断层内任意一点 E 的坐标，经过 E 点的所有滤波后的投影在范围内的累加即该点的反投影数值，根据平行束定理得

$$a(r,\theta) = \frac{1}{2} \int_0^{2\pi} \int_{-t_m}^{t_n} p(t,\varphi) h(t) \Big|_{t=ds/\sqrt{s^2+d^2}} \, dt\, d\varphi \tag{4.24}$$

其中，$a(r,\theta)$ 为任意一点的反投影数值；$h(t)$ 为 Butterworth sinc 滤波函数。遍历扫描范围内所有点，获得断层内每个点的反投影数值，做归一化运算后，再转换为 0~255 的灰度值。

5. 图像重建

获得反投影数据后，需要将反投影数据重建形成最终的二维扫描重组图像，建立坐标系，如图 4.8 所示。

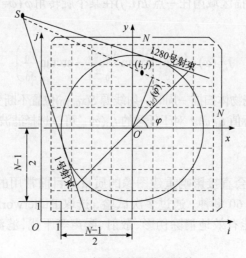

图 4.8　射线束投影位置计算

对于图 4.8 中的任意一点 E，射线 SE 不一定会落在某个探测点上，即可能照射在两探测点之间，因此对探测器接收到的投影数据做插值运算，获取经过 E 点的射线投影的确切值。

图 4.8 中，构建 $N×N$ 个像素块，此处 N 的大小为 1280，像素位置表示为 (i,j)，i 指像素在 x 轴方向的坐标，即横坐标，j 指像素在 y 轴方向的坐标，即纵坐标。i 和 j 的最小值为 1。第 1 号、第 1280 号射束正好与圆相切，因此扫描区域内射束从左至右编号为 1～1280，扇形束绕图像中心区域旋转。对于每一视角 φ，均有一条射线束穿过某一像素点 (i,j) 直射到虚拟探测器的某个探测点。

如图 4.8 所示，图像画面上分别建立以画布中心 O' 点为坐标原点的直角坐标系 $xO'y$ 和以 O 点为中心的像素坐标系 iOj 直角坐标系。根据投影坐标值计算结果，可知画布与实际物理尺寸比例为 1∶0.228，即一个像素点宽度代表虚拟探测器探测点间隔 0.228mm。$t_{i,j}(\varphi)/0.228$=整数(n_0)+小数(δ)，n_0 即所求射束编号。对于断层内任一点 (x_i, y_j)，均可在投影坐标值的数据文件中寻找到与之相对应的坐标值 $t_{i,j}(\varphi)$，$t_{i,j}(\varphi)$ 不一定是整数，所以可能介于第 n_0 号与第 n_0+1 号射束之间，$t_{i,j}(\varphi)$ 与 n_0 号射束距离为 δ，$\delta \in (0,1)$。对于某一旋转角 φ，遍历图像画布内每个像素点，算得投影坐标值 $t_{i,j}(\varphi)$。旋转角 φ 的离散值共有 360 个，将投影坐标值 $t_{i,j}(\varphi)$ 存储于数组中，对于每一像素 (i,j) 得出相应的 n_0 与 δ。由于 (i,j) 是画布中任一点像素坐标，它在探测器的投影点坐标值为 $t_{i,j}(\varphi)$，射线束并不一定落在某个探测点上。第 n_0 号射束的投影值表示为 $p(n_0)$，第 n_0+1 号射束的投影值表示为 $p(n_0+1)$，第 n_0 号与第 n_0+1 号之间射束的投影值表示为 $p(n_0+\delta)$。利用线性内插公式，可计算出探测器在视角 φ 下任意像素点的投影值，为

$$
\begin{aligned}
(n_0 + \delta) &= p(n_0) + \delta\big[p(n_0+1) - p(n_0)\big] \\
&= (1-\delta)p(n_0) + \delta p(n_0+1)
\end{aligned}
\tag{4.25}
$$

将式(4.25)代入等距扇形束重建公式，得

$$
f(x,y) = \int_0^{2\pi} P(s,\theta)h(s)\mathrm{d}\theta
\tag{4.26}
$$

其中，$f(x,y)$ 为点 E 反投影数值；$h(s)$ 为滤波函数。

4.1.5　旋转中心偏移校正

理想情况下，射线源焦点 S、旋转中心 O、探测器中点 C_0 位于一条直线上，如图 4.9 所示。实线对应的是 xOy 直角坐标系，此时系统旋转中心投影为探测器中点 C_0，在图像重建时根据理想旋转中心位置重建图像。实际情况下，由于机械加工精度和环境因素，CT 系统转台旋转中心与理想位置很可能存在偏差，射线源焦点、旋转中心及探测器中点三者不一定共线，即可以认为旋转中心不在射线源

焦点和探测器中点的连线上。为求实际旋转中心与理想旋转中心间的偏移量，将问题转换为求射线源焦点偏离理想焦点的偏移量，再通过几何关系计算系统旋转中心的偏移量。

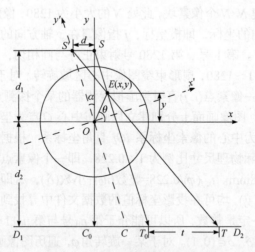

图 4.9　旋转中心偏移校正原理

图 4.9 中虚线对应的 $x'Oy'$ 直角坐标系表示射线源焦点、旋转中心、探测器之间的关系。理想情况下，被测物体上任意一点 E 经过射线源照射，探测器 T_0 点收到经过该点衰减后的 X 射线能量信息。实际情况是由于旋转中心偏移，同一位置点 E 经过射线源照射，探测器 T 点接收到 X 射线经过该点后衰减的 X 射线能量信息。

xOy 坐标系与 $x'Oy'$ 坐标系之间具有如下映射关系：

$$\begin{bmatrix} x \\ y \end{bmatrix} = \begin{bmatrix} \cos\alpha & -\sin\alpha \\ \sin\alpha & \cos\alpha \end{bmatrix} \begin{bmatrix} x' \\ y' \end{bmatrix} \tag{4.27}$$

同时存在如下几何关系：

$$\sin\alpha = d \Big/ \sqrt{d^2 + d_1^2} \tag{4.28}$$

$$\cos\alpha = d_1 \Big/ \sqrt{d^2 + d_1^2} \tag{4.29}$$

当且仅当实际旋转中心位于理想旋转中心位置，即 $\alpha=0$ 时，C 与探测器中点 C_0 重合，过 E 点射线的投影地址 T 与 T_0 重合，此时重建的投影地址正确。当实际旋转中心偏离理想旋转中心，即 $\alpha \neq 0$ 时，C 与 C_0、T 与 T_0 均为不同的投影地址，此时重建的图像投影地址错误，无法重建清晰的 CT 图像，必须对重建地址进行修正。

转台上被测物体断层上任意一点 E 在原坐标系中投影地址为 T_0，如图 4.9 所示。当旋转中心偏移时，相当于焦点偏移量为 d，新的投影地址由 T_0 变为 T，T 与 T_0 间距离为 t。此时，点 E 的重建图像正确投影位置是 T，为了获取 T，有效方法是先计算出 t。根据系统几何关系，有

$$t = d \times (d_2 + y)/(d_1 - y) \tag{4.30}$$

令 T_0 与 C_0 之间的距离为 t_0，T 与 C_0 之间的距离为 s，则点 E 正确投影地址 T 到探测器中点 C_0 的距离 s 可用式(4.31)表示：

$$s = t_0 + t = t_0 + d(d_2 + y)/(d_1 - y) \tag{4.31}$$

旋转中心校正方法是根据正弦图像波峰波谷对称原理，测量 E 点最左端和最右端的投影地址，进而计算出投影地址对称中心与探测器中点的差值即旋转中心偏移量。在图像重建过程中，对旋转中心偏移量进行补偿，即可获得任意一点正确的投影地址，成功重建质量良好的 CT 图像，如图 4.10 和图 4.11 所示。

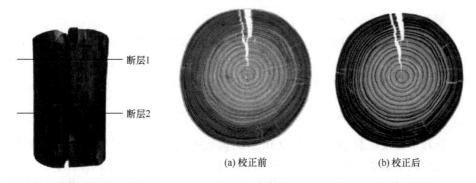

图 4.10　旋转中心校正前后木
段重建图像

(a) 校正前　　　　　　　(b) 校正后

图 4.11　旋转中心校正前后木段重建图像

4.1.6　CT 装置的构建与样本

1. CT 装置

构建的木材 CT 断层成像系统如图 4.12 所示，其由旋转平台、升降平台、X 射线发射器、X 射线扫描接收器、水平移动平台和机体组成。旋转平台直径 500mm，升降位移−200～200mm 连续可调，旋转中心到 X 射线发射器和平板探测器中点均为 450mm。X 射线发射器工作电压 220V，最大连续输出功率 500W，射线管工作电压 10～160kV 连续可调，稳压误差小于 1%，工作电流 0～3.12mA 连续可调，稳流误差小于 2%。X 射线发射器发射扇形 X 射线束，最大射线张角 80°，焦点尺寸 0.05mm，最大数据读出速率 4MB/s。平板探测器有效检测区域

512mm，线性等距排列 1280 个探测点，像元尺寸 0.4mm×0.4mm，用 k 表示旋转中心偏移的探测点数量，t 与 k 存在 $k=2.5t$ 的关系。

图 4.12　木材 CT 断层成像系统
1. X 射线发射器；2. 平板探测器；3. 旋转平台；4. 被检测木材

2. 材料

铜丝：直径 0.5mm，长度 100mm。

杉木：木段直径 205mm，长度 400mm，气干密度 0.37g/cm³，树龄 16 年，采自浙江省杭州市临安区。木段表面无皮且光滑，有两处径向裂纹缺陷，从一端延伸至另一端，木段一端表面有心腐现象，另一端完好。

3. 校正与检测方法

旋转中心校正前，将一直径 0.5mm 的铜丝竖直固定于旋转平台上偏移旋转中心一定距离的位置。铜丝旋转一周的投影轨迹为正弦曲线，测量出波峰、波谷对应的探测点编号，进而计算出旋转平台旋转中心偏移量。根据前面 CT 断层成像原理，在反投影图像重建过程中对偏移量进行校正，重新获得铜丝正确的投影轨迹，采集正弦曲线的波峰、波谷横坐标，直至将坐标对称中点坐标校正为 640，校正完毕。对杉木木段断层 1 进行扫描试验，设置不同的旋转中心校正数值，如 $k-2$、$k-1$、k、$k+1$、$k+2$，重建断层 1 的 5 幅图像。对杉木断层 2 进行扫描试验，重建旋转中心校正前后的断层图像，并对重建结果进行评价与分析。

4. 数据修正

现行的反投影法为平行束法，扇形束法所采集的 CT 投影值不能直接用于图像重建，因此必须先将扇形束转换为平行束后再进行反投影。为避免环状伪影、图像偏差甚至错误图像，需对原始数据预先修正，即偏置校正、增益校正和坏像素校正等。检测器的增益与偏置校正使每个像元对 X 射线剂量的响应保持一致，进而消除固有的噪声。为校正坏像素点，采用相邻像素点投影值相加取平均值的方法代替[171]。数据采集过程中，旋转平台匀速旋转，同时 X 射线管对检测器不间断照射，使数据采集变得复杂。为得到相对准确的试验数据，需修正试件自转痕迹，采用每 10 行数据对应列相加取平均值的方法，获得 360 行、1280 列投影值，每行投影值代表单位扫描角度为 1°的各像元接收的投影数据。

4.1.7　正弦图旋转中心校正

投影正弦图轨迹用来表示木材扫描断层在 360°旋转角度下的线积分投影数据，水平轴横坐标表示平板探测器上接收穿过断层某点射线束的探测点编号 n，垂直轴纵坐标表示转台旋转角度，即扫描角度 φ。正弦图可视为各角度下线积分投影的一列列叠放起来的数据集，重建图像中任一像素点在不同旋转角度下的投影数据值均对应于正弦图中的某一条正弦曲线。如图 4.13 所示，细铜丝竖立于偏离旋转平台旋转中心的某一位置，旋转平台旋转中心校正前铜丝投影轨迹如图 4.13(a)所示，正弦图像波峰、波谷坐标分别为(320, 10)、(940, 190)，对称中心横坐标地址为 630。由于探测器中心地址为 640，可知反映在探测器上的旋转中心偏移量为 10 个探测点，即 $k=10$，旋转平台旋转中心校正后的铜丝投影轨迹成像结果如图 4.13(b)所示。选择直径为 95mm 的小径级原木作为扫描对象，应用旋转中心校正后的算法重建原木断层图像，如图 4.14 所示。结果表明，原木开裂严重，横切面左侧裂纹开口由大到小、径向延伸至髓心处；左下方生长一段直径为 10mm 的节子，右上方的细微裂纹痕迹清晰可见；年轮以不规则环形显示，早晚材急变且颜色差异较大；小径级原木断层重建图像噪声少，灰度区域过渡自然，边缘清晰而平滑。

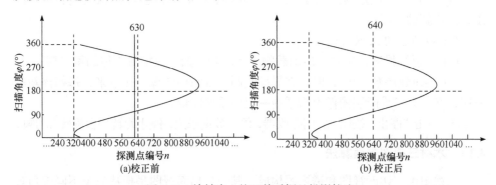

图 4.13　旋转中心校正前后铜丝投影轨迹

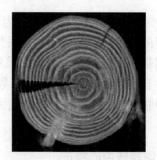

(a) 实物样本　　　　　　　　(b) 扫描重组图像

图 4.14　校正后形成清晰的断层扫描图像

4.2　三维图像重建

本节研究设计的木结构古建筑立柱成像系统能够实现在线扫描、重建和三维图像显示无缝对接，操作人员在单击"开始"按钮后，系统开始自行采集投影数据进行图像重建，并将断层重建图像显示在界面，然后开始扫描立柱下一层，并将下一层的断层图像显示在界面。各层图像之间设定间隔距离，通过插值运算填充间隔，从而实现三维图像的显示。

在线同步扫描模块的工作流程如下(前提是设备正常通电，X 射线已打开，并调到指定射线强度)：

(1) 单击"开始"按钮，旋转平台按照支架车控制区设定的参数开始旋转；

(2) 旋转平台触发限位开关，启动数据采集程序；

(3) 旋转平台再次触发限位开关，停止数据采集程序，并停止旋转；

(4) 进行投影数据预处理和二维图像重建，图像重建完成后，改变旋转平台高度，扫描新的一层；

(5) 重新启动 X 射线；

(6) 当射线强度稳定时，启动载物平台旋转，扫描被检测物体的第二层；

(7) 当重建层数大于 2 时，在界面绘制三维断层图像，接下来，每扫描新的一层，在现有三维断层图像上增添新一层的重建图像；

(8) 单击"停止"按钮，关闭接收器，停止数据采集，停止旋转平台旋转和升降。

4.2.1　木材三视图重建算法

三视图由三切面视图和透视图构成，其中三切面视图是指从三个不同视角观察到的切面图像，包括俯视切面图、主视切面图和侧视切面图，而不是木材学定义中的横切面、径切面和弦切面。透视图是一幅半透明的图像，可在主视视角下显示木材内部的结构影像。

　　木材 CT 灰度图像由 $N×N$ 个灰度像素块构成，其中每个像素块只有一个采样颜色。不同于黑白图像，灰度图像的灰度在黑色与白色之间有多级颜色深度，最高亮度用纯白色像素块表示，亮度级为 255，数值为 28，最低亮度用纯黑色像素块表示，亮度级为 0。所以，屏幕显示灰度图像的像素块有 256 个灰度级，这样的精度可有效避免可见像素点失真，且利于编程。多幅间距相同的断层灰度图像逐层叠加，经过差层运算构成三维视图。

　　扫描过程中，相邻两断层间距离相等。第 n 层的任一坐标像素点(i, j)灰度值用 $a_n(i, j)$表示，在第 n 层与第 $n+1$ 层之间，插入 k 幅灰度图像，层间插层编号用 λ 表示。遍历插入断层的每个像素点，根据线性插层公式，计算新插入的 k 幅图像中的第λ层灰度值。例如，扫描总断层数为 s 层，在第 n 层与第 $n+1$ 层之间插入 k 层后，总层数由 s 层增加至 $n(k+1)-k$ 层，记作 s'，原第 n 层图像编号变更为插层后的第 $kn+1$ 层，记作 n'，插层示意图如图 4.15 所示。以相邻断层间隔 5mm 为例，层间插入 k 层后，相邻断层间隔即 5/$(k+1)$(mm)。以此类推，只要 k 值足够大，插入层数足够多，即可显示被测试件清晰的三维图像。层间距离和断层像素分辨率共同决定 CT 系统的空间分辨率，插入层数越多，成像效果越好，对计算机硬件系统要求越高，其插层公式为

$$a_{k\lambda} = \frac{\lambda\left[a_{n+1}(i,j) - a_n(i,j)\right]}{k+1} + a_n(i,j) \tag{4.32}$$

$$s' = n(k+1) - k \tag{4.33}$$

$$n' = nk + 1 \tag{4.34}$$

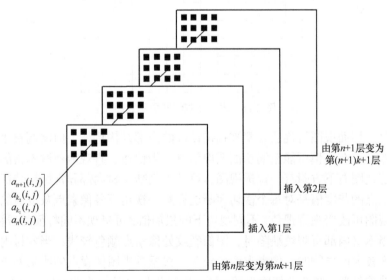

图 4.15　横切面断层图像插层示意图

　　由于木材具有各向异性，制材加工过程中，锯切位置不同，获得的木材纹理也不相同。锯切木材通常可获得三种切面，即径切面、弦切面和横切面，通过观察这三个切面的结构特征，可充分了解木材内部结构和树木生长状况。锯切时，锯片沿树木生长方向运动，通过树木髓心，可获得木材的径切面。锯切时，锯片沿树木生长方向不通过髓心，垂直于茎半径运动可获得木材弦切面。横切面是垂直于树木生长方向的切面，也是木材 CT 的断层切面。通过图像重建已获得木材各断层的灰度图像，根据需要可观察任意某一横切面断层的图像信息，称为俯视图。建立水平、竖直两条虚拟切割线，模拟零件三视图及剖面图的成像方法，重建木材三切面视图。每层横切面图像像素点坐标用(i, j)标记，水平切割时，固定扫描断层纵坐标j值不变，记作J，遍历横坐标像素点，即可获取该层水平切割线处断面像素点灰度值。遍历各扫描断层，移动切割线位置，即更改J的数值，可获取不同切面视图，称为主视图或前视图，如图 4.16 所示。按照此方法，竖直切割时固定扫描断层横坐标i值不变，记作I，遍历纵坐标像素点，即可获取该层竖直切割线处断面像素点灰度值。遍历各扫描断层，移动切割线位置，即更改I的数值，可获取不同切面视图，称为侧视图。

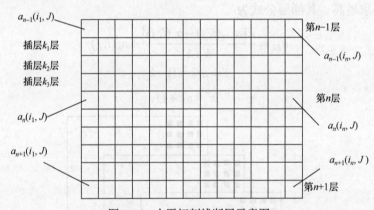

图 4.16　水平切割线断层示意图

　　通过三切面视图可逐层观察被扫描试件的内部结构特征，但需调整水平、竖直切割线，稍有不慎可能遗漏切面图像信息。为快速、直观地获取木材的内部信息，在三视图右下方附有一幅透视图，可预先判断木材内部异常结构特征。透视图中像素点的灰度值是对每个横切面断层在某一视角下各像素点灰度值的累加，旋转透视图可改变观察视角，不同视角下的累加值，可呈现不同特征的透视图像。例如，当木材内部有裂纹缺陷时，图像裂纹处像素点颜色较浅；当木材内部有节子或密度较大的异物时，像素点颜色较深。根据透视图像素点的明暗差异，可大致判断缺陷位置，结合三切面视图，即可准确提取异常结构的类型、位置、数量、大小和形态等重要信息，达到快速无损检测的目的。

4.2.2　三维图像显示模块

1. 三维图像显示的技术路线

三维图像显示模块是本节设计成像系统的核心组成部分,该模块通过 MFC 的 Picture Control 控件实现,基于 Open GL 开放式图像库绘制实时断层成像的三维模型。三维图像显示模块的技术路线如图 4.17 所示。

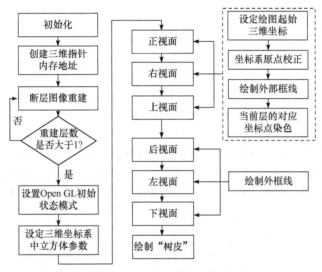

图 4.17　三维图像显示模块的技术路线

(1) 进行初始化,包括指定 Open GL 绘图区域和变量初始化,初始化的变量包括三维立方体的维度大小、坐标轴的起始坐标、三维显示层数以及当前重建图像的三维灰度矩阵。

(2) 为当前重建图像的三维灰度矩阵创建指针内存。

(3) 判断当前已重建层数是否大于 1,若重建层数大于 1,则可以进行三维图像显示;若重建层数只有 1 层,则由于无法计算相邻断层的插值数据,不能进行三维显示。

(4) Open GL 初始化,包括设置清屏颜色为白色、切换到投影模式进行显示、切换到视图模式进行平面绘制、启动颜色材料模式、清除颜色缓存区等。

(5) 设定三维坐标系中的立方体参数,包括立方体视图角度和三个坐标轴的开始及结束坐标。

(6) 在可见面进行当前断层图像的三维显示,在不可见面绘制外部框线。可见面的断层图像显示主要包括四个步骤:设定绘图起始三维坐标、坐标系原点校正、绘制外部框线和当前层对应坐标染色。

(7) 根据当前断层图像的边缘检测结果，绘制三维显示模型的外表"树皮"，使得成像效果更加逼真。

2. 三维立方体绘制

在 Open GL 中，为方便用户对图像进行显示和编辑，包含了多种坐标系模式，通过指定的绘图函数可以实现不同坐标系之间的转换。Open GL 坐标系大体上可分为世界坐标系和当前绘图坐标系。世界坐标系以计算机屏幕中心为原点$(0, 0, 0)$；正对屏幕，平行于屏幕横边的为 x 轴，右方向为正；平行于屏幕竖边的为 y 轴，向上为正；垂直于屏幕为 z 正轴，向外为正。本节设计的绘图区域为 MFC 的 Picture Control 控件，以此区域中心为原点，正对屏幕；平行于屏幕横边的为 x 轴，右方向为正；平行于屏幕竖边的为 y 轴，向上为正；垂直于屏幕为 z 正轴，向外为正。

Open GL 在绘制完立方体后，可见面的顶点坐标在初始状态均为标准化设备坐标(normalized device coordinate，NDC)。即 x、y、z 值的取值范围在$-1\sim1$，超出取值范围的顶点坐标将无法显示。在进行三维图像显示时，需要将图片尺寸与位置等信息按比例转换，使其符合$-1\sim1$ 的范围，从而拥有与三维立方体对应的坐标位置，进而在三维立方体中显示。

程序启动进行初始化时，世界坐标系与当前绘图坐标系重合，当使用 glTranslatef、glScalef、glRotatef 等函数进行平移、伸缩、旋转等操作后，两个坐标系不再重合。在不重合的状态下，使用 glVertex3f 等绘图函数绘图时，都是在当前绘图坐标系进行绘图，所有的函数参数均是相对于当前绘图坐标系定义的。

在本节中，绘制三维立方体首先将立方体各顶点进行编号，编号示意图如图 4.18 所示。

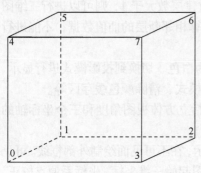

图 4.18　绘制三维立方体编号示意图

然后，设定立方体的长、宽、高分别与重建图像的长、宽、高对应。重建图像初始大小为 1024 像素×1024 像素，设定该立方体可以显示 50 层重建图像。设定缩放系数 blockSize_x、blockSize_y、blockSize_z，原始图像尺寸与缩放系数相乘可得立方体参数，将立方体参数存储在数组 No[3]中，其中 No[0]为长，No[1]为宽，No[2]为高。定义各顶点坐标后，通过 glBegin(GL_LINE_LOOP)和 glVertex3fv 函数将顶点连线，从而绘制三维立方体。三维立方体绘制程序如下所示：

```
    void C3D_OpenGL_graph::drawCube(int x,int y,int z,int
No[],GLfloat cc,int xyz)
    {
    GLfloat p[8][3];
    float tmp_x=0,tmp_y=0,tmp_z=0; loat tmp_No_r,tmp_No_a,
tmp_No_h;
    int No_r=No[0],No_a=No[1],No_h=No[2];
    tmp_No_r=No_r-1.0;
    tmp_No_a=No_a-1.0;
    tmp_No_h=No_h-1.0;
    tmp_x=(float)(x)/tmp_No_r-0.5;
    p[0][0]=tmp_x; p[3][0]=tmp_x; p[7][0]=tmp_x; p[4][0]=
tmp_x;

    tmp_y=(float)(y)/tmp_No_a-0.5;
    p[0][1]=tmp_y;
    p[3][1]=tmp_y+1.0/tmp_No_a;
    p[7][1]=p[3][1]; p[4][1]=tmp_y;

    tmp_z=(float)(z)/tmp_No_h-0.5;
    p[0][2]=tmp_z;
    p[3][2]=tmp_z;
    p[7][2]=tmp_z+1.0/tmp_No_h;
    p[4][2]=p[7][2];

    tmp_x=p[0][0]-1.0/tmp_No_r;
    p[1][0]=tmp_x; p[2][0]=tmp_x; p[6][0]=tmp_x; p[5][0]= tmp_x;
    p[1][1]=p[0][1]; p[2][1]=p[3][1]; p[6][1]=p[7][1]; p[5]
[1]=p[4][1];
    p[1][2]=p[0][2]; p[2][2]=p[3][2]; p[6][2]=p[7][2]; p[5]
[2]=p[4][2];

    glPushMatrix();
```

```
glColor3f(cc,cc,cc);
polygon(0,1,2,3,p,0);//下视面
polygon(2,6,7,3,p,0);//右视面
polygon(0,3,7,4,p,0);//正视面
polygon(1,5,6,2,p,0);//后视面
polygon(4,7,6,5,p,0);//上视面
polygon(0,4,5,1,p,0);//左视面
glPopMatrix();
}
```

3. 坐标系原点校正

在坐标系的初始状态下，z 轴垂直于屏幕，x 轴和 y 轴平行于屏幕。在本节中，z 轴定义为重建层数。因此，在初始状态下，三维图像显示的效果为三维立方体的俯视图，这种视角不利于观察断层重建图像的三维效果，因此需对三维立方体进行旋转，旋转程序指令为 my_glRotatef(−45,0,−45,0)。该句指令表示将立方体沿 x 轴顺时针旋转 45°，并且沿着 z 轴顺时针旋转 45°。旋转后，当前可见面的坐标位置需要进行校正，坐标具体校正指令以正视面为例，程序如下：

```
p1[0]=x1/tmp_No_r-0.5+delta;
p1[1]=y1/tmp_No_a-0.5+delta;
p1[2]=z1/tmp_No_h-0.5+delta;
p2[0]=p1[0]; p2[1]=y2/tmp_No_a-0.5-delta; p2[2]=p1[2];
p3[0]=p1[0]; p3[1]=p2[1]; p3[2]=z2/tmp_No_h-0.5-delta;
p4[0]=p1[0]; p4[1]=p1[1]; p4[2]=p3[2];
```

p1[3]、p2[3]、p3[3]、p4[3] 为存储当前面(正视面)顶点坐标的数组，x1、y1、z1 分别表示 x 轴、y 轴、z 轴负方向起始值，设定为 0。x2、y2、z2 分别表示 x 轴、y 轴、z 轴正方向截止值，设定值分别为 512、512、numofrows，numofrows 为已重建层数。delta 设定为 0，tmp_No_r=511，tmp_No_a=511，tmp_No_h=50。根据变量设定值，在不考虑已重建层数的情况下，校正后的当前面顶点坐标为 p1[3]={−0.5, −0.5, −0.5}，p2[3]={−0.5, 0.5, −0.5}，p3[3]={−0.5,0.5, −0.5}，p4[3]={−0.5, −0.5, −0.5}。

4. 当前断层图像显示

当前断层图像显示的技术核心是将当前层重建图像的灰度值经过计算，在三维立方体的对应坐标像素点进行染色。如何将断层图像灰度矩阵与三维立方体坐标相对应是本小节需要解决的主要问题。程序设计的实现方法如下所示：

```
for(x=x1;x<=x2;x++)
{
    for(y=y1;y<y2;y++)
      {
      for(z=z1;z<z2;z++)
        {
            drawSquare_New(x,y,z,m_p,No,m_max,m_min,x_y_z,TRUE);
        }
      }
}
```

x1、y1、z1 分别表示 x 轴、y 轴、z 轴负方向起始值，设定为 0。x2、y2、z2 分别表示 x 轴、y 轴、z 轴正方向截止值，设定值分别为 512、512、numofrows，numofrows 为已重建层数。在 drawSquare_New 函数中，m_p 为数组指针，指向存储重建图像的三维矩阵。

在程序中将三维矩阵 m_pOrg[z][x][y] 传入 drawSquare_New 函数的 m_p 参数。该三维矩阵的 z、x、y 与三维立方体的 z、x、y 取值范围相同。当重建出第 1 层 CT 图像时，图像灰度值数据将存入 m_pOrg[0][x][y] 中，再重建一层数据，将存入 m_pOrg[1][x][y] 中，依此类推，最终达到最大重建层数设定值 z=50。当在三维立方体中显示断层扫描图像时，将遍历 m_pOrg[z][x][y] 每个元素，并将各元素数值通过计算对绘图直线进行选色，用选好颜色的线条在对应坐标绘制像素点。其结果如图 4.19 所示。

本章基于 Visual Studio 的 MFC 框架，对系统上位机界面设计和软件功能实现进行了具体设计和实现。上位机软件功能包括设备控制、图像采集、图像重建和三维图像显示等四个方面；详细说明了 X 射线发射器的通信机制，为保证操作和试验人员的安全，设计循环监测机制，实时检测 X 射线发射器设备状态和故障报警；对

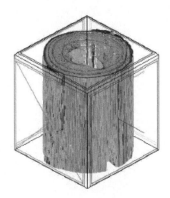

图 4.19　三维立体图像重组

X射线接收器的数据采集过程进行了阐述，从硬件和软件两方面实现360°数据准确获取，进一步详细说明支架车控制模块、在线同步扫描重建模块和三维图像显示模块的设计内容和实现方法。

第5章　单片机控制器解决木材热物性复杂问题

绿色建筑领域涉及许多跨学科和学科交融的专业，而跨学科和学科交融是解决绿色建筑领域中提出的复杂问题的科学方法和有力工具。绿色建筑领域内许多复杂问题都需要引入现阶段的先进算法与工具，如可编程逻辑控制器、单片机等。就绿色建筑领域内的复杂科学问题而言，选择单片机作为解决复杂问题和前人未解决的问题的工具时，用单片机控制器作为科学研究和科学试验不失为一种最佳的选择。本章介绍用单片机解决绿色建筑装饰装修领域内地采暖地板特征的研究方法和实现过程。

5.1　木质地采暖地板蓄热效能检测方法研究

5.1.1　研究背景

我国木质地板产业经过二十多年的快速发展，形成了从生产到销售、铺装、售后服务的完整产业体系。据国家林业和草原局发布的《中国林业和草原统计年鉴2021》数据显示，自2010年来，我国木质地板产业整体呈现平稳的发展趋势。2010～2021年我国具有一定销售规模的地板企业木质地板销售量情况如图5.1所示。

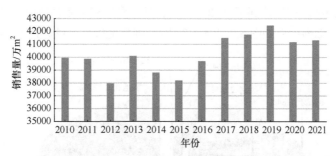

图5.1　2010～2021年我国具有一定销售规模地板企业木质地板销售量

2021年，我国所有企业木质地板年产量和销量均超过了6亿m²，跻身于世界第一位。另据中国林产工业协会地板专业委员会发布的《2021年我国地板行业销量情况》数据显示，2021年，我国具有一定销售规模的地板企业木地板总销售量中，木质地采暖地板的比例呈逐年上升的趋势[175,176]。

由于木质地采暖地板具有诸多优点，在欧洲的很多国家新建住宅中木质地采暖地板的使用率已经达到了 35%以上。日本、韩国等亚洲国家，地板采暖成为最受欢迎的采暖方式。尤其是在日本，由于人们具有席地而居的习惯，木质地采暖地板得到了广泛的应用[177-182]。

在未来的一段时间里，世界各国都将面临木质地采暖地板用量的激增与行业的快速发展，如何规范木质地采暖地板的性能指标，全面鉴别与评价各种木质地采暖地板性能的优劣，是各国面临的共同问题。因此，开展木质地采暖地板性能评价指标之一的蓄热效能的研究，研究开发一套能够检测地采暖地板蓄热效能的检测方法，同时开发出相应的检测仪器，建立地采暖地板检测技术体系，制定相应的国家标准，对我国的人造板行业有非常重要的意义。

5.1.2 研究现状

1. 木质地采暖地板的发展

木质地板是世界上最古老的装饰材料之一，从远古蛮荒到工业文明，地板就与人类有着深厚的渊源。在我国，有关使用木质地板的文字记载最早始于"伏以，自然山水，镇宅地板，抵抗一切灾难，家宅吉祥如意，家庭兴旺发达安康"。因此，自古以来木质地板备受我国人民的推崇。

最早期的木质地板非常粗糙，只是把木材做成板状，表面也不做任何处理。16~19 世纪，木质地板多被欧洲国家的皇室及贵族使用，完全依靠手工生产。木质地板最早标准化生产是在北欧国家，19 世纪末工业文明的兴起，机械设备高速批量生产，替代了传统缓慢的手工制作，成本大幅下降，木质地板在欧洲得到了较快发展[183-186]。欧洲实木镶拼地板厂商联合会(FEP)提供的数据表明，2016 年欧洲国家木质地板的产量达到了 7700 万 m^2，其中多层实木复合地板产量占78%，实木地板产量占 20%[187]，如图 5.2 和图 5.3 所示,强化地板总产量达到了 4.63 亿 $m^{2[188]}$。

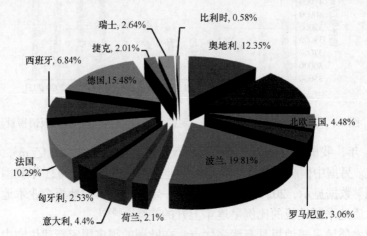

图 5.2　FEP 成员方实木地板产量占比

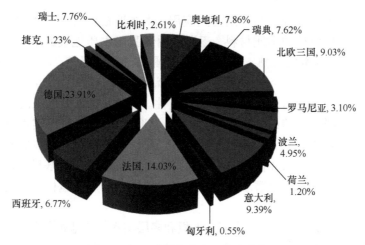

图 5.3　FEP 成员方实木地板消费占比

　　由图 5.2 和图 5.3 可以看出，德国既是木质地板的生产大国，又是木质地板的消费大国。2016 年，德国仅强化地板一项的产量就达到了 6300 万 m^2，居欧洲各国之首。在芬兰，木质地板受到了人们的欢迎，19 世纪初木质地板被广泛使用，有些地板直到现在还在使用[189]。在东亚，日本自古就重视木质地板的应用与发展。武家政权统治时期(镰仓时代、室町时代)开始出现用于榻榻米铺装的木质地板。日本皇家对木质地板的大量使用，使得木质地板得到快速发展[190]。近几年来，日本生产的地板产品因其优秀的品质受到了各国人民的欢迎，在世界各国占有很高的市场率。在南亚，2016 年，印度对木质地板的年需求量达到了 1 亿 m^2，且以每年 40%的速度增长[191]，极大地促进了木质地板行业的迅猛发展。中国木质地板虽然自古就有发展，但形成一个行业是从 20 世纪 80 年代中期开始的。木质地板与其他地面装饰材料相比，有脚感舒适、卫生整洁、高贵典雅等诸多优点，成为人们地面装饰的首选材料，其市场需求也呈直线上升趋势。虽然我国木质地板产业起步较晚，但发展较快。

　　我国木质地板的发展主要经历了以下五个重要的历史阶段：①20 世纪 80~90 年代初，是我国木质地板行业的萌芽阶段，在这个时期人们在室内装修材料中开始使用实木地板。限于技术与生产工艺，这个时期的地板尺寸较小，平接地板较多，铺装时直接将木质地板固定在地面上，再刷几遍木漆。②20 世纪 90 年代到 21 世纪，我国的木质地板行业得到初步发展，市场出现了实木复合地板及竹地板等，地板尺寸也由小规格变成中长规格。③进入 21 世纪以来，随着生产技术的成熟，整个地板行业开始工业化发展，木材干燥技术得到广泛应用，部分企业增加了淋漆、亮光、常规平面等较为先进的表面涂装漆艺。④21 世纪初到近几年，房地产的发展，推动了木质地板产业及生产技术的迅猛发展。哑光、仿古、拉丝等木质地板表面处理工艺逐渐得到应用，木质地板风格趋于西方国家，欧美发达国家百年种植林的木质材料，逐渐应用于我国木质地板的生产中。⑤近几年，随着地采暖技术的成熟，由于实木地板具有热舒适性好、不占用室内空间、卫生、节能等优势，被广泛应用于人们的生活中，各企业也不断改善生产工艺，最大限度地提升了实木地采暖地板的稳定性。现阶段，木质地采暖地板通常分为三类：地采暖用浸渍纸层压木质地板(强化地板)、地采暖用实木复合地板和其他地采暖用木质地板[192]。浸渍纸层压木质地板是以一层或多层专用纸，浸渍热固性氨基树脂，铺装在刨花板、高密度纤维板等人造板基材表层，背面添加平衡防潮层，正面加耐磨层和装饰层，经热压、成型的地板，其内部结构如图 5.4 所示。

实木复合地板分为三层实木复合地板和多层实木复合地板[193]。三层实木复合地板由三层实木交错层压而成，其表层多为名贵优质的长年生阔叶硬木，材种多用柞木、桦木、水曲柳、菠萝格等。实木复合地板表层为优质珍贵木材，不但保留了实木地板木纹优美、自然的特性，而且大大节约了优质珍贵木材的资源。这种地板表面大多涂五遍以上的优质 UV 涂料，不仅有较理想的硬度、耐磨性、抗刮性，而且阻燃、光滑，便于清洗。实木复合地板内部结构如图 5.5 所示[194]。

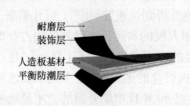

图 5.4　浸渍纸层压木质地板内部结构　　　图 5.5　实木复合地板内部结构

图 5.5 中，表层为 UV 涂料层；面板为优质珍贵木材；芯材选用价格较为低廉的树种材质；安装锁扣便于地板在安装中进行拼接；底板为保护板，涂有防潮层。其他地采暖用木质地板包含实木地板、竹地板等。实木地板即由纯实木构成，由柚木、水曲柳、橡木、印茄木、榆木等 800 多种现行常用材种经过切削及拼接等工序加工而成。竹地板即用竹材料制成的地采暖地板[195]。

从木质地板的分类可以看出，木质地采暖地板的制作料大都为不同树种的木材制成。木材是一种天然生物质材料，其内部构造比较复杂。从非洲崖柏木显微镜下的横切面、径切面和弦切面可以看出木材属于非均质材料，其内部由形状不同的管胞、射线、纤维体等多种物质构成，且呈各向异性，如图 5.6 所示。

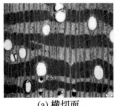 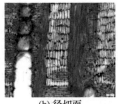 

(a) 横切面　　　　　　　(b) 径切面　　　　　　　(c) 弦切面

图 5.6　非洲崖柏木显微镜下横切面、径切面、弦切面各向异性图示

通过对图 5.6 分析可知，木材内部存在很多排列不规则的"管道"、"隔层"及"孔洞"等，在热量交换过程中，这种独特的内部结构会产生热阻效应，阻碍自身热量的吸收与释放，造成自身内部热量分布不均匀[196,197]。因此，借鉴均质材料的研究方法来评价木质地采暖地板的性能是行不通的。国内外专家学者通过各种方法，对木材的热物性开展了相关研究。

2. 木质地采暖地板性能研究现状

早在 20 世纪 40～50 年代，人们就已经开始了对木质材料性能的研究。现在的研究方法均局限于使用现有的分析方法与仪器，如导热系数分析仪器、多普勒分析仪等，将木材划分为多个微小的单元，并将这些微小的单元看成均质材料，然后用均质材料的研究方法研究木材的各种属性。例如，通过电阻的并联或者串联方式将木材的横向、径向及弦向的特征进行建模，从而将非均质材料转化为均质材料进行研究。这些大都是在木材的导热性能、导热系数等方面进行研究。均质材料导热系数是表征材料导热能力大小的参数[198-200]，是物质固有的热物性参数之一。在木材这种非均质生物质材料导热系数的研究中，国内外科学家通常采用以下几类方法进行研究。

1) 试验法

在早期对木材的导热性能的研究中，大多采用的是试验的方法。木材导热的模型很多是通过试验总结出来的经验公式模型，较早的如麦克林(MacLean)在试验测定的基础上，同时给出了以含水率、孔隙率及密度为变量的经验公式，其所获得的经验公式与试验结果具有很高的拟合度[201]。2016 年，波兰的普拉特(Prałat)利用热线法，测得了六种木材的导热系数，并对数据进行了分析，比较了几种树种导热系数的大小[202]。

我国对木材的传热特性的研究报道，最早出现在 20 世纪 80 年代。国内学者王弥康对 MacLean 总结得出的研究木材传热经验公式的适用性进行了分析[203]，高瑞堂等通过试验结果总结出木材导热系数与温度关系的经验公式[204]。

2) 宏观研究法

德国、意大利、美国等国家的研究人员试图利用现有的导热系数法对木质材料的导热性能开展研究[205-208]。通常所使用的检测方法是将一个附着在被测试件上表面(或下表面)的发热器接通一定的电流，使发热体释放恒定的热量，同时在与发热器有一定距离的被测试件的上表面(或下表面)安装温度传感器，实时采集被测试件上表面的温度[209-211]，然后用式(5.1)计算出导热系数 λ 的值：

$$\lambda = \frac{Q \times \delta}{T_1 - T_2} \times S \tag{5.1}$$

其中，Q 为被测样品试件内部的两个平行平面之间在垂直方向上的热流速率；S 为传导表面积；$T_1 - T_2$ 为两截面的温差；δ 为两截面距离。式(5.1)中的函数比值即在 $T_1 - T_2$ 温度下的 λ 值(W/(m·K))。

2015 年，意大利学者拉古拉(Lagüela)从理论上推导了利用热盘装置计算各向异性的材料热扩散率和电导率的方程，并利用导电热流的方法测出了意大利东北部的三种树种，即橡树、云杉和落叶松的热扩散率及电导率。对木材而言，不同树种的木材或者同一种木材的不同被测试件，其内部的结构都是相异的，其内部排列的各类"管道""隔层""孔洞"的数量、位置、大小等也是不相同的，所以对于两个平行平面之间的热流速率的取值往往是不准确的，对导热的计算也存在较大偏差。

韩国土木工程与建筑技术研究院 Jeong 等通过建立传热模型的方法，研究嵌入聚苯乙烯泡沫(expanded polystyrene, EPS)的木质地采暖地板的表面温度、热损失和传热量，指出当 EPS 材料的导热系数提高 1.6 倍时，木质地板热损失也提高了 3.4%[212]。

在国内，浙江大学胡亚才等采用准稳态法进行建模，计算出红松和落叶松树种木材的导热系数，以及其热扩散系数和比热容[213, 214]。胡亚才等在结合一维准稳态导热模型解析解的基础上，利用有限元数值计算的方法，建立了准稳态法木材热物性测试模型，然后将模拟计算结果与试验结果结合，获得了准稳态条件下木材内部的温度分布及热流场，同时测定了柳桉胶合板、红松、落叶松的导热系数[215-218]。

2005 年，胡亚才等开展了瞬态法测量木材导热系数的研究[219]，总结了影响木材传热因素以及预测木材有效导热系数的方法。在对木材宏观导热性能的研究中，无论是准稳态法还是瞬态研究法，都是在将木材简化为一维准稳态的方式下进行的，由于木材为非均质生物质材料且各向异性，被测试件侧面存在一定的热量损失，使得导热过程不完全符合一维导热模型的假设，所以在计算结果上会造成一定的偏差。

3) 微观研究法

由前面对木材内部结构的介绍可知，木材内部结构比较复杂，为非均质生物质材料且呈各向异性，如图 5.7 所示。国内外很多专家学者试图通过对内部结构的等效来实现对木材导热系数的研究。

德国科学家马库(Maku)和西奥(Siau)较早开展了木材内部结构导热性能的模拟研究，将木材简化为由规则的固、液、气三相体积元组成，忽略木材结构中管胞末端对热传导的影响等次要因素[220-223]，用仿效电路的模式，建立木材的热路等效图，如图 5.8 所示。考虑木材密度、含水率等因素建立传热方程。图 5.8(a)和(b)分别表示垂直于纤维层方向，图 5.8(c)表示平行于纤维层方向，R 代表电阻，1、2、3 表示不同的路径，s、w、g 表示固体、水和气体。

图 5.7 木材内部结构

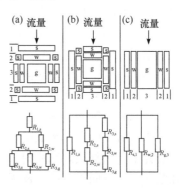

图 5.8 木材内部热路模型的电路表示方式

对于木材内部传热的电路等效，可以更加直观地表现出木材内部各部分的热阻情况，但不同树种的木材内部微观情况相差很大，且在不同方向上热阻是不同的，因此利用电阻等效的方式来对这种非均质生物质材料研究具有一定的复杂性和片面性。

2013 年，奥利佛(Oliver)采用扫描热显微镜(scanning thermal microscope, SThM)，研究了山毛榉木材纤维细胞壁导热系数的局部变异，指出次生细胞壁的导热系数高于复合胞间层(compound middle lamella, CML)；在解剖方向上测定的木材细胞壁各层的导热系数是不同的，得出了纤维素微纤丝的取向对热导率有较大的影响、沿微纤丝的热导率最高的结论[224]。

考虑到木材的各向异性，2005 年，美国农业部林产品实验室 Gu 建立了木材横向、径向和弦向的三向传热模型，同时分析了木材结构及含水率变化对传热的影响。研究表明，当含水率低于纤维饱和点(fiber saturation point, FSP)时，针叶树种的径向导热系数大于切向导热系数；当含水率大于纤维饱和点时，切向导热系数和径向导热系数随含水率的增加呈显著的非线性增长；当自由水占据细胞腔时，两个方向产生几何差异，对模型估计的导热系数影响不大。2018 年，美国田纳西大学的王思群教授也在微观层级对木质材料的导热特性进行了研究，利用原子力显微镜(atom force microscopy, AFM)下的 SThM 模式，得出了木材的横向、径向和弦向导热系数不同的结论[225,226]。该模式使用极微小的温度探头作为传感器，探头的温度保持恒定，在扫描材料时，材料的导热系数不同，造成探头电流变化，通过检测工作电流，得出材料的导热参数。SThM 研究结果表明，对于木材这种非均质材料，其细胞壁和 S2 层在横切面表现出导热能力差异，但在径切面没有表现出差异。

我国福建农林大学的林铭教授团队通过对木材内部微观结构的研究，将木材的生物质细胞结构近似简化为中空的细长方形盒子，并依据导热与导电规律的宏观相似性，应用物理力学理论推导出绝干木材横纹(径向、弦向)、顺纹导热系数的理论公式[227-231]。近几年该团队的陈瑞英等应用类比原理分析了孔隙率、含水率、密度等对木材不同方向热传导的影响[231-234]。2006 年，Fan 等利用分形模型和改进的瞬态测量技术，对木材纤维垂直有效导热系数进行了预测，还应用神经网络模型对温度和孔隙率与木材导热系数相关性进行了预测[235,236]。2008 年，内蒙古农业大学的冯利群等通过木材的显微结构，采用盒维数法，计算了其分形维数，建立了计算木材径向导热系数的分形模型[237]。

在研究木材内部微观结构时，国内外学者都是根据木材的各向异性从横向、径向和弦向三个方向进行的，尚无表征木材整体热物性的模型与算法。

4) 检测仪器

在对木质地采暖地板性能的研究中，世界各国所使用的研究分析仪器主要是沿用现行均质材料的研究仪器，大致分为三类[238-240]：①热流法导热分析仪；②保护热板法导热分析仪；③保护热流法导热分析仪。但由于木材这种非均质材料内部所具有的"管道""隔层""孔洞"等特殊结构，利用均质材料的检测方法检测本章所研究的地采暖地板这类非均质材料是不适用的。然而，研究非均质材料的检测方法仍需要借鉴前人对均质材料的研究方法。

2012 年，韩国首尔大学的宋中基(Jungki)等为了提高木质地板采暖系统的热传导性能，制备了树脂与石墨纳米薄片复合材料，采用差示扫描量热仪(differential scanning calorimeter, DSC)对该复合材料的热导率进行测量，得到其吸热性能曲线，指出该复合材料能有效提高地板的导热性，具有良好的力学性能[241-247]。

国内在对木质地采暖地板的研究中所使用的仪器中除国外产品外，也使用了中国科学院理化技术研究所、北京分析仪器厂、天津分析仪器厂和上海厂家的导热系数检测仪器[248-251]。中国林业科学研究院的周玉成研究员及其团队，开展了对木质地采暖地板导热效能的研究，提出了双腔测试法来检测木质地采暖地板的导热性能[252,253]，开发出了采暖地板导热效能检测仪，并在全国进行了推广，成为我国法定检测部门的检测方法与仪器，解决了地采暖地板导热性能检测与评价的问题。

综上所述，国内外专家学者对木质地采暖地板性能的研究中，都是基于均质材料的研究方法来研究像木材这种生物质非均质材料的导热性能，不足以表征出不同树种木质板材的性能。

3. 材料蓄热效能的研究

材料蓄热的本质在于它可将一定的热量利用特定的形式在某些条件下储存起来，并能在特定的条件下加以释放和利用，实现能量供应与人们需求一致性的目的。国内外科研工作者，在材料蓄热效能的检测中，大都对潜热型相变储能材料进行研究，通常的做法是采集相变前后的能量释放量，再根据能量释放的时间、试件体积等参数，计算材料的蓄热效能[254-259]。

沙特阿拉伯法赫德国王石油与矿业大学的穆罕默德(Mohamed)等对潜热型材料进行了研究，指出了如何为目标应用选择合适的相变材料(phase change material，PCM)，同时得出了无机相变材料在蓄热领域更具有潜力的结论[260]。澳大利亚悉尼大学的萨法瑞(Safari)等对相变材料的过冷性能进行了研究，并在新能源的发电系统中用于储存能量[261]。纽卡斯尔大学(新加坡校区)的学者 Tay 等总结了相变材料在蓄热系统中的应用，得出了潜热型相变材料的蓄热系统比显热型相变材料的蓄热系统具有更大单位体积蓄热能力的结论[262]。伊朗学者吉姆克霍尔德(Jamekhorshid)等[263]和我国东北林业大学的易欣(Yi)等[264]将木塑复合材料与微胶囊相变材料(micro-encapsulated phase-change material, MEPCM)结合应用，指出复合材料具有优越的蓄热效能。中国科学技术大学的程文龙(Cheng)等采用固体石蜡与高密度聚乙烯等制成的复合材料，在带地暖系统的实验室内进行了试验研究，结果表明，在一定范围内提高相变材料的导热系数，可以显著提高供热系统的能源效率，降低保温材料的厚度[265]。

2015 年，李晓辉等对相变储能材料在采暖地板中的应用进行了研究，试验测试表明，肉豆蔻酸、软脂酸等合成的相变储能材料热稳定性良好，可以在采暖地板中广泛应用[266]。南京师范大学的吴薇等提出了一种分季节蓄能型复合相变材料，满足了太阳能热泵系统在不同季节对热量的储存与释放需求[267]。2016 年，南京大学的 Liu 等指出，热能储存是能量可持续性最有效的方法之一，在建筑装修的地板材料中使用相变材料不仅提高了室内的热舒适性，还提高了能源效率[268]。

在传统的地采暖地板材料中，均质材料地板的种类很多，国内外很多专家学者取得了很多研究成果。德国科学家加西亚(García)等对瓷砖的蓄热效能进行了研究[269]。美国科罗拉多大学潘尼亚(Pania)等采用微胶囊材料，改善了混凝土的热性能，并对混凝土的热物性进行了研究[270]。我国张喜明等对混凝土的蓄热效能进行了研究[271]，取得了一定的成果，具有较高的使用性。但是目前，尚没有发现对木质地采暖地板展开蓄热、散热的研究，也没有相应的检测设备与方法。

国内外学者对常用地采暖地板表面材料蓄热效能的研究虽然取得了一定的成果，但其研究方法对木质地采暖地板蓄热效能的研究并不适用，原因如下：①在试验中，检测空间内温度采集的数据精度不高，对于影响温度场变化的因素分析不够充分，建立的模型对材料蓄热效能数据结果分析不够精准[272-274]；②温度场非线性度较高，现行的研究方法无法从实际的环境中抽象出近似的温度场模型，现有的研究模型不够完整[275-277]。因此，对建筑采暖地板表面常用的材料瓷砖、混凝土的蓄热效能的研究方法不适用于木质地采暖地板，从而寻求一种对木质地采暖地板蓄热效能更为适用的研究方法尤为必要。

4. 密闭绝热空间温度场建模

关于密闭空间内的热交换及温度场的分布问题，国内外很多学者都开展了相关研究。2005 年，意大利米兰理工大学的卡尔卡尼(Calcagni)等采用了全息干涉技术，对密闭腔内由热源引起的温度场变化规律展开研究，为后期数值模拟提供了试验数据[278]。2017 年，印度理工学院达斯(Das)等进行了梯形、平行四边形、三角形及其他不规则形体的密闭绝热腔内部对流换热及温度场的分布研究[279]。俄罗斯托木斯克国立大学米罗什尼琴科(Miroshnichenko)等从试验和数值计算两个方面，总结了矩形腔体内自然对流研究成果，表明腔体倾斜角度对流动和换热是一个很好的控制参数，并得到在某一角度下($5\pi/6$)换热率最大的结论[280,281]。

2010 年，西安交通大学的张敏等在不同的工况条件下，对密闭绝热腔内因热源进行热传递引起的自然对流现象进行了研究，并进行了数值模拟[282]。2016 年，中国科学院徐宇杰等对内置热源的密闭圆柱形桶内热流场进行了数值仿真研究，提出了三种具体的散热方案，并开展了仿真分析，得出在系统外表面加工微槽、增大与环境的传热面积，可小幅降低中心平台的温度；在封闭空间内填充氦气有助于系统散热，通过改变空气和氦气的组成比例，可使中心平台处于特定温度的结论[283]。

对于密闭空间热流交换及温度场的研究，国内外专家学者大都开展仿真与数值模拟。其中比较有代表性的是传热学三大方程，具体的模拟方法大都采用微分方程、支持向量机、遗传算法等。有代表性的成型系统有计算机流体动力学(computational fluid dynamics ,CFD)，通过 Fluent 软件建立某一空间的预测模型，对温度场进行模拟[284-287]。而本章的研究，是根据实测取得的数据，建立温度场模型。因此，使用上述预测方法建立的模型不适合于本研究。对于密闭绝热空间温度场温度梯度热扩散规律问题，本章采用 BP 神经网络建立密闭绝热空间温度场模型，探究密闭绝热空间内实时热扩散规律。

人工神经网络(artificial neural network, ANN)由许多神经元通过互联方式，模拟人类大脑的结构与功能来进行数据处理与信息存储，通常简称为神经网络。神经网络中包含很多连接节点，通过动态调整神经网络内的连接参数值，可以进行复杂的信息运算与处理。现在，神经网络逐渐成为分析复杂问题的有力工具[288-292]。

BP 神经网络是 1986 年由鲁梅尔哈特(Rumelhart)和麦克莱兰(McClelland)为首的科学家提出的概念，是一种按照误差逆向传播算法训练的多层前馈神经网络，为目前应用最广泛的神经网络。BP 神经网络能存储大量的输入/输出模式映射关系，无须事前揭示描述这种映射关系的数学方程[293-296]。BP 神经网络的模型拓扑结构一般包括输入层(input layer)、隐含层(hidden layer)和输出层(output layer)，如图 5.9 所示。

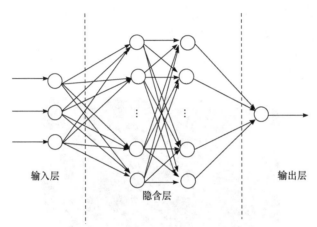

图 5.9　BP 神经网络模型拓扑结构

BP 神经网络算法具有很强的非线性映射能力，是多层神经网络中十分具有代表性的网络结构。其通过对层数的调整及各层神经元数量的调节，可以不断地获取最佳预测结果[297]。近年来，神经网络作为一种智能算法已经逐渐应用到传热领域[298]。Mahmoud 等对密闭腔内部的热交换过程研究中，先后使用 CFD 模拟数据对神经网络模型进行训练和验证[299]。2010 年，伊尔第兹技术大学的艾塔伊尔马兹(Atayilmaz)等构造了 3 层结构的神经网络，对水平柱体内的自然对流热交换进行了预测分析，并且将努塞特数的预测值与试验值进行对比，结果表明相似度较高[300]。

5.1.3　问题的提出

综上所述，在对木质地采暖地板性能的研究中，大多是对木材导热性能的研究，对地板常用材料的蓄热效能研究大多是针对相变材料、瓷砖、混凝土等均质材料的研究，其研究方法对木质地采暖地板的蓄热效能的研究并不适用。

在材料的蓄热效能的检测研究中，大都是对被测试件在试验前后所释放出的热量通过直接或者间接的方法进行采集，然后计算出所释放的总能量，再根据试验前后的温度差、时间差等具体参数，最终计算出该材料的蓄热效能。对材料释放热量的采集，通常是采用水浴法。水浴法是测量材料的蓄热效能、散热性能中最常用的方法，主要原理是：通过测量放入水中的被测试件因热量释放造成水的温度变化，反推该材料的蓄热量大小，进而计算出该材料蓄热能力大小[301,302]。

在一个绝热容器里加上已知质量的水，测定水的温度 T，然后把被测试件加热到一定温度 T' ($T' > T$)后，放入绝热容器的水中。由于存在温度差，被测试件在水中释放热量。当被测试件和水的温度相同时，根据水的比热容和所升高的温度差 ΔT，即可计算出被测试件释放的热量[303]。但是水浴法有其适用范围，适用于和水不产生物理及化学反应，遇水不改变物理与化学性质的材料。

木材内部的构造比较复杂，存在很多排列不规则的"管道""隔层""孔洞"等[304-308]，如图 5.10 所示。

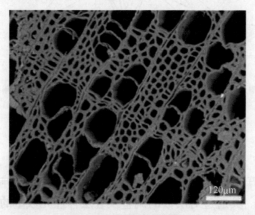

图 5.10　木材内部结构

木材内部由形状不同的管胞、射线、纤维素和半纤维素等多种物质构成，且呈各向异性。当木质材料投入到水中时，在热量释放的过程中，这种独特的内部结构会产生热阻效应，阻碍自身热量的释放。同时，内部孔洞(管胞)中的空气、射线、纤维体蓄热性能差异明显，因此影响检测结果的准确性。所以水浴法对材料热性能的检测仅适用于均质材料，像木材这种非均质材料并不适用。

项目开展之前，团队对地采暖地板蓄热效能国内外的研究现状进行了查新。查新的结论为：未见提及研究地采暖地板蓄能、缓释和节能的关键技术，未见提及开发地采暖地板导热分析测试仪、蓄能分析测试仪、热量缓释分析测试仪和节能分析测试仪的研究。

　　综上所述，借鉴均质材料的研究方法来实现对木材这种非均质材料蓄热效能的研究是行不通的。现阶段国内外尚未见有关非均质材料蓄热效能研究成果的报道，这很大程度是由于依据现有的方法与技术，很难实现对木材这种非均质生物质且呈各向异性的材料蓄热效能的检测。因此，研究开发一种能够实现对木质地采暖地板蓄热效能的检测原理与检测方法，完善对木质地采暖地板性能的评价体系，成为亟须解决的一大难题。

5.1.4　研究依据和意义

　　进入 21 世纪以来，世界各国办公及民用建筑的大量建设，带动了建筑装饰装修及室内供暖的飞速发展，木质地采暖地板被广泛地应用于各类建筑中。面对如此大的消费量，如何评价各类木质材料的地采暖地板，如何检测地采暖地板的性能，国内外尚无检测方法与设备，相关领域的专家、学者及各国的质量监督检验、海关、进出口检验检疫等部门都急切地想探究木质地采暖地板的性能参数。面对木质地采暖地板如此巨大的使用量，目前国内外尚无评价技术的现状，本书研究就是在这种情况下应运而生的。

　　尽管我国已经开发出针对地采暖地板这种生物质材料的导热效能检测方法与仪器，但是对木质地采暖地板而言，导热性能仅是表征其性能的一个方面，不足以完整地表征地采暖地板的全部性能。对于木质地采暖地板蓄热效能的研究，将丰富地采暖地板的评价参数，完善检测技术体系，使人们对木质地采暖地板的性能的把握更加准确、客观。因此，对木质地采暖地板蓄热效能的研究，能弥补木质地板行业由于飞速发展而面临缺少评价体系和科学理论依据的现状，解决木质地采暖地板性能评价这一行业和质检部门所迫切需要解决的重大问题。所以，开展木质地采暖地板的蓄热效能理论与技术的探讨，研究其蓄热效能的检测原理、检测方法并开发出相应的检测仪器，建立地采暖地板性能检测的技术体系，形成国家或行业标准，对我国地采暖地板行业的发展有着重要理论与现实意义。

5.2　蓄热效能检测原理及方法

5.2.1　检测方法的提出

　　地采暖地板材料属非均质生物质材料，且横向、径向和弦向呈各向异性，因此不能用现有的均质材料的检测方法来测量地采暖地板的蓄热能力。

　　目前，国内外测量材料蓄热能力常采用水浴法，即将一定尺寸均质材料的标准试件放入一定容积、一定水温的测试容器中，使标准试件的热量释放到水中，使水的温度升高，当达到平衡状态时，测得水的吸热量就可反向推出试件的蓄热量[309]。由前所述，由于地采暖地板内部由大小不等的"孔洞"组成，"孔洞"的边缘由密度很高的细胞壁组成，当采用水浴法测量非均质材料时，不但试件的物理尺寸会发生变化，更重要的是木材内部的细胞壁会形成保护层，阻止热量的传进与传出，导致测量的结果产生较大的偏差。因此，现有的均质材料蓄热性能的检测方法均不适合非均质生物质材料的检测。

本章在大量试验的基础上，提出地采暖地板蓄热效能的表征方法。它是根据能量守恒原理，将非均质材料的热能扩散到一定体积的空气中，将不能计算的非均质材料的内部热能扩散到可以计算的均质材料(空气)中，计算转换后空气吸收的热量就可间接得到非均质材料的蓄热量。也就是说，在具有一定初始温度的定尺寸空间内，放入具有一定温度的地采暖地板试件。经过一段时间后，试件不再释放热量，并且定尺寸空间内的空气介质不再吸收热量，即达到热扩散平衡状态。平衡状态是指与试件距离最近的传感器在间隔 s(min)时间内连续采集 3 次，任意两次的差小于指定的小数 ε(℃)时，为平衡状态。利用比热容公式计算出试件所释放出的热量，进而得到试件的蓄热量和热量释放速率。

木质地采暖地板蓄热效能是将某一规定体积为 V、温度为 T_e(℃)的木质地采暖地板试件，放在初始温度为 T_0(℃)的密闭绝热空间内，经过Δt 时间放热，密闭绝热空间温度与木质试件温度达到等值平衡状态。计算出密闭绝热空间内温度由 T_0 变成 $T_{\Delta t}$ 后，密闭绝热空间内的空气及周围环境所吸收的热量，然后计算与试件体积及时间的比值，即地采暖地板蓄热效能，用式(5.2)表示：

$$E_Q = Q / (V \times \Delta t) \tag{5.2}$$

其中，E_Q 为木质地采暖地板的蓄热效能(kJ/(s · m³))；Q 为密闭绝热空间内空气及周围环境内所吸收的总热量；V 为试件的体积；Δt 为试验开始至检测腔温度达到平衡时的时间差。

5.2.2　密闭绝热检测空间的构建

根据本书提出的木质地采暖地板蓄热效能的表征方式，首先需要构建一个一定尺度、初始温度可调的密闭绝热检测腔体，对绝热性要求是 2h 内空间内温度变化为 0.3℃，以确保检测的准确性。空间内温度分布具有不均匀性，为了测量试验前后检测空间内空气介质吸收的热量,需要将密闭绝热空间划分成多个小的空间，对每个小的空间内所吸收的热量分别进行计算，然后累加就可得到整个空间空气总的热量吸收。在空间中进行笛卡儿坐标系的建立，以精准标出空间中每个温度检测点的位置，为温度场模型的建立提供位置数据支持。

1. 密闭绝热腔体的构建

首先构建圆柱形密闭绝热的双腔体检测环境，分为上、下两个腔体。上腔体内壁直径为 R_1、高度为 H_1，下腔体内壁直径为 R_2、高度为 H_2。上、下两个腔体中间有厚度为 m 的保温层，将上、下两腔密闭隔绝。保温体中间开有锥形通道，锥形通道有保温材料构成的通道封堵，用于打开或关闭上、下两腔体的空气流通通道。上、下两个腔体外均设有绝热保温层，其厚度为 l，材料为绝热防火阻燃保温棉。

上腔体为检测腔体，主要作用是实现空间内温度的采集；下腔体为温度调节腔体，主要作用是通过安装在自身内部的冷热源系统实现对检测腔体内温度的调节。在对上腔体温度的调节中，上、下腔体之间通过腔体外的气体循环通道，将下腔体内的冷(热)空气输送到上腔体内，同时打开连接上、下两腔体的锥形封堵，形成对流，通过热交换使上腔体内空气温度下降(上升)。当上腔体温度调节到设定温度时，锥形通道关闭，达到检测状态。

2. 密闭绝热空间检测腔划分

将上腔体(检测腔)的空间均匀分成 L 层，每层分成 N 个区域，从而将检测空间划分成 $L \times N$ 个小空间。将上腔体再分为两部分空间，上部分空间分为 $L_1 \times N$ 个小子空间。上部分空间中的每个空间内安装一个微型温度传感器，传感器通过单总线与上基板(上单片机控制器)输入输出(input/output, I/O)口相连，上基板通过 RS232 接口与计算机相连。和上部分空间相同，下部分空间同样划分为 $L_2 \times N$ 个小子空间，通过单总线与下基板(下单片机控制器)I/O 口连接，下基板与上位机通过 RS232 接口连接。每个小空间的传感器用于检测空间内温度值的实时变化情况，并通过串口通信传输到上位机的缓存器中，用来做试验数据的分析与处理。

限于现有的技术手段，检测腔内传感器的数量不可能是无限制的，本节选用上述 150 个传感器作为离散的点来实现温度的检测。如图 5.11 所示，传感器位于每个小空间区域的几何中心。每个传感器采集到的温度值代表这一小空间区域的温度平均值，根据其检测到的腔内达到平衡状态温度值与腔内初始状态温度值的差值，就可以计算出试验前后该小空间区域内空气所吸收的热量。

每个小空间区域体积的计算如式(5.3)所示：

$$V_{i,j,k} = \left(\pi r_{i,j+1}^2 - \pi r_{i,j}^2 \right) \times \frac{h_i}{n_{i,j}} \tag{5.3}$$

其中，$V_{i,j,k}$ 为第 i 层中第 j 环的第 k 个子空间的体积；$r_{i,j}$ 为第 i 层中第 j 环的半径；h_i 为第 i 层的高度；$n_{i,j}$ 为第 i 层第 j 环中小子空间的个数；$i \in [1,6]$，$j \in [1,4]$，$k \in [1,25]$，其中 i、j、k 均为整数。每个被划分的小空间 $V_{i,j,k}$ 的中心放置微型温度传感器，如图 5.11 所示。

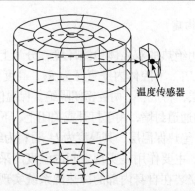

图 5.11　小空间区域内传感器的位置

3. 空间坐标系的建立

检测腔的设计与研究中，为了确定每个传感器的空间位置，需要在检测腔内建立一个坐标系，如图 5.12 所示。

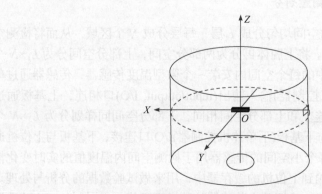

图 5.12　检测腔内坐标系

图 5.12 中，把柱体中轴线设为 Z 轴，正方向向上；腔体中心高度所在水平面与 Z 轴的交点设为 O 点；把试件推进方向设为 X 轴的正方向，Y 轴与 XOZ 平面垂直，正方向指向纸外。图 5.12 中，中间方块为被测样品试件，其几何中心距离检测腔底面高度为 100mm。

检测腔内安装有 6 层温度传感器，相邻两层的层间距为 20mm；每层有 25 个传感器，且以 4 个同心圆的方式排列，同心圆半径由内到外分别为 0mm、25mm、50mm、75mm，如图 5.13 所示。在每一层中，传感器以如下方式进行布置：同心圆圆心定义为第一个同心圆，安装 1 个温度传感器；第 2 个同心圆上安装 4 个温度传感器，编号为 1 的传感器安放在同心圆与 XOZ 平面 X 轴正方向的交点处，然后逆时针每隔 90°安装一个；第 3 个同心圆上布有 8 个温度传感器，编号为 1 的传感器安装在同心圆与 XOZ 平面 X 轴正方向的交点处，然后逆时针每隔 45°安装一个；第

4 个同心圆上有 12 个温度传感器，编号为 1 的传感器安装在同心圆与 XOZ 平面 X 轴正方向的交点处，然后逆时针每隔 30°安装一个。

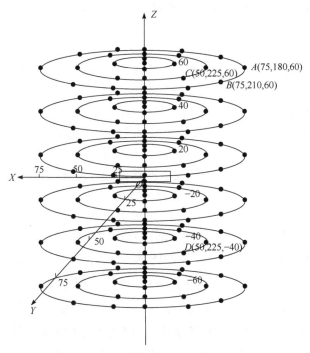

图 5.13　传感器布置坐标图

通过上述坐标系的建立与传感器的分布规则，可以按照式(5.4)确定每一个传感器的准确位置：

$$C_{i,j,k} = D(r,\beta,z) \tag{5.4}$$

式(5.4)表述了温度传感器的编号与柱坐标的对应关系，$C_{i,j,k}$ 为传感器的编号，i 为传感器的层数，最上层编号为 1，由上向下编号递增；j 为某一层上同心圆，同心圆圆心设为编号 1，由圆心向外编号依次为 2、3、4；k 为某一层上某个同心圆的温度传感器编号，每个同心圆与 XOZ 平面沿 X 轴正方向交点处的传感器编号为 1，其编号按逆时针方向递增；$D(r,\beta,z)$ 为传感器的柱坐标，r 为温度传感器所在同心圆的半径，β 为传感器与圆心的连接线和 X 轴正方向的夹角，z 为传感器所在同心圆圆心与 O 点的垂直距离。

根据温度传感器的布置规则可得：图 5.13 中 A 点的坐标为 $C_{1,4,7}=D(75，180，60)$，同理 B 点的坐标为 $C_{1,4,8}=D(75，210，60)$，C 点的坐标为 $C_{1,3,6}=D(50，225，60)$，D 点的坐标为 $C_{5,3,6}=D(50，225，-40)$。检测腔体中 150 个传感器编号与柱坐标对应关系如附录 1 所示。

密闭绝热腔坐标系建立后，就可以精准标注出空间中被测试件的位置以及每一个温度传感器的坐标位置，同时对空间中的各点赋予温度属性，为后期温度值的采集、检测腔内温度场的建模提供精准的坐标数据。

4. 蓄热效能计算

将检测腔内调节到初始设定温度 T_0(℃)，然后将加热到一定温度 T_e(℃)的试件推送到检测腔内，由于 $T_e > T_0$，试件的热量开始释放，同时启动传感器阵列进行数据的实时采集，采集的时间间隔为 3s。当检测腔内的温度达到平衡状态时，根据空气体积比热容、每个所划分的小空间区域的体积及温度传感器所检测到的试验前后的温度差值，计算出每个小空间区域内空气所吸收的热量值，再将整个腔体内 $L \times N$ 个小的空间区域所吸收的热量进行累加，得出密闭绝热空间空气所吸收的总的热量值。该方法只要计算出 $L \times N$ 个小空间在初始温度为 T_0 时被测试件释放热量达到平衡状态的时间、每个小空间及检测腔侧壁所吸收热量的累加值，就可完成试件蓄热效能的测试并得出蓄热效能的计算值。

根据比热容公式计算某个小的空间区域内空气所吸收的热量值，为

$$Q_{i,j,k} = V_{i,j,k} \times \rho_{空} \times C_{空} \times \left(T_{i,j,k} - T'_{i,j,k} \right) \tag{5.5}$$

其中，$Q_{i,j,k}$ 为试验前后空间内划分的某个小空间所收的热量值(实际不存在的空间 $Q_{i,j,k}$ 值为 0)；$V_{i,j,k}$ 为第 i 层中第 j 环的第 k 个小空间区域的体积；$\rho_{空}$ 为空气密度；$C_{空}$ 为空气质量比热容；$T_{i,j,k}$、$T'_{i,j,k}$ 分别为该空间区域同一个传感器试验前、后的温度值。

逐个将小空间的热量计算完成后，把所有的小空间区域所吸收的热量进行累加，得出试验前后密闭绝热空间中所有空气所吸收的总的热量 Q_1，如式(5.6)所示：

$$Q_1 = \sum_{i=1}^{6} \sum_{j=1}^{4} \sum_{k=1}^{25} Q_{i,j,k} \tag{5.6}$$

将空间内部各部分吸收的热量进行求和计算，得出总的热吸收量 Q，如式(5.7)所示。式(5.7)中，Q_1 为密闭绝热空间所吸收的总热量(实际不存在的空间 $Q_{i,j,k}$ 值为 0)；Q_2 为密闭绝热腔上壁、下壁及侧壁吸收的热量；Q_2 为试件托盘所吸收的热量；δ 为补偿值，由在采集均质材料的试验过程中试验测试结果与计算结果差值获得。

$$Q = Q_1 + Q_2 + Q_3 + \delta \tag{5.7}$$

则木质地采暖地板的蓄热效能的计算公式为

$$E_Q = \frac{Q}{a \times b \times h \times \Delta t} \tag{5.8}$$

其中，E_Q 为被测试件的蓄热效能(kJ/(s·m³))，反映了被测试件在环境初始温度为

T_0 时，经过 Δt 时间所释放出的热量，也就是被测试件在环境温度为 T_0 时，测试空间为 $V_{空}$ 的状态下被测试件储存的有效热能量；a、b、h 分别为试件的长、宽、厚；$\Delta t=t_{end}-t_{start}$，即检测开始与达到平衡状态时的时间差。

5.3　蓄热效能检测仪的开发

根据能量守恒定律，提出地采暖地板蓄热效能的检测原理，发明密闭绝热定尺寸空间木质地采暖地板蓄热效能的检测方法。本节介绍地采暖地板蓄热效能的检测仪器。

该检测仪主要由密闭绝热检测腔、检测腔冷热源系统、试件加热推送系统、电控系统和人机交互系统组成。下面就本节所开发的仪器的核心系统进行介绍。

5.3.1　检测仪主体结构

设计开发的木质地采暖地板蓄热效能检测仪如图 5.14 所示。

图 5.14　木质地采暖地板蓄热效能检测仪

图 5.14 中，检测仪主要由机体、检测封盖和操作面板三大部分组成。检测封盖位于机体上方的右侧，为检测装置的保温防尘罩；操作面板位于机体上方的左侧，由工控机与控制面板构成。操作面板安装有电源、计算机开机及复位、制冷压缩机、电加热器及电加热管 6 个按键及液晶显示器。

机体内部结构如图 5.15 所示，主要由上腔(检测腔)、下腔(温度调节腔)、加热与推送装置组成。上腔侧壁开有侧门，供被测试件出入。上腔侧封堵安装在压板气缸末端，与压板气缸形成联动。当压板抬升/下降时，侧封堵随之打开/关闭检测腔的侧门。推送装置由压板气缸、加热器气缸和试件推送气缸组成。当试件加热完成后，试件压板抬起，加热器下降，推送气缸将试件送入检测腔内，推杆封堵同时将上腔侧门封闭。

图 5.15　地采暖地板蓄热效能检测仪机体内部结构

1. 密闭绝热双腔体结构构建

木质地采暖地板蓄热效能检测仪中密闭绝热检测装置采用圆柱形双腔体结构设计，分为上、下两腔。上腔为检测腔，内壁直径为 200mm，高度为 250mm，材料为厚度 6mm 的有机玻璃，外部保温层厚度为 60mm；下腔为温度调节腔(伺服空间)，内壁直径为 300mm，高度为 300mm，材料为厚度 10mm 的有机玻璃，外部保温层厚度为 60mm。保温层采用导热系数为 0.05~0.14W/(m·K)的保温材料，结构设计如图 5.16 所示。

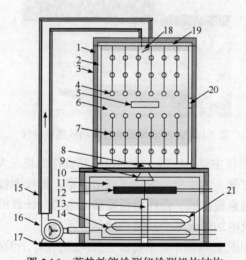

图 5.16　蓄热效能检测仪检测机构结构

1.检测腔外壁；2.检测腔内壁；3.外部保温层；4.传感器阵列(A)；5.试件预置位；6.上腔(检测腔)；7.传感器阵列(B)；8.锥形通道；9.通道封堵；10.上腔底壁保温层；11.下腔(温度调节腔)；12.下腔加热器；13.封堵气缸；14.制冷盘管；15.循环风道；16.循环气泵；17.底座；18.螺旋风口；19.上盖；20.上腔侧门；21.风道盘管

　　木质地采暖地板蓄热效能检测仪开发完成
后双腔体结构中上腔、下腔实物如图 5.17 所示。

　　1) 上腔(检测腔)的开发与实现

　　上腔顶部中心开有一个直径为 15mm 的圆
孔，用于来自下腔冷空气的注入；顶部边缘开
有一个直径为 10mm 的圆孔，用于信号线的进
出。上腔的底部开有一个直径为 60mm 的锥形
通道，作为上腔通往下腔的排气回路。上腔的
侧壁开有一个 70mm×30mm 的方形侧门，作为
被测试件进出检测腔的通道。

　　上腔内安装有 6 层温度传感器，相邻两层
的间距为 20mm，分为上三层和下三层两部分。
上三层安装在检测试件的上部，下三层安装在

图 5.17　上、下腔体结构实物图

检测试件的下部，具体安装位置详见 5.2 节空间坐标系的建立。在上腔内部顶端
安装有一个半径为 80mm 的电路基板 A(控制器 A 电路板)，25 个传感器电路板以
4 个同心圆的方式垂直安装到基板 A 上，同心圆半径由内到外分别为 0mm、25mm、
50mm、75mm，每个同心圆由里向外依次安装 1 个、4 个、8 个和 12 个传感器，
每个传感器电路板上自上向下安装有 3 个温度传感器。同理，在上腔内部底端
安装有一个半径为 80mm 的电路基板 B(控制器 B 电路板)，25 个传感器电路板
以 4 个同心圆的方式垂直安装到基板 B 上，同心圆半径由内到外分别为 0mm、
25mm、50mm、75mm，每个同心圆由里向外依次安装 1 个、4 个、8 个和 12
个传感器，且安装角度与上三层的对应，每个传感器电路板自上向下安装有 3
个温度传感器。这样就在上腔空间内形成了 6×25 的温度传感器阵列，传感器
阵列位置见附录 1。

　　在检测腔侧壁、顶部和底部均安装温度传感器，用于检测试验前后检测腔的
各个周围介质的温度变化情况。

　　2) 下腔(温度调节腔)的开发与实现

　　下腔是为检测腔温度调节提供冷热源的伺服机构。上腔底部中心开有锥形通
道与下腔相连，并用锥形封堵进行打开/关闭动作，其他部分均用密闭保温层隔绝。
锥形通道为用于对上腔温度调节时，气流回路的通道。

　　下腔左侧壁开有直径为 12mm 的圆孔，为风道盘管的出口，该出口用胶管与
气泵的一端连接，气泵的另一端用胶管与上腔顶部的进气孔连接，与上下腔之间
的锥形通道形成回路；下腔右侧壁开有一个直径为 10mm、两个直径为 12mm 的
圆孔，其中 10mm 的圆孔用于电源线和气管的进出，12mm 的圆孔用于制冷管的
出入。下腔安装有电加热器、制冷管及可上下运行的气缸，气缸末端安装锥形封

堵用于封闭上下两腔。

　　2. 试件加热与推送机构的构建及开发

　　木质地采暖地板蓄热效能检测仪开发的试件加热与推送装置如图 5.18 所示。该装置主要由试件加热机构及试件推送机构组成。

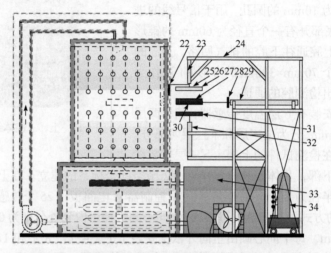

图 5.18　木质地采暖地板蓄热效能检测仪试件加热与推送装置

22.上腔侧封堵；23.压板气缸；24.压板气缸支撑梁；25.试件压板；26.压板温度传感器；27.试件；28.推杆封堵；
29.推送气缸；30.试件托盘；31.试件加热器；32.加热器气缸；33.控制箱；34.气泵及储气罐

　　1) 试件加热机构

　　试件加热机构主要由试件加热器(31)、加热器气缸(32)、试件压板(25)、压板气缸(23)、上腔侧封堵(22)及附着在试件压板底面的两个压板温度传感器(26)组成。

　　(1) 试件加热器(31)为 110mm×70mm×20mm 的铝制加热块，额定电压 220V，功率 200W。

　　(2) 加热器气缸(32)安装在加热器的下端，行程为 30mm，可驱动加热器上下移动。

　　(3) 试件压板(25)为倒扣簸箕形状，底面尺寸为 110mm×70mm，高度为 20mm，其底面安装有两个 PT100 温度传感器，用来检测被测试件的上表面温度。

　　(4) 压板气缸(23)的行程为 30mm，可驱动试件压板做上下运动。

　　(5) 上腔侧封堵(22)为 100mm×50mm 的弧形钢板，外侧附着有保温层，上端安装在试件压板上方，与试件压板的运动同步。

　　2) 试件推送机构

　　试件推送机构主要由试件托盘(30)、推送气缸(29)、推杆封堵(28)三部分组成。

(1) 试件托盘(30)为 L 形结构，底面积为 103mm×63mm，底部厚度为 0.8mm，主要用于承载被测试件。

(2) 推送气缸(29)行程为 250mm，末端和试件托盘连接。

(3) 推杆封堵(28)安装在气缸推杆上，气缸将被测试件推入检测腔后，气缸封堵同时将上腔侧门封闭，使上腔内形成一个密闭的空间。

试件加热与推送机构实物如图 5.19 所示。

图 5.19　试件加热与推送机构实物

在试件的加热及推送过程中，各动作环节均是由气缸推动完成的。各气缸工作需要压缩空气，因此在仪器的内部安装一台小型空气压缩机。

3. 试件加热与推送机构的动作控制逻辑

人工放入测试样品，动作逻辑控制开始：

(1) 试件加热器气缸将加热器升起，与试件底部紧密接触；

(2) 压板气缸向下运动，将试件压板下降至与试件上表面紧密接触；

(3) 开启试件加热器；

(4) 检测试件上表面温度，直到达到设定值；

(5) 压板气缸升起，上腔的侧封堵同时打开；

(6) 试件加热器下降，离开试件下表面；

(7) 推送气缸动作，将试件推送至检测腔内中心位置，同时推杆堵封闭上腔侧门。

5.3.2　电控系统的开发

木质地采暖地板蓄热效能检测仪采用触摸输入的工控机与主控制器组成树形控制结构。工控机与主控制器、控制器 A(传感器阵列基板 A)、控制器 B(传感器阵列基板 B)通过 RS232 通信接口连接。工控机的功能是承载人机交互界面以及检测结果的分析与处理。主控制器的主要功能是负责对木质地采暖地板蓄热效能检测仪所有执行部件的控制与状态采集、部分温度数据的获取和上位机通信等。控制器 A 的功能是在接到上位机指令后，采集被测试件上方温度传感器阵列的温度，并将温度数据通过串口发送给上位机。控制器 B 的功能是在接到上位机指令后，采集被测试件下方温度传感器阵列的温度，并将温度数据通过串口发送给上位机。木质地采暖地板蓄热效能检测仪的整体控制结构如图 5.20 所示。

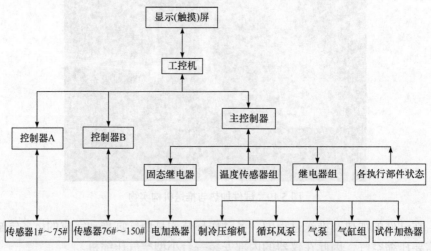

图 5.20　木质地采暖地板蓄热效能检测仪控制结构图

1. 电控系统电路设计

控制电路包括电源电路、继电接触电路、控制器及末端负荷等，其中电源电路有交流 220V 供电电路、24V 和 12V 直流供电电路，继电接触电路包括交流接触器、继电器等，控制器由主控制器、控制器 A 和控制器 B 构成，末端负荷包括空气压缩机、制冷压缩机、温度调节腔电加热管、试件加热器、散热风扇等。控制电路的电气原理图见附录 2。控制器是核心，控制各子系统。子系统由动作逻辑控制系统、制冷系统、加热系统、信号采集系统等组成，并配以控制柜的线号与架号。

根据各用电设备的功率，选择相应负载的交流接触器、继电器等器件。电控柜根据电磁兼容条件确定各设备的位置布局，尽量减少强电电路对弱电控制电路的影响，以提高整个系统的可靠性和稳定性。

2. 主控制器开发、硬件电路设计与程序设计

本节自行开发控制器，并在此基础上设计完成项目的硬件电路及程序设计。

1) 主控制器电路设计

本节采用 STC15 芯片自行开发控制器。主控制器采用 11.0592MHz 晶振，输入供电电压为直流 24V，设计有 12 路开关量输入(输入信号电压为 24V)、9 路开关量输出(继电器触点输出)、4 路模拟量输入(模拟量电压 0～5V，使用 2 路)、2 路脉宽调制输出(电压 10V，使用 1 路)、2 路 RS232 通信端口(使用 1 路)。主控制器接口与功能如表 5.1 所示。

表 5.1　主控制器输入输出功能表

控制器接口号	信号类型	功能
DI1	开关量输入 1	下腔加热器开/关状态
DI2	开关量输入 2	制冷压缩机开/关状态
DI3	开关量输入 3	试件加热器开/关状态
DI4	开关量输入 4	风泵开/关状态
DI5	开关量输入 5	温度调节腔封堵状态
DI6	开关量输入 6	推送杆推进状态
DI7	开关量输入 7	试件压板状态 A
DI8	开关量输入 8	试件压板状态 B
DI9	开关量输入 9	试件加热器升/降状态
DI10	开关量输入 10	磁性接近开/关状态
DI11	开关量输入 11	备用
DI12	开关量输入 12	备用
AI1	模拟量输入 1	备用
AI2	模拟量输入 2	备用
AI3	模拟量输入 3	PT100-A 检测
AI4	模拟量输入 4	PT100-B 检测
DR1	开关量输出 1	温度调节腔电加热器(面板上"电加热 1"按键，外接继电器)
DR2	开关量输出 2	制冷压缩机(面板上"制冷"按键，外接继电器)
DR3	开关量输出 3	试件电加热器(面板上"电加热 2"按键，外接继电器)
DR4	开关量输出 4	循环风泵(外接继电器)
DR5	开关量输出 5	温度调节腔锥形封堵开关
DR6	开关量输出 6	推送杆推进/撤回开关
DR7	开关量输出 7	试件压板落下
DR8	开关量输出 8	试件压板抬起

续表

控制器接口号	信号类型	功能
DR9	开关量输出 9	试件加热器升/降开关
RXD	串口通信-RXD	接 RS232 通信端口
TXD	串口通信-TXD	接 RS232 通信端口
P1	脉宽调制输出	接固态继电器输入口
P2	脉宽调制输出	备用
Res	复位键	操作面板上"复位"按键

(1) 开关量输入端口。

开关量输出端口采用光电隔离技术设计，12 路 24V 开关量输入。开关量输入电路原理如图 5.21 所示。输入电路由光电耦合器、两个 4.7kΩ 电阻、一个 1kΩ 电阻和一个发光二极管(LED)构成。24V 正极通过 4.7kΩ 电阻连接光电耦合器的一个输入端，光电耦合器的另一个输入端连接发光二极管的正极，发光二极管的负极作为开关量输入端口。光电耦合器的输出端发射极与数字地连接，集电极输出端和 1kΩ 电阻与 4.7kΩ 电阻连接的点连接并连接到微控制单元(micro control unit, MCU)的 I/O 端口。1kΩ 电阻的另一端连接到 5V 正极，4.7kΩ 电阻的另一端连接数字地。

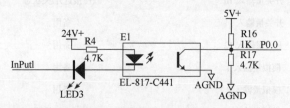

图 5.21　开关量输入电路原理

K 代表 kΩ，发光二极管的规范符号为 ，此图由软件导出，故不做修改，下同

当输入端输入 24V 信号时，光电耦合器的两个输入引脚电压相同，光电耦合器不工作。则 5V 电压分压后输入 MCU 的 P0(P0.0～P0.7)、P3(P3.2～P3.5)口，MCU 得到输入信号；当输入端输入 0V 时，光电耦合器导通，5V 电压产生的电流通过 1kΩ 电阻、光电耦合器输出端的集电极，由发射极流入数字地，MCU 的 I/O 端口接收到低电平信号。

光电耦合器输入端设计有发光二极管，其工作电流为 5～10mA，设计限流电阻大小为 4.7kΩ。MCU 的端口设置成准双向模式时，输出高电平驱动能力较小，但可以接收最大 20mA 的灌电流，因此在该模式下可以完成对信号的输入采集。

(2) 开关量输出端口。

开关量输出端口采用光电隔离技术、输出端电流增强技术设计。开关量的输出电路原理如图 5.22 所示。开关量的输出端口由光电耦合器、三个电阻(120Ω、1kΩ、4.7kΩ)、一个发光二极管、一个三极管、一个二极管及一个继电器构成。光电耦合器的一个输入端经发光二极管与 5V 电压相连,另一个输入端通过 1kΩ 电阻与 MCU 的 I/O 口相连。光电耦合器的一个输出端接 24V 电压正极,另一端通过 4.7kΩ 电阻连接到三极管的基极。三极管的发射极接地,集电极连接到继电器线圈一端。线圈的另一端通过 120Ω电阻与 24V 正极连接。二极管反向并联到继电器线圈的两端,主要作用是续流。

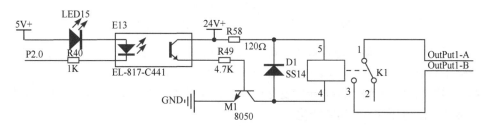

图 5.22 开关量输出电路原理

规范接地符号为⊥,二极管符号为⇥

当 P2(P2.0~P2.7)、P3.6 口输出为高电平时,由于光电耦合器的输入端电压相同,则光电耦合器不工作,输出端无法驱动继电器;当 P2(P2.0~P2.7)、P3.6 口输出为低电平时,光电耦合器的输入端存在电压差,输入端发光器件 LED 工作,光电耦合器输出端电压三极管工作,从而驱动继电器工作。

三极管集电极与发射极最大电流为 500mA,继电器线圈工作电流为 150mA,满足设计要求。

(3) 模拟量输入端口。

模拟量输入端口利用芯片本身提供的模拟比较器进行模拟-数字(analog-digital, A/D)转换,采用低通滤波技术设计,增强 A/D 转换抗干扰能力。

(4) 脉宽调制输出端口。

主控制器设计有两路脉宽调制输出,输出电压为 0~10V。采用光电隔离技术、分压技术(0~24V)及低通滤波技术设计。脉宽调制输出电路原理如图 5.23 所示。

脉宽调制输出电路由光电耦合器、三个电阻(两个 100Ω、一个 1kΩ)、一个 10kΩ电位器、两个电容(一个 10μF、一个 0.1μF 电容)组成。光电耦合器的一个输入端与 5V 相连,另一输入端通过 1kΩ 电阻与 MCU 的 I/O 口相连。光电耦合器的一个输出端通过 100Ω 电阻接 24V 电压正极;另一端通过 10kΩ电位器与地相连。同时将光电耦合器的一个输出端经过阻容滤波电路输出脉宽调制信号。

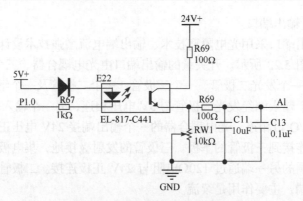

图 5.23　脉宽调制输出电路原理

规范滑动变阻器符号为⌐⌐，图中规范电容单位为μF

当 P1.0、P1.1 端口输出高电平时，光电耦合器的输入端电压相同，光电耦合器输出高电平；当 P1.0、P1.1 端口输出低电平时，光电耦合器输出低电平。光电耦合器输出电平随输入端电压的变化而变化，通过调节电位器可以实现脉冲输出信号的输出电压在 0~24V 变化。

主控制器电路原理图见附录 3。

本节设计的主控制器的印制电路板(printed circuit board, PCB)为双层结构，正反两面做覆铜处理，以增强整个电路板抗干扰能力。主控制器的 PCB 如图 5.24 所示，制作完成的主控制器如图 5.25 所示。

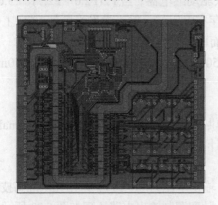

图 5.24　开发的主控制器 PCB

图 5.25　开发完成的主控制器

2) 温度调节腔控制系统设计与开发

木质地采暖地板蓄热效能检测仪在对试件进行检测时，需要对上腔(检测腔)的初始温度进行调节。它是通过调节下腔温度并将下腔温度通过调节气路输入上腔的顶部，再通过锥形门与下腔形成回路，达到上下腔设定的初始温度值。下腔的温度控制由制冷器、电加热器和电控系统组成，制冷器设置成常开状态，控制电加热器来实现温度调节。

本节提出一种限幅模糊控制和 PID 控制相结合的控制方法(简称限幅模糊与 PID 混合控制方法)，达到温度精准控制的目的。

模糊控制因其所具有适应被控对象非线性及时变性的优点被广泛应用于各个领域，而且鲁棒性较好。但是它的稳态控制精度较差，控制欠细腻，尤其是在平衡点附近时，难以快速达到较高的控制精度。同时，模糊控制中缺失积分环节的调节作用，不易消除系统所产生的静态误差[310]。为了弥补这些缺陷，实际应用中经常把模糊控制器和 PID 控制器相结合，充分发挥它们各自的优点，使控制效果更加完美，满足工业中各种不同的需求。设计混合控制方法的基本思路是对控制论域实施分段，在不同的区段内采用不同的控制方法，即在需要提高系统的响应速度、加快响应过程的论域段上，采用模糊的分块控制思想；在平衡点附近时，希望减小系统的稳态误差，消除小幅振荡，采用 PID 控制算法。

本节采用限幅模糊与 PID 混合控制方法，实现上腔的初始温度控制。首先设定温度目标值的带宽±Δe，在限幅带以外利用模糊控制，在限幅带以内利用 PID 控制，实现调节腔温度的快速、精准控制。限幅模糊与 PID 控制如图 5.26 所示。

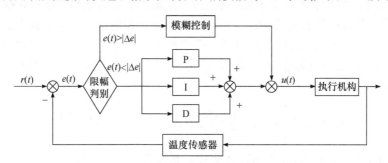

图 5.26　限幅模糊与 PID 混合控制结构图

图 5.26 中，$r(t)$ 为设定温度值，$e(t)$ 为设定温度值和实际检测温度值的偏差(设定温度值减去实际检测温度值)，$u(t)$ 为控制器输出。系统运行时，当温度误差 $e(t)$ 在 $[-\Delta e, +\Delta e]$ 范围内时，采用 PID 控制算法以提高控制精度；当温度误差 $e(t)$ 在 $(-\infty, -\Delta e)$ 和 $(+\Delta e, +\infty)$ 时，利用模糊控制算法来提高系统的响应速度。

(1) 限幅模糊与 PID 混合控制算法——PID 控制器设计。

本节提出的限幅模糊与 PID 混合控制算法中的 PID 控制器设计部分的思想是，当温度偏差绝对值小于限幅值 Δe(℃)时，采用 PID 控制算法。

PID 控制算法产生于 20 世纪 20 年代，经过一百多年的发展，该算法逐渐成熟并得到广泛应用[311-313]。PID 控制算法结构简单，易于实现，在机械制造、电力系统、化工冶金、机器人控制、轻工业制造、航空航天等工业控制过程中，仍具有超过 90%以上的占有率[314-318]。

PID 控制算法如式(5.9)所示：

$$u(t) = K_p \left[e(t) + \frac{1}{T_i} \int e(t) \mathrm{d}t + \frac{T_d \mathrm{d}e(t)}{\mathrm{d}t} \right] \tag{5.9}$$

其中，$u(t)$ 为控制器输出；K_p 为比例系数；T_i 为积分时间常数；T_d 为微分时间常数；$e(t)$ 为设定值与实际值的差。

式(5.9)中的比例系数 K_p、积分时间常数 T_i、微分时间常数 T_d 三个参数，通常根据经验及现场调试得出。比例系数 K_p 过大时，会出现振荡现象，使得系统达到稳定的时间变长；过小的比例系数会造成系统的响应较慢。积分时间常数 T_i 的主要作用是消除系统的静态误差，提高控制精度。但积分时间常数过大，系统会不稳定，动态响应会变慢。微分时间常数 T_d 的目的是抑制误差的产生，选取适当的微分时间常数 T_d，系统的控制指标可以得到全面改善[319]。

木质地采暖地板蓄热效能检测仪的主控制器，采用的是数字式信号处理的方式。数字式控制器的特点是可以处理离散的信号、断续的动作。它以采样周期 Δt 为间隔，对设定值和实际检测值的偏差信号 $e(t)$ 进行采样，模拟数字转换以后，按一定的调节规律计算出输出值，再经过一定的方式、方法将数字量转换成模拟量，然后向外部的执行机构输出。所以对于数字式控制器，数字量输入信号只有在采样时刻才有意义，其输出量也进行周期性更新变化。因此，数字量的控制中，计算时需要将式(5.9)做离散化处理，用差分方程表示，得出第 n 次的输出量 $u_n(t)$，如式(5.10)所示：

$$u_n(t) = K_p \left[e_n(t) + \frac{1}{T_i} \times \sum_{i=0}^{n} e_i(t)\Delta t + T_d \times \frac{e_n(t) - e_{n-1}(t)}{\Delta t} \right] \tag{5.10}$$

其中，$e_i(t)$ 为偏差信号 $e(t)$ 的第 i 次采样；系统选用的采样周期 Δt 为 300ms。

本节将比例系数 K_p 设置为 35，积分时间常数 T_i 设置为 6，微分时间常数 T_d 设置为 1，实现调节腔内温度的快速、精准控制。

(2) 限幅模糊与 PID 混合控制算法——模糊控制器设计。

本节提出限幅模糊与 PID 混合控制算法中的模糊控制器有两个输入和一个输出，输入包括温度偏差(用 e 表示)和温度偏差变化率(用 ec 表示)，输出为 0～10V 的脉宽调制电压。模糊控制器的设计过程包括输入输出量的模糊集定义、模糊规则及模糊推理方法的确定、输出量的反模糊化。

① 输入输出量的模糊集定义。

地采暖地板蓄热效能检测仪温度调节腔内的温度调控范围为[-15℃，75℃]，所以温度偏差的最小值与最大值为-90℃和90℃，从而得出温度偏差 e 的论域为[-90，90]。系统选用的采样周期为300ms，可以计算出温度偏差的变化率最大值为 90/0.3=300(℃/ms)，最小值为-90/0.3=-300(℃/ms)，所以温度偏差变化率 ec 的论域为[-300, 300]。

将温度偏差 e 的论域分为 15 个区域，模糊集设定为 Se={<u>NB</u>, NB, <u>NM</u>, NM, <u>NS</u>, NS, <u>ZO</u>, ZO, <u>PS</u>, PS, <u>PM</u>, PM, <u>PB</u>, PB}，选用三角形隶属度函数，温度偏差 e 隶属度函数如图 5.27 所示。

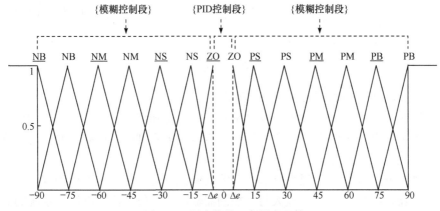

图 5.27　温度偏差 e 隶属度函数

将温度偏差变化率 ec 分为 6 段，其模糊集设定为 Sec={NB, NM, NS, ZO, PS, PM, PB}，同样采用三角形隶属度函数，温度偏差变化率 ec 隶属度函数如图 5.28 所示。

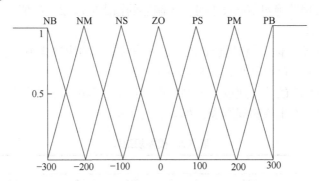

图 5.28　温度偏差变化率 ec 隶属度函数

在对木质地采暖地板蓄热效能检测仪检测腔内加热器的控制中，通过固态继电器对加热器的输入电压进行调节。固态继电器的输入电压为 0～10V，输出电压为 0～220V，设固态继电器的输入论域为[1, 10]。量化因子 Ku 为 1/25，设定模糊控制器的输出模糊子集为 19 段：B={N9P, N8P, N7P, N6P, N5P, N4P, N3P, N2P, N1P, ZO, P1P, P2P, P3P, P4P, P5P, P6P, P7P, P8P, P9P}，采用三角形隶属度函数，模糊控制器输出的隶属度函数如图 5.29 所示。

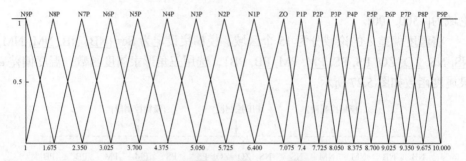

图 5.29　模糊控制器输出的隶属度函数

② 模糊规则及模糊推理方法的确定。

模糊控制规则是建立在语言变量基础上的，是知识库的一部分。模糊控制规则是模糊控制器的核心部分，它的适当与否直接关系到模糊控制器的性能，其数目的多寡也是衡量控制器性能的一个重要因素[320]。

根据模糊控制理论与温度调节腔内温度调试经验，制定如下推理规则：

a. 当温度偏差绝对值|e|较大时，控制器输出选择较大值，以加快系统的响应速度，缩短其达到设定值的响应时间，提高系统效率。同时应设定输出上限，以免输出过大，造成系统的振荡运行。

b. 当温度偏差绝对值|e|及偏差变化率绝对值|ec|处于中等大小时，控制器输出应适度地减小，避免系统输出过大响应造成温度的超调。

c. 当温度偏差绝对值|e|较小时，控制器的输出应取较小的值，以保证系统具有较好的稳定性。

d. 温度偏差变化率绝对值|ec|表示温度偏差变化的快慢速率，它的值越大，控制器的输出越大；该值越小，控制器的输出越小。

综合考虑系统的响应速度、控制精度、稳定性等因素，再依据实际温度控制中得出的经验，得出模糊规则表，如表 5.2 所示。

表 5.2　模糊规则表

e	ec						
	NB	NM	NS	ZO	PS	PM	PB
NB	N9P	N8P	N7P	N6P	N5P	N4P	N3P
NB	N8P	N7P	N6P	N5P	N4P	N3P	N2P
NM	N7P	N6P	N5P	N4P	N3P	N2P	N1P
NM	N6P	N5P	N4P	N3P	N2P	N1P	ZO
NS	N5P	N4P	N3P	N2P	N1P	ZO	P1P
NS	N4P	N3P	N2P	N1P	ZO	P1P	P2P
ZO	N4P	N3P	N2P	ZO	P1P	P2P	P3P
ZO	N3P	N2P	N1P	ZO	P1P	P2P	P4P

续表

e	ec						
	NB	NM	NS	ZO	PS	PM	PB
<u>PS</u>	N2P	N1P	ZO	P1P	P2P	P3P	P4P
PS	N1P	ZO	P1P	P2P	P3P	P5P	P5P
<u>PM</u>	ZO	P1P	P2P	P3P	P4P	P5P	P6P
PM	P1P	P2P	P3P	P4P	P5P	P6P	P7P
<u>PB</u>	P2P	P3P	P4P	P5P	P6P	P7P	P8P
PB	P3P	P4P	P5P	P6P	P7P	P8P	P9P

输出模糊集采用 IF-THEN 的规则进行模糊推理。R^i：IF $e \in S_e^i$，$ec \in S_{ec}^i$ THEN $u_i(t)$ 属于 B^i，即有以下表述共有 98 条规则：

第 1 条规则：i=1 时，$S_e^1 = \underline{NB}$，$S_{ec}^1 =$NB，B^1=N9P。

第 2 条规则：i=2 时，$S_e^2 =$ NB，$S_{ec}^2 =$NB，B^2=N8P。

第 3 条规则：i=3 时，$S_e^3 = \underline{NM}$，$S_{ec}^3 =$NB，B^3=N7P。

第 14 条规则：i=14 时，$S_e^{14} =$ PB，$S_{ec}^{14} =$NB，B^{14}=P3P。

第 15 条规则：i=15 时，$S_e^{15} = \underline{NB}$，$S_{ec}^{15} =$NM，$B^{15}$=N8P。

第 16 条规则：i=16 时，$S_e^{16} =$ NB，$S_{ec}^{16} =$NM，B^{16}=N7P。

第 98 条规则：i=98 时，$S_e^{98} =$ PB，$S_{ec}^{98} =$PB，B^{98}=P9P。

对于第 i 条规则，e 对 S_e^i 的隶属度为 ω_{ei}，ec 对 S_{ec}^i 的隶属度为 ω_{eci}，取 ω_{ei} 和 ω_{eci} 中两者的最小值，作为输出模糊集的隶属度，即 $\min\{\omega_{ei}, \omega_{eci}\} = \omega_i$。

③ 输出量的反模糊化。

模糊控制器根据输入的模糊化、模糊推理等运算后，得出模糊集。为了实现对温度的控制，此模糊集需要进行反模糊化处理，最后将得到的实数值输出给被控对象。反模糊化的算法有加权平均法、重心法等[321-323]。本节采用加权平均法进行解模糊处理，将控制器输出模糊集中的各元素进行加权平均后，计算出相应的实数值，其计算公式如式(5.11)所示：

$$u(t) = \frac{\sum_{i=1}^{m} \omega_i \times u_i}{\sum_{i=1}^{m} \omega_i} = \frac{\omega_1 u_1 + \omega_2 u_2 + \cdots + \omega_m u_m}{\omega_1 + \omega_2 + \cdots + \omega_m} \tag{5.11}$$

其中，$u(t)$ 为模糊控制器的输出；u_i 为第 i 个输出模糊集的中心；ω_i 为第 i 条规则输出的模糊集的隶属度；m 的值为 98。计算中，对于偏差 e 及偏差变化率 ec 两个输入量，会激活 4(2×2)条规则，需要对这 4 条规则的输出量进行运算，其他条规则没有被激活，不予以计算。

控制器需要将输出 $u(t)$ 值转换成 1～10V 的模拟量输出，以驱动固态继电器工作。将 $u(t)$ 与输出量化因子的倒数 1/Ku 相乘，计算出控制器的输出电压 $u(t)$。

(3) 限幅模糊与 PID 混合控制算法——带宽选取。

① 选取Δe=10 时，所设置的带宽较大，引起系统的超调过大，使系统振荡，鲁棒性变差，如图 5.30 中曲线 1 所示。

② 当Δe=1 时，所设置的带宽较小，运算时会使系统的输出一直保持在设定值附近，提高了控制精度，但会损失系统的响应速度，增加系统达到稳定状态的时间，如图 5.30 中曲线 2 所示。

③ 当Δe=3 时，如图 5.30 中曲线 3 所示，2.5min 内系统即达到设定温度值的允许范围。因此，带宽选择±Δe=3 时，既加快了系统的响应速度，又提高了系统的控制精度，温度控制效果较为理想。

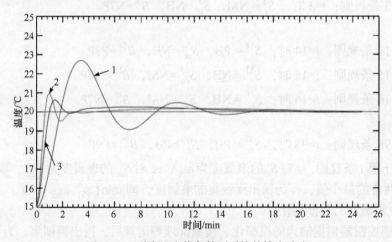

图 5.30　不同Δe 取值条件下系统的输出响应

(4) 限幅模糊与 PID 控制算法的实际效果。

将本节提出的限幅模糊与 PID 混合控制算法与传统 PID 控制算法效果进行了对比，如图 5.31 所示。

本节提出的控制算法检测达到稳态条件的时间为 14min，如图 5.31 中曲线 1 所示。而用传统的 PID 控制算法达到稳态条件的时间为 20min，如图 5.30 中曲线 2 所示。将图 5.31 限幅模糊与 PID 混合控制算法与传统 PID 控制算法的控制精度、最大超调与完成时间列表，如表 5.3 所示。

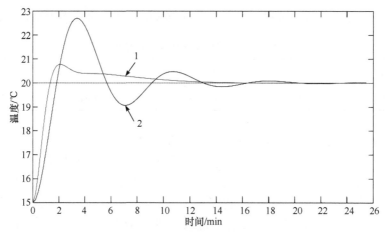

图 5.31　两种控制效果对比图

表 5.3　限幅模糊与 PID 混合控制与传统 PID 控制数据对比

控制模式	完成时间/s	最大超调/℃	控制精度/℃
传统 PID 控制	1170	2.8	0.15
限幅模糊与 PID 混合控制	830	0.9	0.10

由表 5.3 中的数据可以看出，传统 PID 控制算法需要 1170s 才能完成，最大超调 2.8℃，控制精度为 0.15℃。而限幅模糊与 PID 混合控制算法在 830s 内完成温度调节，最大超调为 0.9℃，控制精度达到了 0.10℃。所以，与传统 PID 控制算法相比，本节提出的限幅模糊与 PID 混合控制算法具有响应速度快、超调小及控制精度高等优点。

3) 主控制器的程序设计

主控制器的程序利用 Keil uVision 软件开发。Keil uVision 软件是美国 Keil Software 公司出品的兼容单片机、ARM 芯片的 C 语言软件开发系统，提供了包括 C 编译器、宏汇编、库管理，以及一个功能强大的仿真调试器等在内的完整开发方案[324]。利用 Keil uVision 软件进行编程时，首先将本节开发所用的单片机芯片 MCU(STC15 型号)导入开发环境中，再将头文件"STC15Fxxxx.H"(官方网站下载)导入。

主程序框架由初始化模块、系统复位模块、系统自检模块、自动运行模块、手动运行模块、状态监测模块、数据交换模块等 7 部分组成。系统启动后首先进入初始化模块，初始化完成后程序进入指令等待状态。主程序通过 RS232 端口通信，并利用接收中断获取上位机的指令。上位机的指令由 5 个字节组成，当接收中断接收到 5 个字节的指令后，进行拆包，第 1 个字节为报头，第 2 个字节为指令码，第 3、4 个字节为数据，第 5 个字节为报尾，通信协议格式如表 5.4 所示。

表 5.4　上位机与控制器指令通信协议格式

报头	指令码	低数据位	高数据位	报尾
0XFA	0X**	Data_Low	Data_High	0XED

当主控制器接收中断接收到指令时，中断程序进行拆包：

(1) 当指令码为 0X10 时，主程序进入系统复位模式，并执行系统复位操作。

(2) 当指令码为 0X00 时，主程序进入系统自检模式，并执行系统自检操作。

(3) 当指令码为 0X1D 时，主程序进入自动运行模式，并执行自动运行操作。

(4) 当指令码为 0X05 时，主程序进入手动运行模式，并执行手动运行操作。

(5) 当指令码为 0X02 时，主程序进入状态监测模式，并执行状态监测操作。

(6) 当指令码为 0X11 时，主程序进入数据交换模式，并执行数据交换操作。

(7) 当指令码为 0X03 时，第 3、4 个字节分别存放上位机设定的检测腔初始温度的高八位和低八位。并将第 3、4 个字节所表示的检测腔初始温度的高八位和低八位值存入带电可擦可编程只读存储器(electrically erasable programmable read only memory, EEPROM)中的 0X0010 地址中，以备 Room_SetTemperature 调用。

(8) 当指令码为 0X0C 时，第 3、4 个字节分别存放上位机设定的被测试件初始温度的高八位和低八位，并将第 3、4 个字节所表示的被测试件初始温度的高八位和低八位值存入 EEPROM 中的 0X0020 地址中，以备 Sample_SetTemperature 调用。

主程序执行各种模式完成后，仍返回等待上位机指令的状态。主控制器主程序工作流程如图 5.32 所示。

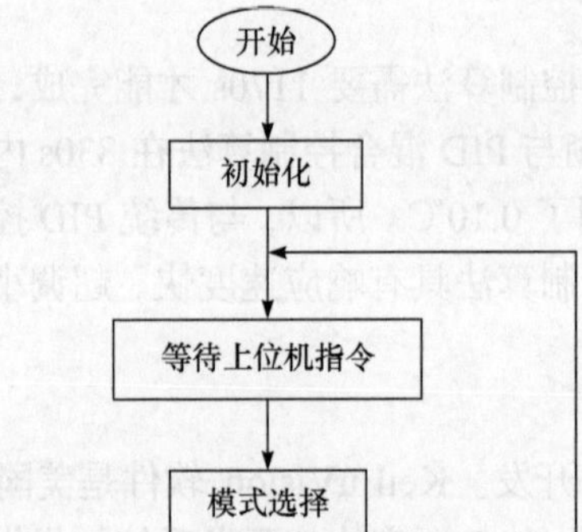

(1) 程序初始化。

程序首先读取存放在各寄存器物理地址的头文件"STC15Fxxxx.H"，以确定各寄存器与实际物理地址的对应。MCU在开始主程序运行之前，需要对自身的各寄存器、定时器做如下配置。

图 5.32　主控制器主程序工作流程图

① I/O 端口初始化

本节开发的装置总共需要 30 个端口，其中包括输入、输出、通信、复位和脉宽调制等端口，主控制器端口与 MCU 芯片 I/O 端口对应关系如表 5.5 所示。

表 5.5　主控制器输入输出与 MCU 芯片 I/O 对应表

控制器接口号	信号类型	MCU 对应的 I/O 端口	控制器接口号	信号类型	MCU 对应的 I/O 端口
DI1	开关量输入 1	P0.0	DR1	开关量输出 1	P2.0
DI2	开关量输入 2	P0.1	DR2	开关量输出 2	P2.1
DI3	开关量输入 3	P0.2	DR3	开关量输出 3	P2.2
DI4	开关量输入 4	P0.3	DR4	开关量输出 4	P2.3
DI5	开关量输入 5	P0.4	DR5	开关量输出 5	P2.4
DI6	开关量输入 6	P0.5	DR6	开关量输出 6	P2.5
DI7	开关量输入 7	P0.6	DR7	开关量输出 7	P2.6
DI8	开关量输入 8	P0.7	DR8	开关量输出 8	P2.7
DI9	开关量输入 9	P3.2	DR9	开关量输出 9	P3.6
DI10	开关量输入 10	P3.3	RXD	串口通信-RXD	P3.0
DI11	开关量输入 11	P3.4	TXD	串口通信-TXD	P3.1
DI12	开关量输入 12	P3.5	P1	脉宽调制输出	P1.0
AI1	模拟量输入 1	P1.2	P2	脉宽调制输出	P1.1
AI2	模拟量输入 2	P1.3	Res	复位键	P5.4
AI3	模拟量输入 3	P1.4			
AI4	模拟量输入 4	P1.5			

开关量输入端口初始化配置。如表 5.5 所示，本节的开关量输入由 P0(P0.0～P0.7)、P3(P3.2～P3.5)12 个端口组成，具体配置如下所述。

首先配置 P0(P0.0～P0.7)端口，P0 端口作为输入是由寄存器 P0M0 和寄存器 P0M1 进行管理的。两个寄存器都由 8 个位组成，分别管理 P0 的 8 个端口。两个寄存器与某端口对应位，共组成 4 个组合，其中 00 为准双向模式，10 为推挽输出模式，01 为高阻输入模式，11 为开漏模式。本节将 P0 端口设置为准双向模式输入，因此寄存器 P0M0.0～P0M0.7 的 8 个位均设置为 0，P0M1.0～P0M1.7 的 8 个位均设置为 0，即 P0M0=0X00 与 P0M1=0X00。同理 P3 端口是由 P3M0 和 P3M1 两个寄存器管理的，因此将 P3M0 和 P3M1 两个寄存器的第 2 位到第 5 位均配置为 0，即 P3M0=0X00 与 P3M1=0X00。至此开关量输入端口设置完毕。

开关量的输出端口初始化配置。开关量输出有 P2(P2.0~P2.7)、P3.6 共 9 个端口。

首先配置 P2(P2.0~P2.7)端口，P2 端口作为输出是由寄存器 P2M0 和寄存器 P2M1 进行管理的。两个寄存器都由 8 个位组成，分别管理 P0 的 8 个端口。两个寄存器与某端口对应位，共组成 4 个组合，其中 00 为准双向模式，10 为推挽输出模式，01 为高阻输入模式，11 为开漏模式。因此，将寄存器 P2M0.0~P2M0.7 的 8 个位均设置为 1，P2M1.0~P2M1.7 的 8 个位均设置为 0，即 P2M0=0XFF 与 P2M1.0=0X00。同理 P3 端口是由 P3M0 和 P3M1 两个寄存器管理的，因此将 P3M0 和 P3M1 两个寄存器的第 6 位分别设置为 1 和 0，即 P3M0.6=1 与 P3M1.6=0。至此开关量输出端口设置完毕。

模拟量输入端口初始化配置。模拟量输入有 P1.2~P1.5 共 4 个端口。

P1 端口模拟量输入模式是由 P1ASF 寄存器(8 位)管理的，寄存器中的每一位分别管理 P1 的每一个端口，寄存器中的某一位为 1 时，即将所对应的端口设置为模拟量输入端口。因此，将寄存器第 2 位到第 5 位均赋值 1，就将 P1.2~P1.5 设置为模拟量输入端口，即 P1ASF.2=1、P1ASF.3=1、P1ASF.4=1、P1ASF.5=1。至此模拟量的输出端口设置完毕。

脉宽调制输出端口初始化配置。本节使用 P1.0、P1.1 端口作为 PWM 的输出端口，具体配置如下所述。

管理 PWM 输出的寄存器为外围设备控制寄存器 PSW1。PSW1 寄存器的第 4 位(CCPS0)、第 5 位(CCPS1)置 0 时，使得 P1.0、P1.1 为脉宽调制输出端口。因此，将 PSW1 与 0XE7(二进制为 11100111)做"与"运算后重新赋予 PSW1，使得 PSW1 的第 4 位和第 5 位均置为 0，其他位上的值保持不变。

通信端口初始化配置。本节使用 P3.0、P3.1 端口作为 RS232 通信接口。

管理 RS232 通信端口为辅助寄存器 AUXR1 的第 6 位(S1_S0)和第 7 位(S1_S1)。当第 6 位、第 7 位均为 0 时，设置 P3.0、P3.1 为通信端口。因此，将 AUXR1 与 0X3F(二进制为 00111111)做"与"运算后重新赋予 AUXR1，从而使 AUXR1 寄存器的第 6 位和第 7 位的值设置为 0，其他位上的值保持不变。

② 定时器初始化。

a. 定时器 0 初始化。

定时器 0 由辅助寄存器 AUXR，控制寄存器 TCON，工作模式寄存器 TMOD、Time High(TH0)与 Time Low(TL0)五个寄存器管理。

辅助寄存器 AUXR 的第 7 位(T0X12)赋值 0，将定时器 0 设置为 12T 工作模式，即 AUXR 与 0X7F(二进制为 01111111)做"与"运算后，结果重新赋予该寄存器，其他位上的值保持不变。

控制寄存器 TCON 的第 4 位(TR0)、第 5 位(TF0)分别赋值 1，将定时器 0 设置为允许开中断和允许中断溢出，即 TCON 与 0X30(二进制 00110000)做"或"

运算后，结果重新赋予该寄存器，其他位上的值保持不变。

工作模式寄存器 TMOD 第 0 位(M0)、第 1 位(M1)分别赋值 0，将定时器设置为 16 位自动重装模式，即 TMOD 与 0XFC(二进制为 11111100)做"与"运算后，结果重新赋予该寄存器，其他位上的值保持不变。

本节将定时器 0 的中断周期设为 50ms(20Hz)。因此，需要将 Time High(TH0)与 Time Low(TL0)寄存器分别写入初始值，使得定时器达到 50ms 时重新计时。定时器 0 在 12T 模式下初始值重置使用如下公式[325]：

$$F = \frac{SYSclk}{12 \times (65536 - [TH0, TL0])} \tag{5.12}$$

其中，F 为时钟频率；SYSclk 为 MCU 时钟频率。本节使用的晶振周期为 11.0592MHz，将设定的中断周期 50ms(20Hz)代入式(5.12)，即有 TH0=0X4C，TL0=0X00，从而得出定时器 0 的重装值。

b. 定时器 1 初始化。

定时器 1 由辅助寄存器 AUXR，控制寄存器 TCON，工作模式寄存器 TMOD、Time High(TH1)与 Time Low(TL1)五个寄存器管理。

辅助寄存器 AUXR 的第 6 位(T1x12)赋值 0，将定时器 1 设置为 12T 工作模式；第 0 位(S1ST2)赋值为 0，将定时器 1 设置为 RS232 通信波特率发生器。实现方法是将 AUXR 与 0XBE(二进制为 10111110）做"与"运算后，结果重新赋予该寄存器，其他位上的值保持不变。

控制寄存器 TCON 的第 6 位(TF1)、第 7 位(TR1)分别赋值 1，将定时器 1 设置为开中断和允许中断溢出，即 TCON 与 0XC0(二进制为 11000000)做"或"运算后，结果重新赋予该寄存器，其他位上的值保持不变。

工作模式寄存器 TMOD 第 4 位(M0)、第 5 位(M1)分别赋值 0，将定时器设置为 16 位自动重装模式，即 TMOD 与 0XCF(二进制为 11001111)做"与"运算后，结果重新赋予该寄存器，其他位上的值保持不变。

本节将 RS232 通信波特率设定为 9600bit/s。进一步需要计算出 Time High(TH1)与 Time Low(TL1)两个寄存器的初始值。定时器 1 初装值的计算按式 (5.13)求得：

$$F_b = \frac{SYSclk}{12 \times (65536 - [TH1, TL1]) \times 4} \tag{5.13}$$

其中，F_b 为通信波特率(9600bit/s)；SYSclk 为 MCU 时钟频率，本节选择 11.0592MHz 作为时钟频率。由式(5.13)可得 TH1 和 TL1 的初装值分别为 0XFE、0XE0，即 TH1 =0XFE、TL1=0XE0。通信端口初始化配置完毕。

初始化模块中，还需要对限幅模糊与 PID 混合运算中的规则库参数表、PID

等参数从 MCU 芯片 EEPROM 中进行读取，赋值到临时变量中，供运算使用。

(2) 系统复位模式。

当接收中断所接收的指令为 0X10 时，主程序进入系统复位模式，执行 System_Reset 模块，则有如下操作：

① I/O 端口初始化；

② 定时器 0、定时器 1 重新开始；

③ P2.6(DR6)得电，推送气缸复位；

④ P2.7(DR7)得电，试件压板升起；

⑤ P3.6(DR9)得电，试件加热器下降；

⑥ P2.4(DR5)得电，上下腔之间的锥形通道打开；

⑦ 向上位机传送各 I/O 端口状态；

⑧ 重新读取 EEPROM 中的初始值。

(3) 系统自检模式。

当接收中断所接收的指令为 0X00 时，主程序进入系统自检模式，执行 Self_Check 模块，则有如下操作：

① 向上位机发送呼叫信息。

② 等待上位机应答，若通信不成功，则上位机处理通信错误；若通信成功，则进行下一步操作。

③ 读取输入端口 DI1，检查下腔加热器开关状态。

④ 读取输入端口 DI2，检查制冷压缩机开关状态。

⑤ 读取输入端口 DI3，检查试件加热器开关状态。

⑥ 读取输入端口 DI4，检查风泵开关状态。

⑦ 读取输入端口 DI5，检查温度调节腔封堵状态。

⑧ 读取输入端口 DI6，检查推送杆推进状态。

⑨ 读取输入端口 DI7，检查试件压板状态 A(正向)。

⑩ 读取输入端口 DI8，检查试件压板状态 B(反向)。

⑪ 读取输入端口 DI9，检查试件加热器升降状态。

⑫ 读取输入端口 DI10，检查磁性接近开关状态。

⑬ 读取上腔温度传感器、试件加热温度传感器的数据。

上述工作完成后，向上位机发送各输入端口的状态和两组温度传感器采集到的数据。

(4) 自动运行模式。

当接收中断所接收的指令为 0X1D 时，主程序进入自动运行模式。调用 Automatic_Mode 模块。自动运行模式流程如图 5.33 所示。

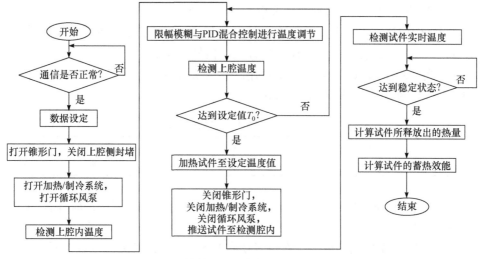

图 5.33 主控制器主程序自动运行模式流程图

主控制器与上位机进行一次应答通信，若不成功，则上位机进行纠错处理。若通信成功，则读取 EEPROM 中的检测腔设定的温度值数据和试件设定的温度数据，并分别放入 Room_SetTemperature、Sample_SetTemperature 变量中。程序顺序执行或者选择执行以下步骤。

① 检测腔温度调节(温度调节标识位为 Flag_Temprature)。

a. P2.0(R1)得电，开启制冷机。

b. P2.1(R2)得电，开启下腔电加热器。调用限幅模糊与 PID 混合控制模块，实施下腔设定目标的实时跟踪控制(Room_SetTemperature=设定温度)。

c. P2.4(R4)得电，打开循环风泵。上下腔形成气体流通回路。

② 试件加热与推送。

当上腔温度达到设定温度值时，Flag_Temprature=1，执行以下步骤：

a. 控制器 P2.3(R3)得电，开启试件加热器，加热试件。

b. 当试件温度达到设定值 Sample_SetTemperature 时，主控制器 P2.5(R5)得电，关闭锥形通道，检测腔密闭。

c. P2.1(R2)复位，关闭制冷压缩机。

d. P2.0(R1)复位，关闭下腔加热管。

e. P2.3(R4)复位，关闭循环风泵。

f. P2.7(R8)复位，抬起试件压板。

g. P3.6(R9)复位，降低试件加热器。

h. P2.5(R4)得电，推送机构动作将试件推送到检测腔内。

i. 关闭限幅模糊与 PID 混合控制模块，关闭定时器 0，Flag_Temprature=0。

③ 检测腔内传感器阵列温度采集。

当试件加热完成标识位 Flag_Temprature 置位时，传感器阵列温度采集开始。每隔 3s，上位机向控制器 A、控制器 B 发送信号采集指令。

a. 当控制器 A 接收到传感器阵列信号采集指令时，将采集到的 A 基板传感器阵列的 75 组数据按表 5.6 格式打包。

表 5.6　控制器 A 发送数据格式

报头	基板号	数据 1	数据 2	…	数据 180	报尾
0XAF	0XBA	Data1	Data2	…	Data180	0XED

按上述通信格式发送至上位机，接收到上位机"接收数据完成"应答后，A 基板数据传输完成。

b. 控制器 B 接收到传感器阵列信号采集指令时，将采集到的 B 基板传感器阵列的 75 组数据按表 5.7 格式打包。

表 5.7　控制器 B 发送数据格式

报头	基板号	数据 1	数据 2	…	数据 180	报尾
0XBF	0XBB	Data1	Data2	…	Data180	0XED

按上述通信格式发送至上位机，接收到上位机"接收数据完成"应答后，B 基板数据传输完成。

c. 当接收到上位机达到稳定状态指令后，数据采集完成，A、B 基板停止数据采集工作。

d. 主控制器、A 基板、B 基板停止工作，自动运行模式完成。

(5) 手动运行模式。

当接收中断所接收的指令为 0X05 时，主程序进入手动运行模式，调用 Manual_Mode 模块。接收到的手动指令格式如表 5.8 所示。

表 5.8　主控制器接收指令格式

报头	指令码	数据 1	数据 2	报尾
0XFA	0X**	Data1	Data2	0XED

在手动运行状态下，主控制器收到上位机发送的不同数据，执行不同的命令：

① 当指令码为 0X08 时，温度调节腔电加热器开；

② 当指令码为 0X09 时，温度调节腔电加热器关；

③ 当指令码为 0X04 时，温度调节腔制冷压缩机开；

④ 当指令码为 0X05 时，温度调节腔制冷压缩机关；

⑤ 当指令码为 0X06 时，试件电加热器开；

⑥ 当指令码为 0X07 时，试件电加热器关；

⑦ 当指令码为 0X1B 时，风泵开启；

⑧ 当指令码为 0X1C 时，风泵关闭；

⑨ 当指令码为 0X0E 时，温度调节腔封堵开；

⑩ 当指令码为 0X0F 时，温度调节腔封堵关；

⑪ 当指令码为 0X13 时，推送杆推进；

⑫ 当指令码为 0X14 时，推送杆撤回；

⑬ 当指令码为 0X15 时，试件压板抬起；

⑭ 当指令码为 0X16 时，试件压板落下；

⑮ 当指令码为 0X20 时，试件加热器抬起；

⑯ 当指令码为 0X21 时，试件加热器落下。

(6) 状态监测模式。

当接收中断所接收的指令为 0X02 时，主程序进入状态监测模式，调用 IO_Status 模块。读取以下端口状态：

① 输入端口 DI1，监测下腔加热器开关状态；

② 输入端口 DI2，监测制冷压缩机开关状态；

③ 输入端口 DI3，监测试件加热器开关状态；

④ 输入端口 DI4，监测风泵开关状态；

⑤ 输入端口 DI5，监测温度调节腔封堵开关状态；

⑥ 输入端口 DI6，监测推送杆推进状态；

⑦ 输入端口 DI7，监测试件压板状态 A(正向)；

⑧ 输入端口 DI8，监测试件压板状态 B(反向)；

⑨ 输入端口 DI9，监测试件加热器升降状态；

⑩ 输入端口 DI10，监测磁性接近开关状态；

⑪ 上腔温度传感器、试件加热温度传感器的数据。

主控制器读取各个输入端口的状态后，按表 5.9 所示格式打包。

表 5.9　主控制器发送指令格式

报头	命令码	命令内容										报尾
0XDB	0XFF	T	P	B	PS	YB	PID	FB	ZL	DT	ST	D_T	0XED

其中，T 表示试件温度，P 表示进度状态，B 表示封堵开关状态，PS 表示推送杆状态，YB 表示试件压板状态，PID 表示控制状态，FB 表示风泵开关状态，ZL 表示制冷状态，DT 表示下腔加热状态，ST 表示试件加热状态，D_T 表示下腔内温度。打包后发送给上位机，上位机接收到通信信息，将各执行部件的状态显

示到人机交互界面中。

(7) 数据交换模式。

当接收中断所接收的指令码为 0X11 时，主程序进入数据交换模式，调用 Data_Exchange 程序模块。在数据交换模式中有如下操作：

① 指令码为 0X03 时，将检测腔温度设定值存入 EEPROM，并将该数据的高八位和低八位合并后赋给变量 Room_SetTemperature；

② 指令码为 0X0C 时，将试件温度设定值存入 EEPROM，并将该数据的高八位和低八位合并后赋给变量 Sample_SetTemperature；

③ 指令码为 0X0D 时，将 PID 参数设定值存入 EEPROM；

④ 指令码为 0X1A 时，将 EEPROM 保存的检测腔温度设定值、试件温度设定值、PID 参数设定值传输到上位机。

4) 本节构建的模块与算法模型

本节开发四个运算模块，构建两个算法模型。

(1) 通信模块(Send&Receive)构建：用于和上位机数据交换。采用的是 RS232 通信，波特率设定为 9600bit/s，利用 MCU 芯片的定时器 1 作为波特率发生器。数据的接收与发送程序流程如图 5.34 所示。

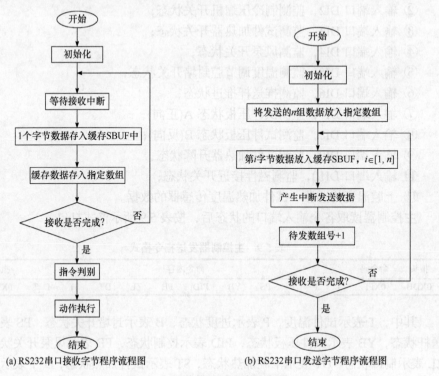

(a) RS232串口接收字节程序流程图　　　(b) RS232串口发送字节程序流程图

图 5.34　通信模块子程序流程图

图 5.34(a)为 RS232 串口接收字节程序流程图，当上位机有数据传输给控制器时，MCU 产生接收中断。首先读取 1 个字节的数据，存放到串行数据缓冲器(serial data buffer, SBUF)中，并转存到指定的数组中。判断是否还有数据传入，若没有，则数据接收完成。

图 5.33(b)为 RS232 串口发送字节程序流程图，将把要发送的数据存储到指定数组中。首先将第 1 个字节数据存放到发送 SBUF 存储器中，MCU 产生发送中断，将 SBUF 中的数据发出，字节发送完成后，将指定数组的第 2 个字节存入 SBUF 中，进行第 2 个字节的发送，直到将所有数据发送完成。

(2) 限幅模糊与 PID 混合控制模块(Fuzzy&PID)构建：本节构建限幅模糊与 PID 混合控制模块，对下腔温度实时控制。算法的设定 $e(t)$ 为设定温度值和实际温度值的偏差(设定值减去实际值)，$u(t)$ 为控制器输出。该模型当温度误差 $e(t)$ 在$[-\Delta e, +\Delta e]$范围内时采用 PID 控制，当温度误差 $e(t)$ 在$(-\infty, -\Delta e)$和$(+\Delta e, +\infty)$时采用模糊控制。其中本节构建的 PID 控制模块程序如图 5.35 所示，模糊控制模块程序如图 5.36 所示。

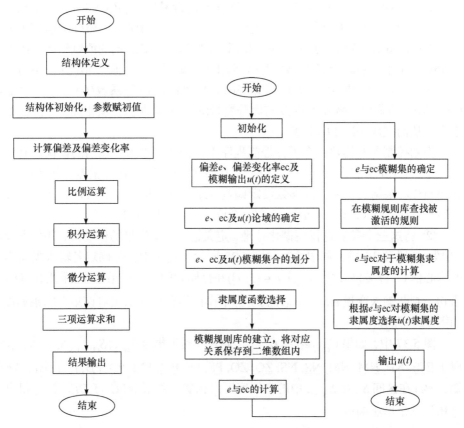

图 5.35　PID 控制模块程序流程图　　　　图 5.36　模糊控制模块程序流程图

PID 模型由结构体、初始化函数(PID_Initialization(struct PID *PP))、PID 运算函数(PID_Calculation(struct PID *PP, short NextPoint))三部分构成。

在 PID 模块中需要用到多个描述事件的变量，为了使变量群更加集中，方便管理，本节采用结构体作为多个变量的定义。在结构体 Struct PID 中，定义 PID 运算变量，其中包括温度设定值(SetTemperature)、比例系数(P)、积分系数(I)、微分系数(D)、前一次误差(PrevError)、后一次误差(LastError)、累加误差(SumError)。

定义 PID 初始化函数 PID_Initialization(struct PID *PP)，函数入口为指向结构体的指针。首先利用 memset 函数将指针初始化，进一步将累加误差(SumError)、后一次误差(LastError)、前一次误差(PrevError)初始化为 0。

构建函数体 PID_Calculation(struct PID *PP, short NextPoint)，函数的入口为指向结构体 PID 的指针和当前采样值，函数的返回值为 PID 运算结果。在函数体中首先定义两个中间变量：温度误差(Error)和微分变量(dError)。然后进行下述运算：

① 设定值与实际检测值做差，赋给 Error。

② 将本次温度误差与前一次的多次误差进行累加求和(SumError += Error)；

③ 进行微分项的运算，将本次误差值与后一次的误差值做减法运算(Error–PP–>LastError)，结果赋予 dError；将后一次误差(LastError)的值赋给前一次误差值(PrevError)，将本次计算的温度误差值(Error)赋予后一次误差值(LastError)。

④ 将比例系数 P 与温度误差(Error)的乘积、积分系数(I)与误差累加值(SumError)的乘积、微分系数 D 与微分变量(dError)的乘积三项相加，相加的结果返回，从而完成一次 PID 运算。

模糊控制器的构建：在模糊控制程序中，构建二输入一输出的模糊控制器。

① 首先定义三个变量：设定值与实际检测值的偏差 $e(t)$、偏差变化率 $ec(t)$ 及输出 $u(t)$。根据设备的实际参数设定偏差 $e(t)$、偏差变化率 $ec(t)$ 的论域及 $u(t)$ 的值域：$e(t) \in [-90, 90]$，$ec(t) \in [-300, 300]$，$u(t) \in [1, 10]$。

② 将这三个参数进行模糊化处理，定义输入、输出量的模糊集，并分别分成 14 段、7 段和 19 段，如图 5.26～图 5.28 所示。程序中首先确定各输入模糊集合的中心值 C_{ei}($i \in [1, 14]$)、C_{ecj}($j \in [1, 7]$)并存储到两个一维数组中。采用 IF-THEN 语句，判断输入变量 $e(t)$、$ec(t)$ 属于哪个模糊集合，并求出对该集合的隶属度，如图 5.37 所示。

图 5.37 中，如果 $C_{ei} < e(t) < C_{e(i+1)}$，则 $e(t)$ 属于集合 S_{ei}、$S_{e(i+1)}$(S_{ei}、$S_{e(i+1)}$ 均属于{NB, NB, NM, NM, NS, NS, ZO, ZO, PS, PS, PM, PM, PB, PB})。由图 5.37 可知，$e(t)$ 在区间 S_{ei} 和 $S_{e(i+1)}$ 中的隶属度可由相似三角形 ABC 与 DEC 计算得出，由相似三角形比例得

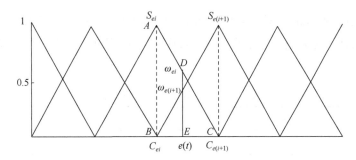

图 5.37　$e(t)$模糊集合及隶属度

$$\frac{\omega_{ei}}{1} = \frac{C_{e(i+1)} - e(t)}{C_{e(i+1)} - C_{ei}} \tag{5.14}$$

同理 $e(t)$ 对于 $S_{e(i+1)}$ 的隶属度计算公式为

$$\frac{\omega_{e(i+1)}}{1} = \frac{e(t) - C_{ei}}{C_{e(i+1)} - C_{ei}} \Rightarrow \omega_{e(i+1)} = \frac{e(t) - C_{ei}}{C_{e(i+1)} - C_{ei}} \tag{5.15}$$

按上述推导方法，对于偏差变化率 $ec(t)$，有：若 $C_{ecj} < ec(t) < C_{ec(j+1)}$，则 $ec(t)$ 属于集合 S_{ecj}（S_{ecj} ={NB, NM, NS, ZO, PS, PM, PB}）、$S_{ec(j+1)}$。$ec(t)$ 在区间 S_{ecj} 的隶属度为

$$\frac{\omega_{ecj}}{1} = \frac{C_{ec(j+1)} - ec(t)}{C_{ec(j+1)} - C_{ecj}} \Rightarrow \omega_{ecj} = \frac{C_{ec(j+1)} - ec(t)}{C_{ec(j+1)} - C_{ecj}} \tag{5.16}$$

$ec(t)$ 在区间 $S_{ec(j+1)}$ 的隶属度为

$$\frac{\omega_{ec(j+1)}}{1} = \frac{ec(t) - C_{ecj}}{C_{ec(j+1)} - C_{ecj}} \Rightarrow \omega_{ec(j+1)} = \frac{ec(t) - C_{ecj}}{C_{ec(j+1)} - C_{ecj}} \tag{5.17}$$

③ 根据建立的模糊规则库，程序中定义二维数组 $R[i][j]$，其中 $i=14$、$j=7$，将对应 $u(t)$ 的模糊集合 $S_{u(i,j)}$（$S_{u(i,j)} \in$ {N9P, N8P, N7P, N6P, N5P, N4P, N3P, N2P, N1P, ZO, P1P, P2P, P3P, P4P, P5P, P6P, P7P, P8P, P9P }）存储到该二维数组中。

④ 将输出反模糊化，计算 $u(t)$ 的输出。S_{ei}、$S_{e(i+1)}$ 与 S_{ecj}、$S_{ec(j+1)}$ 组合共激活 2×2 条规则，即 $R[i][j]$、$R[i][j+1]$、$R[i+1][j]$、$R[i+1][j+1]$，用 $S_{u(i,j)}$ 表示，如表 5.10 所示。

表 5.10　激活输出的模糊集合表

S_e	S_{ec}	
	S_{ecj}	$S_{ec(j+1)}$
S_{ei}	$S_{u(i,j)}$	$S_{u(i,j+1)}$
$S_{e(i+1)}$	$S_{u(i+1,j)}$	$S_{u(i+1,j+1)}$

被激活的四个输出模糊集合中，$u(t)$ 对于每个集合 $S_{u(i,j)}$ 的隶属度用 $\omega_{u(i,j)}$ 表示。综上所述，偏差 $e(t)$、偏差变化率 $ec(t)$ 的隶属度已经求出，并且有四种组合方式，如表 5.11 所示。

表 5.11　输入变量隶属度的组合

组合	输入	
	$e(t)$	$ec(t)$
组合 1	ω_{ei}	ω_{ecj}
组合 2	ω_{ei}	$\omega_{ec(j+1)}$
组合 3	$\omega_{e(i+1)}$	ω_{ecj}
组合 4	$\omega_{e(i+1)}$	$\omega_{ec(j+1)}$

在表 5.11 中，令：

$u(t)$ 在区间 $S_{u(i,j)}$ 的隶属度为 $\omega_{u(i,j)}=\min\{\omega_{ei},\ \omega_{ecj}\}$，即 $\omega_{u(i,j)}$ 取 ω_{ei} 和 ω_{ecj} 的较小值；

$u(t)$ 在区间 $S_{u(i,j+1)}$ 的隶属度为 $\omega_{u(i,j+1)}=\min\{\omega_{ei},\ \omega_{ec(j+1)}\}$；

$u(t)$ 在区间 $S_{u(i+1,j)}$ 的隶属度为 $\omega_{u(i+1,j)}=\min\{\omega_{e(i+1)},\ \omega_{ecj}\}$；

$u(t)$ 在区间 $S_{u(i+1,j+1)}$ 的隶属度为 $\omega_{u(i+1,j+1)}=\min\{\omega_{e(i+1)},\ \omega_{ec(j+1)}\}$。

关于 ω_{ei}、ω_{ecj}、$\omega_{u(i,j)}$ 三者之间的表述关系如表 5.12 所示。

表 5.12　激活输出的集合隶属度表

ω_e	ω_{ec}	
	ω_{ecj}	$\omega_{ec(j+1)}$
ω_{ei}	$\omega_{u(i,j)}$	$\omega_{u(i,j+1)}$
$\omega_{e(i+1)}$	$\omega_{u(i+1,j)}$	$\omega_{u(i+1,j+1)}$

表 5.12 中，ω_{ei} 和 ω_{ecj} 的最小值为 $u(t)$ 在区间 $S_{u(i,j)}$ 的隶属度 $\omega_{u(i,j)}$；ω_{ei} 和 $\omega_{ec(j+1)}$ 的最小值为 $u(t)$ 在区间 $S_{u(i,j+1)}$ 的隶属度 $\omega_{u(i,j+1)}$；$\omega_{e(i+1)}$ 和 ω_{ecj} 的最小值为 $u(t)$ 在区间 $S_{u(i+1,j)}$ 的隶属度 $\omega_{u(i+1,j)}$；$\omega_{e(i+1)}$ 和 $\omega_{ec(j+1)}$ 的最小值为 $u(t)$ 在区间 $S_{u(i+1,j+1)}$ 的隶属度 $\omega_{u(i+1,j+1)}$。

根据所述模糊规则，将每个输出模糊集的中心值 $C_{u(i,j)}$ 写入对应位置，如表 5.13 所示。

表 5.13　输出模糊集合 $S_{u(i,j)}$ 与中心值 $C_{u(i,j)}$ 对应表

i	j						
	1	2	3	4	5	6	7
1	1.000	1.675	2.350	3.025	3.700	4.375	5.050
2	1.675	2.350	3.025	3.700	4.375	5.050	5.725
3	2.350	3.025	3.700	4.375	5.050	5.725	6.400
4	3.025	3.700	4.375	5.050	5.725	6.400	7.075
5	3.700	4.375	5.050	5.725	6.400	7.075	7.400
6	4.375	5.050	5.725	6.400	7.075	7.400	7.725
7	4.375	5.050	5.725	7.075	7.400	7.725	8.050
8	5.050	6.400	6.400	7.075	7.400	7.725	8.050
9	5.725	6.400	7.075	7.400	7.725	8.050	8.375
10	6.400	7.075	7.400	7.725	8.050	8.375	8.700
11	7.075	7.400	7.725	8.050	8.375	8.700	9.025
12	7.400	7.725	8.050	8.375	8.700	9.025	9.350
13	7.725	8.050	8.375	8.700	9.025	9.350	9.675
14	8.050	8.375	8.700	9.025	9.350	9.675	10.000

表 5.13 中，第 i 行($i \in [1, 14]$)第 j 列($j \in [1, 7]$)的值表示 $S_{u(i,j)}$ 的中心值。

因此，利用加权平均法计算出 $u(t)$ 输出值，如式(5.18)所示，在程序中得以实现。

$$u(t) = \frac{\omega_{u(i,j)}C_{u(i,j)} + \omega_{u(i,j+1)}C_{u(i,j+1)} + \omega_{u(i+1,j)}C_{u(i+1,j)} + \omega_{u(i+1,j+1)}C_{u(i+1,j+1)}}{\omega_{u(i,j)} + \omega_{u(i,j+1)} + \omega_{u(i+1,j)} + \omega_{u(i+1,j+1)}} \times \frac{1}{K_u}$$

$$(5.18)$$

其中，$\omega_{u(i,j)}$ 为 $u(t)$ 在输出集合 $S_{u(i,j)}$ 的隶属度；$C_{u(i,j)}$ 为输出集合 $S_{u(i,j)}$ 的中心值；$\omega_{u(i,j+1)}$ 为 $u(t)$ 在输出集合 $S_{u(i,j+1)}$ 的隶属度；$C_{u(i,j+1)}$ 为输出集合 $S_{u(i,j+1)}$ 的中心值；$\omega_{u(i+1,j)}$ 为 $u(t)$ 在输出集合 $S_{u(i+1,j)}$ 的隶属度；$C_{u(i+1,j)}$ 为输出集合 $S_{u(i+1,j)}$ 的中心值；$\omega_{u(i+1,j+1)}$ 为 $u(t)$ 在输出集合 $S_{u(i+1,j+1)}$ 的隶属度；$C_{u(i+1,j+1)}$ 为输出集合 $S_{u(i+1,j+1)}$ 的中心值。

限幅模糊与 PID 混合控制模块的实现：实施温度控制时，系统将采集的下腔温度值与设定温度做差。若设定值与实际检测值差值的绝对值 $|e(t)| > \Delta e$，则程序选择模糊运算方式；若 $|e(t)| < \Delta e$，则程序选择 PID 运算方式。得到输出 $u(t)$ 后，将 $u(t)$ 传输至脉宽调制模块中，驱动下腔内电加热管的变功率工作。当下腔内温度达到设定值(温度偏差在±0.1℃之内即认为达到设定值)，延时 30s 后再对温度采样，所得数值与设定值再次进行比较，判断是否达到设定值。如此进行 5 次判定，

若检测值在设定值所规定的范围内, 则认为系统调节完成, 检测腔达到设定温度。当未达到设定值时, 主控制器继续利用限幅模糊与 PID 混合控制算法对下腔进行温度调节。温度调节子程序流程如图 5.38 所示。

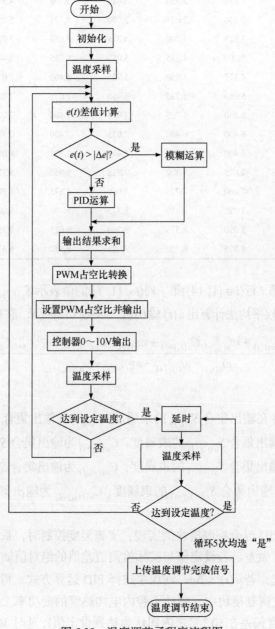

图 5.38　温度调节子程序流程图

(3) 脉宽调制输出模块(PWM_MODE)的构建。

为节省控制器 CPU 的运算时间,提高运行效率,本节没有利用常规的 CPU 内部脉宽调制的方法,而是提出一种 I/O 输出端口脉宽调制方法。该方法是将输出端口只作为高低电平输出,通过程序控制调制周期内高电平、低电平的输出,达到脉宽调制的效果。本节提出一种 I/O 输出端口脉宽调制方法,调制周期为1s,输出 0~10V 的脉宽调制输出模块,模块程序流程如图 5.39 所示。

图 5.39 中,首先建立周期为 50ms 的定时器,以定时器的 20 个中断(即 1s)作为一个PWM 周期,也就是说在 1s 内实现 $u(t)$ 的脉宽

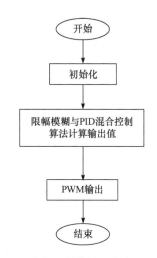

图 5.39　脉宽调制模块程序流程图

调制输出。令限幅模糊与 PID 混合控制的输出为 $u(t)$,则占空比为 $20 \times u(t)/255$,即在脉宽调制的周期内,$tt \in (0, 20 \times u(t)/255)$ 调制输出为高电平,当 $tt \in (20 \times u(t)/255,1)$ 时调制器输出低电平,从而达到脉宽调制的目的,其中 $tt \in [0, 1]$ 。

(4) 模拟数字转换模块构建。

本节开发的装置,试件压板底面安装了两个 PT100 温度传感器,采用变送器转换输出为 0~5V 的电压信号,连接到控制器模拟输入端口 AI1、AI2。配置控制器寄存器 ADC_CONTR 的第 7 位,对 ADC 进行使能,进行 10 位 A/D 转换,即0~5V 对应 0~2^{10},分辨率为 0.005V。寄存器的第 3 位、第 2 位、第 1 位的 0 与1 组合,完成对 8 个 A/D 输入端口的选择。A/D 转换用式(5.19)计算:

$$(ADC\_RES[7{:}0], ADC\_RESL[1{:}0]) = 2^{10} \times \frac{V_{in}}{V_{cc}} \tag{5.19}$$

其中,V_{in} 为 PT100 变送器输出的 0~5V 电压;V_{cc} 为标准电压,5V;ADC_RES[7:0]存放转换结果的高八位;ADC_RESL[1:0]存放转化结果的低两位。

转换为十进制的实际温度用式(5.20)计算:

$$T_{test} = \frac{ADC\_VALUE}{2^{10}} \times (80 + 20) - 20 \tag{5.20}$$

其中,T_{test} 为实际检测温度值(℃);ADC_VALUE 为十六进制温度转换值。

为确保 A/D 转换后的数据精度,采用数字滤波技术,对每个传感器进行 10次数据采集,然后求平均值,作为该传感器的温度数据。将两个 PT100 温度传感器的采集数据再次求平均值,作为被测试件上表面的温度值。在试件加热过程中,

根据上位机的指令,每隔 3s 传输一次试件上表面的温度数据。控制器单次 A/D 转换程序流程如图 5.40 所示。

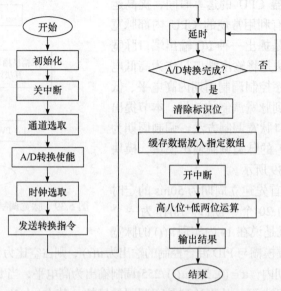

图 5.40　控制器单次 A/D 转换程序流程图

(5) EEPROM 数据读取模块(Read&Write_EEPROM)构建。

在调试中发现,主控制器在进行数据存储和读取时,系统各动作偶尔发生紊乱现象。研究发现是由于对 MCU 内部的 EEPROM 进行操作所引起的,数据的读写时间较长与某个执行子程序发送冲突,使系统变得不稳定。针对 EEPROM 操作耗时长、CPU 运行效率低的问题,本节提出一种 EEPROM 操作方法与模块,如图 5.41 所示。

EEPROM 的读操作是通过对控制寄存器 IAP_CONTR、命令寄存器 IAP_CMD、地址寄存器 IAP_ADDRH 和 IAP_ADDRL、命令触发寄存器 IAP_TRIG、数据寄存器 IAP_DATA 的设置与操作完成的:

① 将控制寄存器 IAP_CONTR 的第 7 位赋值为 1,允许对 EEPROM 进行读操作;将第 2、第 1、第 0 位分别赋值为 0、1、1,设定读取速度为两个时钟周期。

② 将命令寄存器 IAP_CMD 的第 1、第 0 位分别设置为 0、1,设置为数据读取模式。

③ 将要读取的 EEPROM 地址的高八位和低八位分别写入地址寄存器 IAP_ADDRH 和 IAP_ADDRL。

④ 将 0X5A、0XA5 写入命令触发寄存器 IAP_TRIG,触发读操作。

⑤ 读取数据寄存器 IAP_DATA 中的数据。

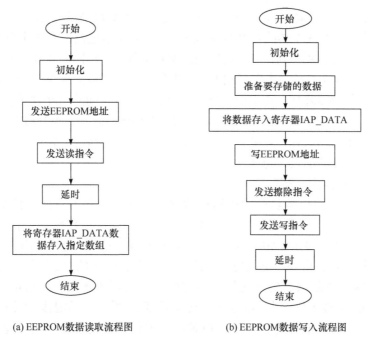

(a) EEPROM数据读取流程图　　　　　　　(b) EEPROM数据写入流程图

图 5.41　EEPROM 数据读写流程图

⑥ 将控制寄存器 IAP_CONTR 的第 7 位赋值为 0，禁止 EEPROM 读操作。

EEPROM 的写操作是通过对控制寄存器 IAP_CONTR、命令寄存器 IAP_CMD、数据寄存器 IAP_DATA、地址寄存器 IAP_ADDRH 和 IAP_ADDRL、命令触发寄存器 IAP_TRIG 的设置与操作完成的：

① 将控制寄存器 IAP_CONTR 的第 7 位赋值为 1，允许对 EEPROM 进行写操作；将第 2、第 1、第 0 位分别赋值为 0、1、1，设定写速度为两个时钟周期。

② 将命令寄存器 IAP_CMD 的第 1、第 0 位分别设置为 1、0，设置为数据写入模式。

③ 将要存储的数据写入数据寄存器 IAP_DATA 中。

④ 将要存储的 EEPROM 地址的高八位和低八位分别写入地址寄存器 IAP_ADDRH 和 IAP_ADDRL。

⑤ 将 0X5A、0XA5 写入命令触发寄存器 IAP_TRIG，触发写操作。

⑥ 将控制寄存器 IAP_CONTR 的第 7 位赋值为 0，禁止 EEPROM 写操作。

3. 控制器 A、控制器 B 与传感器阵列的设计与开发

控制器 A 和控制器 B 的基本功能相同,都是对温度传感器阵列的数据进行采集。控制器 A 和 25 个传感器电路板相连,每个传感器电路板有 3 个总线型温度传感器,组成传感器阵列,负责检测腔内被测试件上方空间的温度数据采集。控制器 B 也和 25 个传感器电路板相连,每个传感器电路板上有 3 个总线型温度传感器,组成传感器阵列,负责检测腔内被测试件下方空间的温度数据采集。两个控制器电路原理基本相同,只是在 PCB 结构上稍微有差别,控制器 B 在电路板上开有 4 个扇形的通孔,方便上下腔空气交换时气流的通过。本节以控制器 A 为例,介绍对控制器的设计与开发。

1) 温度传感器的选择

木质地采暖地板蓄热效能检测仪的核心装置为安装有传感器阵列的检测腔。为了确保检测数据的准确性,需要精度较高的温度传感器。在工业生产中,温度的检测大多采用铂电阻的形式,其具有线性度好、稳定性高和温度测量范围较大等优点而得到广泛的应用,最为常见的型号为 PT100 铂热电阻[326-328]。铂热电阻的阻值随温度的变化发生线性变化,由调理电路将阻值的变化转化为电压或电流的变化[329]。热电偶也经常用于工业场合的温度检测中。2010年,西安理工大学宋念龙等使用一种对热点进行检测的红外温度传感器阵列,其原理是将多个热电偶串联后的工作端排列在很小的空间中,实现了对大型电站锅炉空气预热器的温度检测[330]。2016 年,周悦等提出了一种应用于探空温度的热电偶温度传感器阵列,解决了小尾流热污染误差等问题,但这个方案仅适用于探空仪器[331]。柔性电阻阵列传感器通常应用于生物温度检测领域,但这类传感器往往因检测单元之间的隔离程度不够,而引起单元间的相互干扰,致使检测精度不高[332]。以上几种温度传感器被广泛应用到工业及生活的各个领域,但都存在一个很大的问题,就是后端的处理电路过于复杂,且传感器和处理电路之间有较多的连线,所以上述传感器不适用于小空间内温度传感器阵列的布设。

为了能够实时、精确获取检测腔内各点的温度数据,同时尽量减少传感器体积及连线对检测腔内环境的影响,本节选用美国达拉斯半导体公司的 DS18B20 总线型温度传感器。该传感器体积较小,有三个引脚(VCC-5V 电源正极、DQ 数据输入输出端口和 VDD-5V 电源负极),温度测量范围为−55～120℃,可实现 9～12位 A/D 转换的工作模式设置,最高分辨率可设置为 0.0625℃[333]。

该传感器能够实现多组并联,通过单总线的形式进行数据交换。每个传感器具有全球唯一的身份标识(identity document, ID)值,在总线上可以实现对传感器身份识别。单个传感器进行温度采集时,首先要对其进行初始化操作,然后进

行传感器工作模式的设定，发送温度转换指令，等转换完成后发送读取指令，这样就可以将转换完的温度值在总线上读取。在对传感器温度值的读取过程中，需要通过读暂存器的 9 个字节，最终读出该传感器转换完成的温度值。若不需要进行工作模式设定，则将按照上次的设定模式工作。温度传感器工作流程如图 5.42 所示。

若总线上有多个温度传感器，均通过 DQ 端口与总线相连，则在进行温度采集时首先要进行 ID 值的匹配，以确定传感器的位置信息，再进行初始化、工作模式的设置、启动温度转换、温度数据的读取等。

传感器的温度值占有 2 个字节，以补码的形式存放。以 12 位精度为例，转换完成的 2 字节以二进制的形式存储于随机存取存储器(random access memory, RAM)中，其中前五位为符号位。若温度值大于或者等于 0，那么这前五位均为 0；若温度值小于 0，那么这前五位均为 1，如表 5.14 所示。

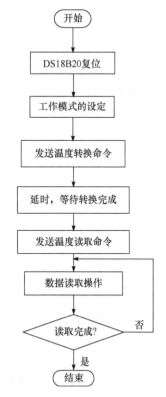

图 5.42　温度传感器工作流程图

表 5.14　DS18B20 温度传感器数值对应表[334]

温度/℃	二进制表示																十六进制表示
	符号位(5 位)	数据位(11 位)															
125	00000																07D0H
25.625	00000																0191H
10.125	00000																00A2H
0.5	00000																0008H
0	00000																0000H
−0.5	11111																FFF8H
−10.125	11111																FF5EH
−25.625	11111																FE6FH
−55	11111																FC90H

实际温度值的计算方法如下：若符号位为 0，则读取数值进行十进制转换后再乘以 0.0625 即为实际温度值，单位为℃；若符号位为 1，则对读取的数值取反

后加一，进行十进制转换后，再乘以 0.0625 即可获得实际的温度值，单位为℃。

2) 温度传感器的校正

所选择的总线型温度传感器温度量程为-55～125℃，对市购传感器进行筛选，选择 0～80℃中间线性度较好、精度能达到±0.1℃的温度传感器，并对选择的传感器进行校准，在基板控制器程序中进行温度补偿。

3) 控制器 A 及传感器阵列电路设计

(1) 控制器 A 电路设计。

控制器 A 采用 STC15 系列芯片，选用该芯片的 30 个 I/O 口作为传感器阵列总线数据的输入输出口，设计有 1 路 RS232 串口与上位机进行数据交换。

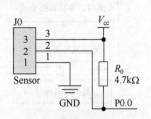

图 5.43 传感器电路板与控制器 A 基
板接口电路图

控制器 A 的 PCB 半径为 80mm，双面覆铜。控制器 A 电路板与 25 个传感器电路板相连，每个传感器电路板上有 3 个温度传感器，这 3 个传感器共用一根总线。每个传感器电路板上的传感器总线与 STC15 芯片的一个 I/O 口直接相连，并在该 I/O 口上接上拉电阻，阻值为 4.7kΩ，以增强该 I/O 口的驱动能力，实现温度数据的稳定传输，如图 5.43 所示。

控制器 A 将 25 个传感器电路板按照同心圆的形式汇集，实现了空间中传感器阵列的布局形式。1#～75#温度传感器数据由控制器 A 负责采集，76#～150#温度传感器数据由控制器 B 负责采集。控制器 A 和控制器 B 的电路原理及 PCB 电路图如附录 4 所示。

在检测腔侧壁、顶部和底部均安装有温度传感器，用于检测试验前后检测腔各个周围介质的温度变化情况。

(2) 传感器电路板设计。

在传感器阵列的设计中，选用总线型温度传感器，多个传感器可以并联到电源正极、电源负极、单总线 3 根线上。单总线只占用微处理器的一个端口，大大减少了引线与逻辑电路。DS18B20 温度传感器阵列及控制器 A 电路板接线如附录 4 所示。每 3 个传感器按照一定的位置固定到 PCB 上，如图 5.44 中 PCB 的 A、B、C 的位置所示。传感器电路板最上端为 J0 接口，与控制器 A 基板垂直相连。

图 5.44 3 个传感器 PCB 图

　　传感器阵列分为上三层和下三层两组,上三层由控制器 A 电路板进行固定、供电、数据传输与组网,下三层由控制器 B 电路板进行固定、供电、数据采集与组网。

　　4) 控制器 A 及传感器阵列温度采集程序设计

　　单个温度传感器在进行温度转换时,大约需要 750ms,本节的温度传感器阵列共 150 个温度传感器,按照常规的先后顺序转换,总共转换时间约为 114s,这和本节最短时间采样是不相符的。本节的最小采样周期设计要求小于 3s,按照常规的方式不能满足设计要求。

　　为此,本节提出一种并行分布式温度采集方法,使得采样周期缩短为 2.2s,该方式下传感器工作流程如图 5.45 所示。

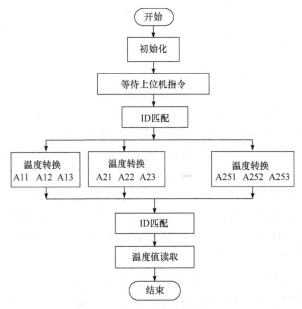

图 5.45　控制器 A 温度采集流程图

　　本节传感器阵列信号采集需要采集 150 个传感器数据。常规的采集方法是遍历所有传感器进行采集,即发送复位指令(1ms)、发送 ID 匹配指令(3ms)、发送温度转换指令(1ms)、传感器温度转换(750ms)、采集传感器的温度数据(5ms)。因此,每个传感器信号采集所用的时间为 760ms,遍历采集 150 个传感器所需的时间约为 114s,使得系统的采样周期变得很长,导致系统的实时性差。

　　为解决常规采样方法周期长、实时性差的问题,本节提出一种并行分布式温度采集方法,使得采集 150 个传感器比传统的采集方法约节省 112s,仅用 2.2s 就完成 150 个传感器的采样。从根本上解决了系统采样周期长、实时性差的问题,该方法是通过总线向所有传感器发送温度转换命令,系统中所有传感器各自进行转换。同时系统以遍历的方式采集所有传感器,采集时间至少节省 149×

750ms=111.75s，使采样时间由原来的 114s 缩短至 2.25s。

本节提出的木质地采暖地板蓄热效能温度场实时同步采集方法，解决了多温度传感器数据采集问题，为检测腔内多点温度采集的同步性与实时性提供了保障。

4. 数据采集与通信

上位机进行数据采集，是通过 3 个控制器对温度采样后传输到上位机。控制器与上位机之间的通信，需要对通信内容进行约定。优质的通信协议，既要包含完整的通信信息，又要短小精悍，以提高整个网络的通信效率[335-337]，缩短占用MCU 的运行时间，加快整个系统的运行速度。本节采用 RS232 接口通信，选用波特率为 9600bit/s，定义了 4 种通信协议，最长的通信协议数据包长度达到 183 字节。实际运行结果表明，数据的采样、通信运行稳定、准确，无丢包与数据不完整现象。

1) 主控制器数据采集与处理

主控制器除进行动作逻辑控制外，还负责下腔内温度采集、试件上表面温度采集及各执行部件状态的监测等。其中有模拟量、数字量，还有开关量等。试件表面温度传感器为 PT100，经变送器转换成 0～5V 的输入电压，再经 A/D 转换后被程序使用。下腔温度传感器为总线式传感器，以单总线的形式传输给 MCU。各执行机构的状态由开关量表示。上述信息传输给上位机并显示到人机交互界面上。

2) 控制器 A、B 数据采集与处理

控制器 A、B 是本节开发的装置中最重要的部分之一。两个控制器向上位机传输检测腔内传感器阵列数据，每组数据长度达到了 183 个字节。因此，数据传送的稳定性、准确性与丢包率成为所开发装置成败的关键。为确保数据采样及数据传送稳定、准确、可靠，采取以下对策：

(1) 采用应答方式，只有上位机询问时，控制器 A、控制器 B 才将数据上传；

(2) 最大限度减少通信字节长度，采用温度值位置排列替代传感器序列号的 8 字节 ID 值的辨识方法，从而将传感器阵列数据传输长度由 1950 个字节(报头 1 字节、指令码 1 字节、ID 值 8 字节、温度值 2 字节、报尾 1 字节，每组 13 字节，共 150 组)缩短为 183 个字节，使通信的成功率大幅度提高。

5.3.3　人机交互界面的开发

1. 人机交互界面开发工具及界面开发

本节开发的人机交互界面具有参数设定、状态显示、检测腔内实时温度状态及温度梯度变化显示等功能。采用 Visual Studio 2010 中 Microsoft Visual C++语言环境中 MFC 框架类进行编程。MFC 是微软公司提供的基本类库，可供编程人员在 Windows 系统下进行应用程序的开发，是微软对应用程序编程接口

(application programming interface, API)函数 VC++的函数封装，方便程序编写人员的应用开发[338-341]。设备界面由团队其他成员完成，为了使系统具有完整性，本节只做简单介绍。

　　本节开发的人机交互界面由主界面、参数设置界面、状态检测界面和数据报表界面组成。其中，参数设置界面由串口参数设置界面和样品信息界面组成。样品信息界面中有检测日期、树种信息、送检单位、检测员等信息，如图 5.46 所示。参数设置界面有通信端口、波特率等选择框，如图 5.47 所示。

　　　　图 5.46　样品信息界面　　　　　　　　图 5.47　通信参数设置界面

2. 主界面

　　主界面主要由参数设定区、实时监测区、热流动态图显示区和命令区组成，如图 5.48 所示。

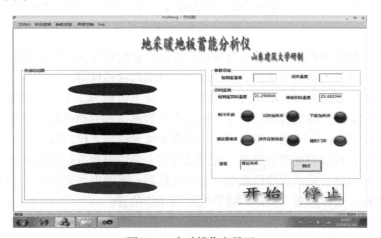

图 5.48　自动操作主界面

参数设定区：设定检测腔初始检测温度及被测试件的初始检测温度。

实时监测区：显示检测腔内以及被测试件加热过程中的实时温度值。同时显示制冷压缩机、试件加热器、下腔电加热管的开关状态，推送机构、试件压板、锥形通道等气缸的动作位置，以及检测过程所处于的阶段等。

热流动态图显示区：人机交互界面中还具有热流动态变化趋势，可以实时显示试验时样品试件检测腔内各层传感器检测到的温度场情况。

试件的蓄热效能检测完成后，界面上弹出检测完成窗口，在弹出的窗口中显示被测试件的蓄热效能参数值。

3. 手动操作界面

在人机交互界面中设计了手动操作界面，可以通过手动操作的方式对试件进行检测，手动操作界面如图 5.49 所示。

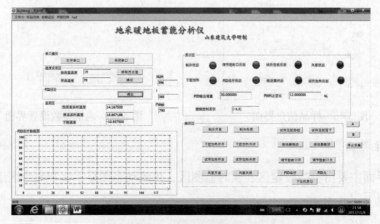

图 5.49　上位机手动操作界面

在手动操作界面中，主要分为串口操作区、温度设定区、PID 设定区、监测区、各执行部件的状态显示区、操作区、温度实时曲线区等。

串口操作区：对通信串口进行操作，以保证上位机与 3 个控制器通信。

温度设定区：设定检测腔初始检测温度及被测试件的初始检测温度。

PID 设定区：进行 PID 参数设定，并将参数发送到主控制器。

监测区：对检测腔内的温度、被测试件的上表面温度进行实时监测。

状态显示区：显示制冷压缩机、试件加热器、下腔电加热管的开关状态，以及推送机构、试件压板、锥形封堵等气缸的动作位置。

操作区：对制冷压缩机、试件加热器、下腔电加热管、推送机构、试件压板、锥形封堵等进行操作。

温度实时曲线区：显示下腔在温度调节过程中的温度变化曲线。

通过手动操作界面，可以对检测设备中的部分参数进行设置、监测，对动作执行机构进行单独操作等。

4. 数据报表界面

上位机界面中还设计有数据报表界面。数据报表界面可以对检测过程的试件数据进行查阅。数据报表界面如图 5.50 所示。

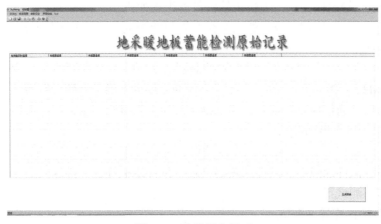

图 5.50　数据报表界面

在数据报表界面中，可以查询到历史检测试件的检测结果、检测过程中各传感器的实时温度值等信息，以便于后期对该试件进行数据分析与研究。

5.4　蓄热效能检测仪性能测试

木质地采暖地板蓄热效能检测仪开发完成以后，需要进行各项功能及性能测试，以验证检测设备的各项指标是否满足要求。首先对检测仪进行各项功能测试，其中包括上位机软件、设备硬件等；然后设计试验方案与试验步骤，对检测仪的各项性能进行测试，以确保检测结果的准确性。

5.4.1　系统功能测试

1. 检测仪各项功能测试

检测仪上电开机后，通过上位机软件界面，对整个系统的各参数进行设置，然后对各执行机构进行测试，包括对检测腔内的温度传感器阵列、温度调节腔的传感器以及试件加热过程中上表面温度检测传感器进行测试，以验证设备是否能够正常运行。

1) 上位机软件测试

工控机启动后，首先对上位机软件进行初步测试，检测软件的启动及退出是否正常。

(1) 菜单栏中各参数设置界面测试结果：正常弹出与退出。

(2) 自动界面、手动界面、报表界面切换正常。

(3) 各操作界面测试结果：发送指令正常，参数设定指令、动作指令正常。

(4) 系统稳定性测试：上位机软件没有出现死机。

(5) 通过初步测试，设备的人机交互界面能否进入正常的工作状态。

2) 通信测试

上位机参数设置菜单中，设置主控制器、控制器 A 及控制器 B 的通信接口分别为 COM3、COM4 和 COM5，波特率为 9600bit/s，确定参数设置后，几个控制器先后返回"通信成功"提示，测试结果表明上位机和三个控制器通信成功。

3) 手动操作界面测试

在手动操作界面中，测试制冷压缩机、温度调节腔电加热管、锥形封堵气缸、循环气泵、试件加热器、试件加热器气缸、试件压板气缸、推送气缸等各部件的执行动作，测试正常。

4) 自动操作界面测试

初始化正常，加热器开关正常，加热完成后试件推送动作正常；下腔温度控制正常，上、下腔空气循环正常，锥形封堵开关正常，传感器阵列数据采集正常；平衡点判断正常，程序自动结束正常。

5) 检测数据保存是否完整

在自动运行和手动运行两种状态下，采集 1000 组数据：①数据文件完整；②数据无明显跳跃现象；③丢包率为零。

测试数据如表 5.15～表 5.17 所示。

表 5.15　蓄热效能检测仪执行机构动作测试

控制器接口号	功能	状态
DI1	温度调节腔电加热器开关状态	正常
DI2	制冷压缩机开关状态	正常
DI3	试件加热器开关状态	正常
DI4	风泵开关状态	正常
DI5	锥形封堵位置状态	正常
DI6	推送杆位置状态	正常
DI7	试件压板位置状态 A	正常
DI8	试件压板位置状态 B	正常

控制器接口号	功能	状态
DI9	试件加热器升降状态	正常
DR1	温度调节腔电加热器开关动作	正常
DR2	制冷压缩机开关动作	正常
DR3	试件电加热器开关动作	正常
DR4	循环风泵开关动作	正常
DR5	温度调节腔锥形封堵开关动作	正常
DR6	推送杆推进/撤回开关动作	正常
DR7	试件压板开关动作	正常
DR9	试件加热器升/降开关	正常

表 5.16　限幅模糊与 PID 混合控制调节时间

控制模式	完成时间/s	最大超调/℃	控制精度/℃
限幅模糊与 PID 混合控制	820	0.9	±0.1

表 5.17　检测仪系统测试状态及精度

检测内容	检测结果
检测腔内温度界面显示	正常
被测试件加热实时温度界面显示	正常
检测腔内传感器精度	±0.1℃
温度调节腔传感器精度	±0.1℃
被测试件推送时间	<550ms
传感器阵列温度采集时间	2.2s
检测仪蓄热效能检测精度	$\pm 0.1 kJ/(s \cdot m^3)$

2. 试件蓄热效能检测步骤

木质地采暖地板蓄热效能检测试验中，分为以下五步进行：①样品试件的制备；②检测腔初始温度调节；③试件加热；④试件推送；⑤数据采集。

1) 样品试件的制备

选择不同树种的地采暖地板样品，制备长度为 100mm、宽度为 60mm、厚度为 8～16mm 的标准试件。

2) 检测腔初始温度调节

检测仪上电后，首先启动工控机，打开上位机界面。调节检测腔温度为设定温度。打开制冷压缩机，对下腔温度进行调节。当下腔达到设定温度时，打开上、下腔之间的锥形封堵。同时开启循环风泵，将下腔内空气通过风道送入上腔。当上腔的温度达到设定值时，关闭循环风泵及锥形封堵。主控制器发出上腔温度调节完成信号。

3) 试件加热

推送气缸复位，将试件放到托架上，加热器气缸动作，加热器升起。同时试件压板降下，压紧试件。当试件温度达到设定值时，试件加热过程结束。主控制器发送试件加热完成信号。

4) 试件推送

试件压板抬起，试件加热器下降。推送气缸动作，将试件推入上腔中，同时封闭上腔侧门。

5) 数据采集

在推送完成后，上位机发送指令，开启上腔内的温度传感器阵列，实时采集上腔内各点的温度值，并做上腔温度平衡计算，当达到平衡状态时发送检测完成信号。

5.4.2 数据获取与预处理

在采集到的数据中，由于各种问题会造成有些数据缺失或者明显错误，所以上位机在进行数据计算之前，需要将获取的数据进行预处理，通过一定的方法将缺失或者明显错误的数据进行合理补充与修正，以确保计算结果及空间内温度场预测的准确性。

1. 试验数据的获取

在整个测试过程中，设定检测腔内温度传感器的采样时间为3s，控制器A和控制器B将采集的数据实时传送到上位机软件开辟的缓存，并存储到"*.m"文件中。文件中的数据信息包括传感器的柱坐标(半径、角度和高度)、数据采集的时间、温度值。

2. 原始数据修正

温度传感器阵列在数据采集的过程中，受到某些偶然因素的干扰，会造成检测数据的错误，使数据的可靠性变差。因此，上位机在收到控制器A和控制器B传输的数据后，除了进行拆包、存储处理，还要进行数据的判别与修正。

上位机在进行数据的判别与修正处理中，本节采用平均值法，即对传感器阵列中同一位置点采集的温度值，与先前采集的5个温度值的平均值进行差值比较。若差值超过5σ(其中σ为该点先前采集到的5个数值的标准差)，则认为此组数据存在误码。其中"5σ"值的设定，既能保证数值的稳定性，又可以限制数据的突变造成误码。对于数据误码的处理，是将该温度传感器上传的前 5 个温度数据求平均值，作为该数据的修正值。

5.4.3　检测仪各项性能指标测试

木质地采暖地板蓄热效能检测仪开发完成后，需要对检测仪的各项性能指标进行测试。在不同的外部温度工况条件下，对同类树种试件进行测试，验证设备的稳定性；在相同的外部工况条件下，对同一树种试件在不同的初始温度条件下进行测试，验证测试结果的一致性；对均质材料进行检测，验证均质材料的适用性。

1. 不同外部温度工况条件试验

通过实验室内空调设备改变室内的空气温度，以改变检测设备的外部工作温度，来模拟设备的不同工况条件。验证试验中，本节选用含水率为 12% 的红松树种地采暖地板试件进行测试。本次试验中，将检测腔内初始温度调节为 20℃，试件的初始温度加热到 65℃后开始进行试验。8 组不同室内温度条件下，检测设备对该同一试件的检测结果如表 5.18 所示。

表 5.18　不同外部温度工况条件下试验数据统计

室温/℃	14	16	18	20	22	24	26	28
实测值/(kJ/(s·m³))	50.96	52.46	51.01	49.97	52.91	50.96	49.23	49.31

对表 5.18 中的 8 组检测数据进行计算、分析。检测结果的最大差值为 3.68kJ/(s·m³)，方差为 1.5820，最大误差为 4.05%。从计算结果可以看出，在 8 次检测中，虽然设备处于不同的外部温度工况条件，但检测数据波动较小，可近似认为本节开发的检测设备在不同温度工况条件下具有一致性，设备稳定性较好。

2. 不同初始温度条件试验验证

在不同初始温度条件试验验证测试中，需要进行两组试验：第一组是在被测试件相同初始温度、检测腔不同初始温度的条件下进行测试；第二组是在检测腔相同初始温度、被测试件不同初始温度的条件下进行测试。

(1) 设定被测试件初始温度为 65℃，在检测腔不同初始温度条件下进行测试，结果如表 5.19 所示。

表 5.19　不同检测腔初始温度工况条件下试验数据统计

检测腔初始温度/℃	18	19	20	21	22	23
实测值/(kJ/(s·m³))	44.73	46.97	48.29	45.63	47.29	45.97

对表 5.19 数据计算可得：6 组数据检测结果的最大差值为 3.56kJ/(s·m³)，方差为 1.3696，最大误差为 3.89%。

(2) 设定检测腔初始温度为 20℃，在被测试件不同初始温度条件下，进行测试，结果如表 5.20 所示。

表 5.20　不同试件初始温度工况条件下试验数据统计

被测试件初始温度/℃	60	65	70	75	80	85
实测值/(kJ/(s·m³))	44.57	45.09	48.19	46.19	47.53	46.67

对表 5.20 数据计算可得：6 组数据检测结果的最大差值为 3.62kJ/(s·m³)，方差为 1.6098，最大误差为 3.92%。

从两组计算数据中可以得出，在不同的检测腔初始温度和不同的被测试件的初始温度下，虽然检测数据有所波动，但总体趋于稳定，因此本节开发的检测设备在不同初始参数条件下对检测结果仍保持准确性。

3. 均质材料适用性验证

由前面的综述可知，均质材料蓄热效能的检测方法有很多。本节使用开发的用于木质地采暖地板蓄热效能的检测仪对均质材料的适用性做了验证。在室内无风、温度为 20℃的外界条件下进行试验。选择与试件统一规格的铝块进行试验，其检测结果如表 5.21 所示。

表 5.21　试验准确性数据统计　　　　　　　　(单位：kJ/(s·m³))

试验次数	试验 1	试验 2	试验 3	试验 4	试验 5	试验 6
实测值	223.36	224.32	221.94	227.14	223.51	220.47

在进行均质材料的 6 次试验中，其检测结果平均值为 223.46kJ/(s·m³)，方差为 4.2575。根据铝块的性质，密度为 2700kg/m³，比热容为 0.88kJ/(kg·K)，其蓄热计算结果为 228.10 kJ/(s·m³)。通过计算可知，上述试验结果与理论计算结果的最大误差值为 3.35%，最大误差较小。因此，该检测设备与方法也可以用于检测均质材料的蓄热效能。

4. 测试数据分析与结论

经过上述试验测试可知，本节研发的木质地采暖地板蓄热效能检测仪，针对水曲柳、红松、白桦三种树种进行蓄热效能的检测，测试结果表明，设备的可重复性较好，不同外部工况条件仍保持检测精度，且同样适用于均质材料的检测。经试验测试，该仪器检测精度为±0.1kJ/(s·m³)，检测时间小于 60min。

5.5 蓄热效能检测仪温度梯度场研究

本节针对密闭绝热空间温度场的变化，构建神经网络模型，在空间维度和时间维度研究密闭绝热空间的温度场及不同材种热量释放的规律。

5.5.1 木质地采暖地板的取样

目前，国内市场常见木质地采暖地板常用材种[342]有水曲柳、柞木、亚花梨、白栎、柚木、印茄木、红松和番龙眼等。选取有代表性的阔叶、针叶的水曲柳、红松、白栎三种树种制成的实木及复合地采暖地板进行了取样，并制成样品试件。

对取样的水曲柳、红松、白栎三种树种的实木地采暖地板试件进行试验，以测试该三类试件的蓄热效能。检测时设定检测腔初始温度为 20℃，试件初始检测温度为 65℃，试件含水率为 12%，分别经过 5 次试验测试，其结果如表 5.22 所示。

表 5.22　不同树种样品测试试验数据　　(单位：kJ/(s·m³))

树种	试验 1	试验 2	试验 3	试验 4	试验 5	平均值	方差
水曲柳	56.53	55.97	57.06	55.16	57.71	56.49	0.96
红松	49.96	52.03	51.01	49.97	51.93	50.98	1.02
白栎	48.97	49.87	48.71	47.91	50.43	49.18	0.98

从表 5.22 中得出，几个树种的木质地采暖地板的蓄热效能分别为 56.49kJ/(s·m³)、50.98kJ/(s·m³)、49.18kJ/(s·m³)。

将实时采集的数据利用 MATLAB 进行处理，在木质地采暖地板蓄热效能检测腔体内采用径切面的方式表达，在某个时刻热流走向如图 5.51 所示。

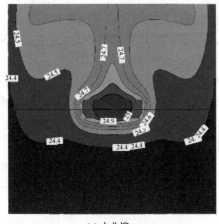

(a) 水曲柳

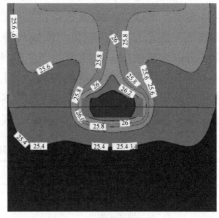

(b) 红松

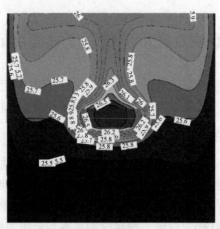

(c) 白桦

图 5.51　三种树种木材试件检测腔内温度场分布(单位：℃)

由图 5.51 可以看出，在木质地采暖地板蓄热效能检测腔体内部，三种树种的试件温度场分布中，热空气总是向上运动。如表 5.22 所示，三种树种试验方差分别为 0.96、1.02 和 0.98，试验数据稳定性较好。

5.5.2　密闭绝热空间温度场建模

本节利用 BP 神经网络模型，构建密闭绝热检测腔温度场模型，把握任意时刻温度场变化情况，即不同材种热量释放速度及释放量。

密闭绝热空间温度场模型的建立：将试验采集的数据作为神经网络模型的训练和测试数据，用于训练神经网络；然后用新的数据作为神经网络输入，获取温度场在时间维度和空间维度上的连续变化值。

在神经网络结构的设计中，如果设计层数与神经元个数太多，会直接影响到运算速度，而过少又无法获得较为理想的计算结果。所以在神经网络的构建中，层数与神经元的个数、权重与阈值对神经元网络的训练具有重要的意义。在 BP 神经网络中，初始权重和阈值的产生往往采用 Nguyen-Widrow 方法[343,344]。

本节采用 3 层神经网络结构，每层的神经元个数分别为 12、12、1，初始权重和偏差采用 Nguyen-Widrow 方法，采用 tan-sig 函数作为 BP 神经网络的激励函数。本节建立的 BP 神经网络参数如表 5.23 所示。

表 5.23　BP 神经网络参数

结构	
层数	3
每层神经元数	(12,12,1)

续表

结构	
初始权重和偏差	Nguyen-Widrow
激活函数	tan-sig
训练参数	
学习规则	反向传播
学习率	0.005
迭代次数	500
动量常数	0.9
性能	3.62×10^{-6}

首先将采集到的数据统一归一化为[-1, 1]，确保所有的数据变量在同一个尺度内，提高神经网络的泛化能力。同时可以消除不同维度数据之间的数量级差异，以免引起预测误差。

将神经网络的训练划分为若干阶段，每个阶段的训练次数相等。第一训练阶段，采用 Nguyen-Widrow 方法生成初始权重和阈值，该阶段训练结束后所产生的新权重和阈值作为第二阶段的初始权重和阈值，如此延续至最后一个阶段。结果表明，该训练方法具有较高的可靠性。

采用平均相对误差(average relative error, MRE)、最大相对误差(maximum relative error, MAE)、均方误差(mean square error, MSE)和拟合度(R-squared, R^2)进行神经网络结构优化[345-347]，各误差和拟合度的计算公式如下：

$$\text{MRE}=\frac{1}{n}\sum_{i=1}^{n}\frac{|T_{\text{pre}}-T_{\text{mea}}|}{|T_{\text{mea-max}}-T_{\text{mae-min}}|}\times100\% \tag{5.21}$$

$$\text{MAE}=\max\left(\frac{|T_{\text{pre}}-T_{\text{mea}}|}{(T_{\text{mea}}-\min_{\text{mea-max}})\times100\%}\right) \tag{5.22}$$

$$\text{MSE}=\frac{\sqrt{\frac{1}{n}\sum_{i=1}^{n}(T_{\text{pre}}-T_{\text{mea}})^2}}{T_{\text{mea}}-\min_{\text{mea-max}}}\times100\% \tag{5.23}$$

$$R^2=1-\frac{\sum_{i=1}^{n}(T_{\text{pre}}-T_{\text{mea}})^2}{\sum_{i=1}^{n}(T_{\text{pre}}-\min_{\text{pre-mea}})^2} \tag{5.24}$$

其中，下标 pre 指神经网络预测值，mea 指实际测试值，max 和 min 分别为最大值和最小值。

选择 20 种树种，每种选择 10 个样本的地采暖地板进行测试训练，在密闭绝热检测腔初始温度 T_0 均为 20℃条件下，对试件进行训练。

1. 时间维度

对树种样本采集温度的过程中，每 3s 采集一次，共采集 540 组数据，每组数据 150 个温度点。取温度达到平衡时的前 432 组数据作为神经网络的训练样本，后 108 组数据作为测试样本。在神经网络模型的训练中，将每个温度传感器的三个点的极坐标 r、β、z 和时间四个参数作为输入，温度值作为神经网络模型的输出，在时间维度上对温度场模型输出进行分析。

通过 BP 神经网络对检测腔内的温度场在时间维度上进行分析，选择空间中的两个测点 A 和 B(传感器号)，将温度场模型输出的值进行反归一化处理。然后与实测值进行对比，结果如图 5.52 所示。

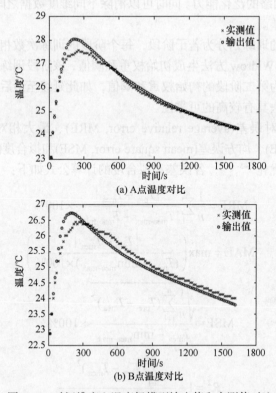

(a) A 点温度对比

(b) B 点温度对比

图 5.52　时间维度上温度场模型输出值和实测值对比

由图 5.52 中的对比曲线可以看出，测点 B 通过温度场模型输出结果与实测值偏差较大，但温度值的变化趋势基本相同，并且偏差相对固定，可以进行固定偏差的修正；测点 A 温度场模型输出与实测值的偏差相对较小。检测腔内所有检测点通过温度场模型输出的总温度场的误差结果为：平均相对误差 MRE=0.2716%，最大相对误差 MAE=5.5309%，均方误差 MSE=0.4351%，拟合度 R^2=0.9813。通过实际测试可知，预测值与实测值之间整体偏差较小，二者之间整体吻合，说明该神经网络模型在密闭绝热空间内温度场时间维度的正确性。

2. 空间维度

木质地采暖地板蓄热效能检测仪检测腔内安装有温度传感器阵列，总共 6 层，共计 150 个，每层以同心圆的方式分布。将每个温度传感器的三维空间坐标及温度采样的时间作为输入，将每个传感器在不同时刻的温度值作为输出。在所有数据中，根据空间几何角度的均匀分布规则，选出 4/5 的数据作为训练样本，剩下的数据作为所设计的神经网络的测试集。

在空间维度的研究中，神经网络输出的预测值与检测腔内的实测值之间的结果对比如图 5.53 所示。

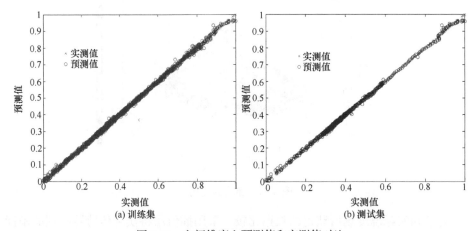

图 5.53　空间维度上预测值和实测值对比

可以看出，无论是训练集还是测试集，温度场模型预测值与实测值之间吻合均较好，具体的误差和拟合度计算结果如表 5.24 所示。温度场模型本身是基于训练集的数据训练形成的，因此训练集的误差普遍小于测试集的误差。而没有参与过模型训练的测试集的误差可直观反映出该神经网络模型的泛化能力。空间维度误差和拟合度如表 5.24 所示，从表 5.24 中测试集的误差和拟合度来看，平均相对误差 MRE=0.3746%，均方误差 MSE=0.5661%，数值均小于 1%，最大相对误差 MAE=4.7907%，而拟合度 R^2 达到 0.9931，说明该神经网络模型具有较强的泛化能力，可以实现对测试腔体内部空间维度温度场的准确把握。

表 5.24　空间维度预测误差和拟合度

数据集	MRE/%	MAE/%	MSE/%	R^2
训练集	0.0033	0.2977	0.0059	0.9995
测试集	0.3746	4.7907	0.5661	0.9931

3. 连续温度场

采用极坐标划分空间。将传感器阵列最大半径的 75mm 分为 75 等份，并作为极坐标半径。极坐标半径按逆时针方向旋转，步长为 1°，每次旋转 75 个等分点，都将圆柱形空间分成 75×6 个扇形空间。旋转 360°后，将空间分成 75×360 个扇形空间。其中，扇形小空间的高度为 h=20mm。将 t=720s 时，75×360 个扇形小空间坐标值作为神经元网络的输入，输出为连续温度场实时变化情况，所得到的检测腔内连续温度场的分布如图 5.54 所示。

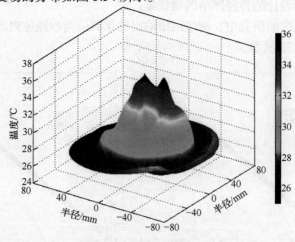

图 5.54　连续温度场

为了和实际温度场所获得的数据比较，采用插值法将实际传感器阵列的坐标扩充为 75×360 个小空间的温度值，并绘制三维温度场分布图，如图 5.55 所示。可以看出，由于空间温度传感器分布的有限性，实测连续温度场棱角明显，呈不光滑曲面。从图 5.54 和图 5.55 中可以看出，温度分布幅值二者趋势基本吻合，说明本节建立的温度场模型具有较高的可信度。

利用人工神经网络建立了密闭绝热空间中的温度场模型，并在空间维度和时间维度上对温度场模型的输出进行了比较研究，从平均相对误差、最大相对误差、均方误差和拟合度分别进行了比较。比较结果表明，构建的密闭绝热空间温度场预测值与实测值具有较高的拟合度，实践表明本节构建的人工神经元网络正确。

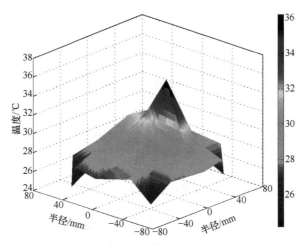

图 5.55　实测连续温度场

　　针对木质地采暖地板检测腔内温度传感器阵列测温点数量有限造成的温度场数据获取不完整的问题，利用 BP 神经网络构建密闭绝热腔温度场模型，在时间维度和空间维度上对检测腔内的温度场进行了分析与研究，实际结果显示：

　　(1) 在时间维度上，温度场模型输出值平均相对误差为 0.2716%，最大相对误差为 5.5309%，均方误差为 0.4351%，拟合度达到 0.9813。

　　(2) 在空间维度上，温度场模型输出值平均相对误差为 0.3746%，最大相对误差为 4.7907%，均方误差为 0.5661%，拟合度达到 0.9931。

　　数据表明，本节构建的温度场模型具有较为理想的效果。此外，从温度场模型输出值与实测温度场输出值的对比可以看出，该温度场模型具有更好的连续性和完整性。

参 考 文 献

[1] 国家林业和草原局. 中国林业和草原统计年鉴 2021[M]. 北京: 中国林业出版社, 2022

[2] 郑焕祺. 人造板制品甲醛释放量检测用气候室高精度控制方法研究[D]. 济南: 山东建筑大学, 2020

[3] 葛浙东. 木材 X 射线断层扫描图像重建算法构建与系统研发[D]. 北京: 中国林业科学研究院, 2016

[4] Zhao Z Y, Yang X X, Ge Z D, et al. Wood microscopic image identification method based on convolution neural network[J]. Bioresources, 2021, 16(3): 4986-4999

[5] 杜光月. 木质地采暖地板蓄热效能检测方法研究[D]. 济南: 山东建筑大学, 2019

[6] 郭慧. 基于机器视觉的刨花板表面缺陷在线检测系统研究[D]. 北京: 中国林业科学研究院, 2019

[7] 刘传泽. 刨花板表面缺陷均值方差检测方法研究[D]. 济南: 山东建筑大学, 2019

[8] 陈龙现. 基于深度学习的刨花板表面缺陷实时检测系统研究[D]. 济南: 山东建筑大学, 2020

[9] 顾远辉. 木结构建筑用材数字化标本馆的构建与开发[D]. 济南: 山东建筑大学, 2021

[10] 曹正彬. 基于支持向量机的木质地板蓄热性能建模及应用[D]. 济南: 山东建筑大学, 2019

[11] 徐博. 基于事件触发策略的1m³气候箱温湿度控制方法研究[D]. 济南: 山东建筑大学, 2021

[12] 曹书博. 基于模糊回归分析的地采暖用材体积比热与热传递建模方法[D]. 济南: 山东建筑大学, 2021

[13] International Agency for Research on Cancer. IARC monographs on the evaluation of carcinogenic risks to humans[J]. Journal of Clinical Pathology, 2004, 80: 691-694

[14] Hodgson M, Levin H, Wolkoff P. Volatile organic compounds and indoor air[J]. Journal of Allergy and Clinical Immunology, 1994, 94(2): 296-303

[15] Matthews T, Fung K, Tromberg B, et al. Surface emission monitoring of pressed-wood products containing urea-formaldehyde resins[J]. Environment International, 1984, 12(1): 301-309

[16] Hult E L, Willem H, Sherman M H. Formaldehyde transfer in residential energy recovery ventilators[J]. Building and Environment, 2014, 75(1): 92-97

[17] Zhou X, Liu Y, Song C, et al. A study on the formaldehyde emission parameters of porous building materials based on adsorption potential theory[J]. Building and Environment, 2016, 106(1): 254-264

[18] Huang S, Wei W, Weschler L B, et al. Indoor formaldehyde concentrations in urban China: Preliminary study of some important influencing factors[J]. Science of the Total Environment, 2017, 590-591(1): 394-405

[19] 花井义道, 陈永红, 中西隼子. 建材室内空气污染[J]. 横滨国大环境研纪要, 1996, 22(1): 1-10

[20] Matthews T, Fung K, Tromberg B, et al. Impact of indoor environmental parameters on formaldehyde concentrations in unoccupied research houses[J]. Journal of the Air Pollution

Control Association, 1986, 36(11): 1244-1249

[21] Carvalho L H, Magalhaes F D, Ferra J M. Formaldehyde: Chemistry, Applications and Role in Polymerization[M]. New York: Nova Science Publishers Inc., 2012

[22] 苗虎, 程放, 周玉成, 等. 人造板甲醛释放量快速检测箱的温度模糊 PID 控制[J]. 木材工业, 2014, 28(1): 23-26, 30

[23] 刘鑫钰, 侯晓鹏, 苗虎, 等. 甲醛检测气候室控制系统的研制[J]. 林业科学, 2013, 49(1): 185-188

[24] 程放, 周玉成, 杨建华, 等. 1m³ 甲醛释放量检测气候箱的行业标准编制[J]. 木材工业, 2005, 19(5): 25-27

[25] 王正国, 段新芳, 郭龙, 等. 中国与欧盟、美国、日本人造板甲醛标准比较[J]. 世界林业研究, 2015, 28(2): 61-68

[26] 尹梦婷, 邹献武, 吕斌, 等. 国内外木质材料甲醛释放量检测标准比较[J]. 木材工业, 2018, 32(1): 19-24

[27] 龙玲. 木材及其制品挥发性有机化合物释放及评价[M]. 北京：科学出版社, 2012

[28] 张文超, 沈隽. 室内装饰用饰画刨花板 VOC 释放特性的研究[M]. 北京：中国环境科学出版社, 2012

[29] 全国人造板标准化技术委员会. 基于极限甲醛释放量的人造板室内承载限量指南[S]. GB/T 39598—2021. 北京：中国标准出版社，2021

[30] 李吉, 熊涛, 孙鑫, 等. 脲醛树脂的固化机理研究进展[J]. 粘接, 2021, 45(3): 5-9

[31] 雷洪, 杜官本. 生物质木材胶黏剂的研究进展[J]. 林业科技开发, 2012, 26(3): 7-11

[32] 庄标榕. 改性磷铝胶黏剂与木质材料胶合机理及性能研究[D]. 福州: 福建农林大学, 2020

[33] 顾继友. 低甲醛释放木材胶粘剂研究进展[J]. 粘接, 2008, 4(2): 36-41

[34] 周连, 陈晓东, 陈宇炼, 等. 温、湿度变化对木质人造板材甲醛释放影响[J]. 中国公共卫生, 2007, 4(2): 172-173

[35] 王志玲, 王正. 人造板用异氰酸酯胶粘剂研究现状及发展趋势[J]. 中国胶粘剂, 2004, (1): 59-62

[36] 高强, 刘峥, 李建章. 人造板用大豆蛋白胶黏剂研究进展[J]. 林业工程学报, 2020, 5(2): 1-11

[37] 马玉峰, 龚轩昂, 王春鹏. 木材胶黏剂研究进展[J]. 林产化学与工业, 2020, 40(2): 1-15

[38] 王文博, 陈泽明, 曹先启, 等. 快速固化酚醛树脂的研究进展[J]. 化学与黏合, 2015, 37(4): 303-305

[39] 高伟, 莫志军, 蒲建军. 复合型甲醛捕捉剂的研制及其在中密度纤维板生产中的应用[J]. 中国人造板, 2018, 25(11): 11-15, 35

[40] Carrier H. The temperature of evaporation[J]. ASHVE Transactions, 1918, 24(1): 25-50

[41] Nagengast B. 100 years of air conditioning[J]. Ashrae Journal, 2002, 44(6): 44-46

[42] Carrier H. The theory of atmospheric evaporation—With special reference to compartment dryers[J]. Industrial & Engineering Chemistry, 1921, 13(5): 432-438

[43] 王恺, 傅峰. 我国人造板工业发展展望[J]. 中国人造板, 2002, (12): 3-5

[44] 段新芳, 李玉栋, 王平. 无损检测技术在木材保护中的应用[J]. 木材工业, 2002, 16(5): 14-16

[45] 王林. 基于 Gabor 变换的木材表面缺陷识别方法的研究[D]. 哈尔滨: 东北林业大学, 2010

[46] 安源. 基于应力波的木材缺陷二维成像技术研究[D]. 北京: 中国林业科学研究院, 2013

[47] 陈凯华. 基于机器视觉的板材表面缺陷检测与识别算法研究[D]. 南昌: 华东交通大学, 2012

[48] 翟菲菲, 刘英, 杨雨图, 等. 实木板材表面无损检测装置控制系统的设计[J]. 木材加工机械, 2016, 27(3): 30-33

[49] 邢冲. 基于激光测距和图像处理的尺寸检测系统设计[J]. 科技资讯, 2017, (26): 2-3

[50] 张未, 吕志娟, 徐兆军, 等. 基于激光三角测距的锯材表面缺陷检测方法[J]. 林业工程学报, 2017, 2(6): 116-129

[51] 梁海平. 基于机器视觉的木材表面缺陷的在线检测技术研究[D]. 秦皇岛: 燕山大学, 2008

[52] 陈炜文. 基于机器视觉木材表面缺陷图像分割研究[D]. 广州: 华南农业大学, 2016

[53] 张青林. 机器视觉高速图像处理平台中关键技术的研究[D]. 武汉: 武汉大学, 2010

[54] Milan S, Vaclav H, Roger B. Image Processing, Analysis, and Machine Vision[M]. London: Chapman & Hall, 2014

[55] Lu Q, Srikanteswara S, King W. Machine vision system for color sorting wood edge-glued panel parts[C]. The 23rd International Conference on Industrial Electronics, 2002: 1460-1464

[56] 陈勇. 基于机器视觉的表面缺陷检测系统的算法研究及软件设计[D]. 天津: 天津大学, 2006

[57] 石岭, 王克奇, 白雪冰, 等. 板材表面缺陷检测技术[J]. 林业机械与木工设备, 2005, (3): 40-42

[58] 尹建新. 基于计算机视觉木材表面缺陷检测方法研究[D]. 杭州: 浙江工业大学, 2007

[59] 朱蕾. 木材表面缺陷图像识别的算法研究[D]. 南京: 南京林业大学, 2011

[60] 顾昕岑. 木质板材表面缺陷检测算法的研究[D]. 哈尔滨: 东北林业大学, 2017

[61] 戴天虹, 吴以. 基于 Otsu 算法与数学形态学的木材缺陷图像分割[J]. 森林工程, 2014, 30(2): 52-55

[62] 马娟娟. 木质板材表面缺陷检测技术研究[D]. 太原: 中北大学, 2011

[63] 邹丽晖. 基于纹理特征的木材表面缺陷识别方法的研究[D]. 哈尔滨: 东北林业大学, 2007

[64] 贾壮. 基于计算机视觉的木质板材缺陷检测研究[D]. 哈尔滨: 东北林业大学, 2016

[65] 谢永华. 数字图像处理技术在木材表面缺陷检测中的应用研究[D]. 哈尔滨: 东北林业大学, 2013

[66] 许景涛. 木材表面缺陷的图像分割方法研究[D]. 哈尔滨: 东北林业大学, 2017

[67] 程玉柱, 李赵春. 基于 Visual C++的单板表面缺陷图像检测软件开发与应用[J]. 木材工业, 2018, 32(6): 45-48

[68] Ruz G, Pablo A, Estévez P A, et al. A neurofuzzy color image segmentation method for wood surface defect detection[J]. Forest Products Journal, 2005, 55(4): 52-58

[69] 王清涛, 杨洁. 应用改进的灰度共生矩阵识别木材纹理多重特征值[J]. 西北林学院学报, 2019, 34(3): 191-195

[70] 胡忠康, 刘英, 周晓林, 等. 基于深度置信网络的实木板材缺陷及纹理识别研究[J]. 计算机应用研究, 2018, 36(12): 1-6

[71] 熊伟俊, 杨绪兵, 云挺, 等. 基于快速算法和 LBP 算法的木材缺陷识别[J]. 数据采集与处理, 2017, 32(6): 1223-1231

[72] Mosorov V, Tomczak L. Image texture defect detection method using fuzzy C-means clustering

for visual inspection systems[J]. Arabian Journal for Science & Engineering, 2014, 39(4): 3013-3022

[73] Lampinen J, Smolander S, Korhonen M. Wood surface inspection system based on generic visual features[J/OL]. World Sciences, 2014: 35-42

[74] Gu I, Andersson H, Vicen R. Automatic classification of wood defects using support vector machines[C]. International Conference on Computer Vision and Graphics, 2008: 356-367

[75] 杨旭. 木材加工自动化中的板材缺陷检测技术研究[D]. 南京: 南京林业大学, 2016

[76] 胡峻峰. 基于机器视觉的实木地板分选技术研究[D]. 哈尔滨: 东北林业大学, 2015

[77] 张益翔. 基于小波变换和 LBP 的木材表面缺陷识别[D]. 南京: 南京林业大学, 2017

[78] 苏畅. 基于计算机视觉的木材表面缺陷检测研究[D]. 长沙: 中南林业科技大学, 2008

[79] Silvén O, Niskanen M, Kauppinen H. Wood inspection with non-supervised clustering[J]. Machine Vision & Applications, 2003,13(5): 275-285

[80] Estevez P. Genetic input selection to a neural classifier for defect classification of radiata pine boards[J]. Forest Products Journal, 2003, 53(7): 87-94

[81] Chacon M, Alonso G. Wood defects classification using a SOM/FFP approach with minimum dimension feature vector[C]. International Symposium on Neural Networks, 2006: 1-7

[82] Gu I, Andersson H, Vicen R. Wood defect classification based on image analysis and support vector machines[J]. Wood Science and Technology, 2010, 44(4): 693-704

[83] 程伟. 基于机器视觉的旋切单板检测系统研究[D]. 南京: 南京林业大学, 2007

[84] 王阿川. 基于变分 PDE 的单板缺陷图像检测及修补关键技术研究[D]. 哈尔滨: 东北林业大学, 2011

[85] 臧洪伟. 刨花板生产中常见质量问题及处理方法[J]. 林业机械与木工设备, 2014, (9): 42-44

[86] 全国人造板标准化技术委员会. 刨花板[S]. GB/T 4897—2015. 北京: 中国标准出版社, 2016

[87] 隋延林, 何斌, 张立国, 等. 基于 FPGA 的超高速 CameraLink 图像传输[J]. 吉林大学学报 (工学版), 2017, 47(5): 1634-1643

[88] Waeny M, Schwider P. CMOS megapixel digital camera with CameraLink interface[J]. Proceedings of SPIE, 2002, 4669: 137-144

[89] Joachim L. Review of up-to date digital cameras interfaces[J]. Advanced Optical Technologies, 2013, 2(2): 141-145

[90] 宋敏, 邻新凯, 郑亚茹. CCD 与 CMOS 图像传感器探测性能比较[J]. 半导体光电, 2005, 26(1): 5-9

[91] 于帅. 基于 CMOS 图像传感器的高速相机成像电路设计与研究[D]. 上海: 中国科学院研究生院(上海技术物理研究所), 2014

[92] 邱俊傑. 基于阵列图像传感器的手机屏幕检测图像采集系统研究[D]. 成都: 电子科技大学, 2016

[93] 贾厚勇, 张勇, 魏军. 径向畸变的校正及其效果评估[J]. 济南大学学报(自然科学版), 2013, 27(1): 38-41

[94] 周洋. 基于单目视觉的近景摄影立木测量方法研究[D]. 哈尔滨: 东北林业大学, 2017

[95] 韩旺明. 基于机器视觉的智能化自动切割式采茶机[D]. 杭州: 浙江工业大学, 2017

[96] 刘艳, 李腾飞. 对张正友相机标定法的改进研究[J]. 光学技术, 2014, 40(6): 565-570

[97] Zhang Z Y. A flexible new technique for camera calibration[J]. IEEE Transactions on Pattern Analysis and Machine Intelligence, 2000, 22(11): 1330-1334

[98] 吴一全, 丁坚. 基于边缘点投影方差最小的车牌倾斜校正方法[J]. 系统仿真学报, 2008, (21): 5829-5832

[99] Harris C, Stephens M. A combined corner and edge detector[C]. Proceedings of the 4th Alvery Vision Conference, Manchester, 1988: 1-6

[100] Liu Y, Zhang J, Zhou W. Optimization of Harris corner detection algorithm[J]. Journal of Yunnan University of Nationalities, 2011, 2(5): 70-75

[101] Smith S, Brady J M. SUSAN—A new approach to low level image processing[J]. International Journal of Computer Vision, 1997, 23(1): 45-78

[102] Jeon B, Woo D, Mo Y, et al. An improved corner point detection using extreme value of SUSAN method for measuring a displacement[C]. ICCAS-SICE, 2009: 5392-5396

[103] 吴海虹, 张明敏, 潘志庚. 织物图像的倾斜检测与纬纱密度识别[J]. 中国图象图形学报, 2018, 11(5): 640-645

[104] Illingworth J, Kittler J. The adaptive Hough transform[J]. IEEE Transactions on Pattern Analysis & Machine Intelligence, 1987, 9(5): 690-698

[105] Murphy L. Linear feature detection and enhancement in noisy images via the Radon transform[J]. Pattern Recognition Letters, 1986, 4(4): 279-284

[106] Boulgouris N, Chi Z. Gait recognition using radon transform and linear discriminant analysis[J]. IEEE Transactions on Image Processing, 2007, 16(3): 731-740

[107] Canny J. A computational approach to edge detection[J]. IEEE Transactions on Pattern Analysis and Machine Intelligence, 1986, (6): 679-698

[108] Xu Q, Srenivas V, Chaitali C, et al. A distributed Canny edge detector algorithm and FPGA implementation[J]. IEEE Transactions on Image Processing, 2014, 23(7): 2944-2960

[109] 周冠玮, 平西建, 程娟. 基于改进 Hough 变换的文本图像倾斜校正方法[J]. 计算机应用, 2007, 27(7): 1813-1816

[110] 张岩, 崔晓萌. 基于灰度变换的图像增强实现[J]. 包装工程, 2010, 31(19): 95-98

[111] 王浩, 张叶, 沈宏海, 等. 图像增强算法综述[J]. 中国光学, 2017, 10(4): 438-448

[112] 雷洁, 傅建平, 郭琦. 火炮内膛图像照度不均匀的校正方法[J]. 激光与光电子学进展, 2011, 48(6): 1-5

[113] 郭晓博, 冀芳, 谷东格. 一种航空图像的照度不均匀校正算法[J]. 数字技术与应用, 2018, (3): 134-135

[114] Gozalez R, Woods R. Digital Image Processing[M]. Beijing: Publishing House of Electronics Industry, 2002

[115] 储霞, 吴效明, 黄岳山. 照度不均匀图像的自动 Gamma 灰度校正[J]. 微计算机信息, 2009, (18): 292-293

[116] 王晓华, 赵志雄. 结合伽马变换和小波变换的 PCA 人脸识别算法[J]. 计算机工程与应用, 2016, 52(5): 190-193

[117] Otsu N. A threshold selection method from gray-level histograms[J]. IEEE Transactions on System, Man, and Cybemetic, 1979, 9(1): 62-66

[118] Wang Y, Zhuang L, Shi C. Construction research on multi-threshold segmentation based on improved Otsu threshold method[J]. Advanced Materials Research, 2014, 1046: 425-428

[119] 刘翔. 多阈值 Otsu 快速算法的研究[D]. 长春: 吉林大学, 2017

[120] 阳树洪. 灰度图像阈值分割的自适应和快速算法研究[D]. 重庆: 重庆大学, 2014

[121] 许向阳, 宋恩民, 金良海. Otsu 准则的阈值性质分析[J]. 电子学报, 2009, 37(12): 2716-2719

[122] 申铉京, 刘翔, 陈海鹏. 基于多阈值 Otsu 准则的阈值分割快速计算[J]. 电子与信息学报, 2017, 39(1): 144-149

[123] 詹曙, 梁植程, 谢栋栋. 前列腺磁共振图像分割的反卷积神经网络方法[J]. 中国图象图形学报, 2017, 22(4): 516-522

[124] Hammouche K, Diaf M, Siarry P. A multilevel automatic thresholding method based on a genetic algorithm for a fast image segmentation[J]. Computer Vision & Image Understanding, 2008, 109 (2): 163-175

[125] Ho T K. The random subspace method for constructing decision forests[J]. IEEE Transactions on Pattern Analysis and Machine Intelligence, 1998, 20(8): 832-844

[126] Breiman L. Random forests[J]. Machine Learning, 2001, 45(1): 5-32

[127] Breiman L, Friedman J H, Olshen R A, et al. Classification and Regression Trees[M]. Boca Raton: CRC Press, 1984

[128] Sun A, Lim E P. Hierarchical text classification and evaluation[J]. IEEE Computer Society, 2001: 521-528

[129] Breiman L. Bagging predictors[J]. Machine Learning, 1996, 24(2): 123-140

[130] 胡峻峰. 随机森林在板材表面缺陷分类中的应用[J]. 东北林业大学学报, 2015, (8): 86-90

[131] Quinlan J. Induction on decision tree[J]. Machine Learning, 1986, 1(1): 81-106

[132] Chen J, Luo D, Mu F. An improved ID3 decision tree algorithm[C]. International Conference on Computer Science & Education, Chengdu, 2009: 1-8

[133] Zhu X, Wang J. Research and application of the improved algorithm C4.5 on decision tree[C]. International Conference on Test & Measurement, Phuket, 2010: 184-187

[134] 姚明煌. 随机森林及其在遥感图像分类中的应用[D]. 泉州: 华侨大学, 2014

[135] Cutler A, Cutler D, Stevens J. Random forests[J]. Machine Learning, 2004, 45(1): 157-176

[136] Zhang J, Zulkernine M, Haque A. Random-forests-based network intrusion detection systems[J]. IEEE Transactions on Systems, Man, and Cybernetics, Part C (Applications and Reviews), 2008, 38(5): 649-659

[137] 吴东洋, 业宁, 苏小青. 基于灰度共生矩阵和聚类方法的木材缺陷识别[J]. 计算机与数字工程, 2010, 38 (11): 38-41

[138] Haralick R, Shanmugam K, Dinstein I. Textural features for image classification[J]. Studies in Media and Communication, 1973, SMC-3(6): 610-621

[139] Haralick R. Statistical and structural approaches to texture[J]. Proceedings of the IEEE, 1979, 67(5): 786-804

[140] Ulaby F, Kouyate F, Brisco B, et al. Textural information in SAR images[J]. IEEE Transactions on Geoscience and Remote Sensing, 1986, 24(2): 235-245

[141] 余丽萍, 黎明, 杨小芹, 等. 基于灰度共生矩阵的断口图像识别[J]. 计算机仿真,

2010, 27(4): 224-227

[142] Lu J, Liu F, Luo X. Selection of image features for steganalysis based on the Fisher criterion[J]. Digital Investigation, 2014, 11(1): 57-66

[143] 谢娟英, 高红超. 基于统计相关性与 K-means 的区分基因子集选择算法[J]. 软件学报, 2014, 25(9): 2050-2075

[144] 姚登举, 杨静, 詹晓娟. 基于随机森林的特征选择算法[J]. 吉林大学学报(工学版), 2014, 44(1): 138-141

[145] 马晓东. 基于加权决策树的随机森林模型优化[D]. 武汉: 华中师范大学, 2017

[146] Mitchell M. Bias of the random forest out-of-bag (OOB) error for certain input parameters[J]. Open Journal of Statistics, 2011,1(3): 205-211

[147] Wolpert D, Macready W. An efficient method to estimate bagging's generalization error[J]. Machine Learning, 1996, 35(1): 41-55

[148] Bias T. Variance and prediction error for classification rules[R]. Toronto: University of Toronto, 1996

[149] 温博文, 董文瀚, 解武, 等. 基于改进网格搜索算法的随机森林参数优化[J]. 计算机工程与应用, 2018, 54(10): 154-157

[150] 米爱中, 张盼. 一种基于混淆矩阵的分类器选择方法[J]. 河南理工大学学报(自然科学版), 2017, (2): 121-126

[151] 闫欣. 综合过采样和欠采样的不平衡数据集的学习研究[D]. 吉林: 东北电力大学, 2016

[152] 叶志飞, 又益民, 吕宝粮. 不平衡分类问题研究综述. 智能系统学报, 2009, 4(2): 148-155

[153] Chawla N V, Bowyer K W, Hall L O, et al. SMOTE: Synthetic minority over-sampling technique[J]. Journal of Artificial Intelligence Research, 2011, 16(1): 321-357

[154] 周飞燕, 金林鹏, 董军. 卷积神经网络研究综述[J]. 计算机学报, 2017, 40(6): 1229-1251

[155] Lin J, Yu Y, Lin M, et al. Detection of a casting defect tracked by deep convolution neural network[J]. International Journal of Advanced Manufacturing Technology, 2018, 97(4):1-9

[156] Masci J, Meier U, Ciresan D, et al. Steel defect classification with max-pooling convolutional neural networks[C]. International Joint Conference on Neural Networks, 2012: 1-6

[157] Daniel M, Sebastian S. VoxNet: A 3D convolutional neural network for real-time object recognition[C]. International Conference on Intelligent Robots and Systems, 2015: 922-928

[158] 徐姗姗, 徐昇, 刘应安. 基于卷积神经网络的木材缺陷识别[J]. 山东大学学报(工学版), 2012, 43(2): 23-28

[159] 齐子诚, 倪培君, 姜伟, 等. 金属材料内部缺陷精确工业 CT 测量方法[J]. 强激光与粒子束, 2018, 30(2): 124-130

[160] 张京平, 朱锡, 孙腾. 苹果内部品质的 CT 成像结合傅里叶变换方法检测[J]. 农业机械学报, 2014, 45(5): 197-204

[161] 葛浙东, 戚玉涵, 罗瑞, 等. 木材 CT 断层成像系统旋转中心校正方法[J]. 林业科学, 2018, 54(11): 1-8

[162] 曹正彬, 葛浙东, 张连滨, 等. 计算机断层扫描技术在木材科学中应用研究进展[J]. 世界林业研究, 2017, 30(5): 45-50

[163] 庞彦伟, 王召巴, 林敏, 等. CT 图像环形伪迹分析[J]. 华北工学院学报, 2001, (1): 16-19

[164] 戚玉涵, 徐佳鹤, 张星梅, 等. 基于扇形 X 射线束的立木 CT 成像系统[J]. 林业科学, 2016, 52(7): 121-128

[165] Nickel M, Donath T, Schweikert M, et al. Functional morphology of Tethya species (Porifera): 1. Quantitative 3D-analysis of Tethya wilhelma by synchrotron radiation based X-ray microtomography[J]. Zoomorphology, 2006, 125(4): 209-223

[166] 张俊, 闫镔, 李磊, 等. 锥束 CT 系统旋转平移轨迹几何参数标定方法[J]. 强激光与粒子束, 2013, 25(10): 2693-2698

[167] 傅健, 李晨. 基于相位线积分恢复的锥束差分相衬 CT 图像重建[C]. 2015 年光学精密工程论坛, 2015: 491-496

[168] 王敬雨, 韩玉, 李磊, 等. 一种基于投影变换的旋转型 CL 重建算法[J]. CT 理论与应用研究, 2017, 26(5): 575-582

[169] 梁丽红, 路宏年, 孔凡琴. 射线检测数字实时成像的不一致性研究[J]. 光学技术, 2003, (4): 439-440, 444

[170] 周正干, 滕升华, 江巍, 等. X 射线平板探测器数字成像及其图像校准[J]. 北京航空航天大学学报, 2004, (8): 698-701

[171] 王远, 许州, 陈浩, 等. 基于平板探测器的高能工业 CT 数据采集系统[J]. CT 理论与应用研究, 2006, (3): 53-56

[172] Chen G H. A new framework of image reconstruction from fan beam projections[J]. Medical Physics, 2003, 30(6): 1151-1161

[173] Kak A C, Slaney M. Principles of Computerized Tomographic Imaging[M]. New York: IEEE Press, 1988

[174] 中国产业信息网. 2018 年中国地板行业发展现状及发展前景分析[EB/OL]. https://www.chyxx.com/industry/201806/647077.html[2022-10-20]

[175] 丁笑红. 实木复合地板的质量问题及检测方法[J]. 中国人造板, 2018, (10): 26-29

[176] 张玉萍, 吕斌, 王瑞. 我国木地板产业发展现状分析[J]. 中国人造板, 2017, (11): 6-9, 13

[177] 吴映江, 肖达, 石琳, 等. 我国与欧洲强化木地板标准的对比分析[J]. 木材工业, 2018, 32(5): 32-36

[178] Shin M, Rhee K, Seong R, et al. Design of radiant floor heating panel in view of floor surface temperatures[J]. Building and Environment, 2015, 92: 559-577

[179] Choi M, Jung Y, Kang S. Heating performance verification of a ground source heat pump system with U-tube and double tube type GLHEs[J]. Renewable Energy, 2013, 54: 32-39

[180] Zhou G, He J. Thermal performance of a radiant floor heating system with different heat storage materials and heating pipes[J]. Applied Energy, 2015, 138: 648-660

[181] Foda E, Siren K. Design strategy for maximizing the energy-efficiency of a localized floor-heating system using a thermal manikin with human thermoregulatory control[J]. Energy and Buildings, 2012, 51: 111-121

[182] 李尚彬. 家居装修中的材料——实木地板[J]. 现代装饰理论, 2015, (11): 54-58

[183] 沈艳. 古罗马建筑材料之木材及其应用[D]. 哈尔滨: 东北林业大学, 2014

[184] 刘敏. 国内外人造板工业的回顾与展望[J]. 建筑人造板, 1996, (3): 30-33

[185] Hei B. The construction and phases of development of the wooden arena flooring of the

colosseum[J]. Journal of Roman Archaeology, 2000, 13: 79-92

[186] 陈怡. 2016 年欧洲强化木地板全球市场销量[J]. 中国人造板, 2017, (11): 36-37

[187] 陈怡. 2013 年欧洲强化木地板和实木镶拼地板状况概述[J]. 中国人造板, 2014, (11): 31-33

[188] Vahtikari K, Silvo J, Metsala H, et al. The development of wood floor construction in finland[J]. Forest Products Journal, 2012, 62(5): 388-394

[189] 赵立. 日本人造板工业的现状、水平及其技术进展[J]. 北京林业大学学报, 1986, (4): 102-111

[190] Newswire R. Wood and laminate flooring market analysis by product (wood flooring, laminate flooring), by application (residential, commercial, industrial) and segment forecasts to 2020[N]. PR Newswire US, 2016, 4: 19

[191] 全国人造板标准化技术委员会. 地采暖用木质地板[S]. LY/T 1700—2007. 北京: 中国标准出版社, 2007

[192] 全国人造板标准化技术委员会. 实木复合地板[S]. GB/T 18103—2013. 北京: 中国标准出版社, 2014

[193] 龙海蓉. 桉木实木复合地板的研究[D]. 南京: 南京林业大学, 2014

[194] 徐伟, 陶鑫, 吴智慧, 等. 木质地板用地采暖方式[J]. 木材工业, 2017, 31(3): 35-39

[195] Wang J, Matthews M, Williams C, et al. Improving wood properties for wood utilization through multi-omits integration in lignin biosynthesis[J]. Nature Communications, 2017, 9(1): 1579

[196] 刘铭宇. 人工落叶松樟子松内部结构及木材密度的变化特征[D]. 哈尔滨: 东北林业大学, 2013

[197] Shokri B, Ramazi H, Ardejani F. Prediction of pyrite oxidation in a coal washing waste pile[J]. Mine Water and the Environment, 2013, 33(2): 146-156

[198] 林铭, 谢拥群, 饶久平, 等. 木材横纹导热系数一种新的表达式的推导及与实测值比较[J]. 林业科学, 2013, 49(2): 108-112

[199] 林铭, 饶久平, 谢拥群, 等. 各向异性木材的热传导木[J]. 福建农林大学学报(自然科学版), 2014, 43(6): 657-660

[200] Guo W, Lim C J, Bi X, et al. Determination of effective thermal conductivity and specific heat capacity of wood pellets[J]. Fuel, 2013, 103: 347-355

[201] MacLean J. Thermal conductivity of wood[J]. Heat Piping and Air Condition, 1941, 13(6): 380-391

[202] Prałat K. Research on thermal conductivity of the wood and analysis of results obtained by the hot wire method[J]. Experimental Techniques, 2016, 40(3): 973-980

[203] 王弥康. 木材传热性的实验研究[J]. 南京林业大学学报(自然科学版), 1983, (3): 150-157

[204] 高瑞堂, 刘一星, 李文深, 等. 木材热学性质与温度关系的研究[J]. 东北林业大学学报, 1985, 13(4): 22-27

[205] Griffiths E, Kaye G. The measurement of thermal conductivity[J]. Proceedings of the Royal Society of London: Series A, 1923, 104(724): 71-98

[206] Czajkowski L, Olek W, Weres J, et al. Thermal properties of wood-based panels: Thermal conductivity identification with inverse modeling[J]. European Journal of Wood and Wood Products, 2016, 74(4): 577-584

[207] Driss T, Bouardi A, Sick F, et al. Moisture content influence on the thermal conductivity and diffusivity of wood concrete composite[J]. Construction and Building Materials, 2013, 48: 104-115

[208] Lagüela S. Thermal conductivity measurements on wood materials with transient plane source

technique[J]. Thermochimica Acta, 2015, 600: 45-51

[209] 侯晓鹏. 地板导热规律分析仪的研究[D]. 北京: 北京林业大学, 2007

[210] Eitelberger J, Hofstetter K. Prediction of transport properties of wood below the fiber saturation point—A multiscale homogenization approach and its experimental validation. Part I: Thermal conductivity[J]. Composites Science and Technology, 2011, 71(2): 134-144

[211] Goreshnev M, Sekisov F, Smerdov O. Determination of the coefficient of thermal and moisture conductivity of wood by the transient moisture current method[J]. Journal of Engineering Physics and Thermophysics, 2018, 91(3): 827-830

[212] Jeong Y, Jung H. Thermal performance analysis of reinforced concrete floor structure with radiant floor heating system in apartment housing[J]. Advances in Materials Science & Engineering, 2015,10(1): 1-7

[213] 胡亚才, 范利武, 黄君丽, 等. 瞬态法测量木材热物性的理论与实验研究[J]. 浙江大学学报(工学版), 2005, 39(11): 1793-1796

[214] 王玉芝. 木材热物性测试的理论与试验研究[D]. 杭州: 浙江大学, 2004

[215] 徐旭, 俞自涛, 胡亚才, 等. 木材导热系数非线性拟合的神经网络模型[J]. 浙江大学学报(工学版), 2007, 41(7): 1201-1204

[216] 俞自涛, 胡亚才, 洪荣华, 等. 温度和热流方向对木材传热特性的影响[J]. 浙江大学学报(工学版), 2006, 40(1): 123-125

[217] 俞自涛, 胡亚才, 田甜, 等. 木材横纹有效导热系数的分形模型[J]. 浙江大学学报(工学版), 2007, 41(2): 351-355

[218] 俞自涛. 着火前木材传热传质过程的试验和理论研究[D]. 杭州: 浙江大学, 2005

[219] 胡亚才, 范利武, 俞自涛, 等. 木材微结构对其传热特性影响的实验研究[J]. 工程热物理学报, 2005, 26(1): 210-212

[220] Maku T. Studies on the heat conducting in wood: The present study is a discussion on the results of investigations made hitherto by author on heat conduction in wood[J]. Wood Research, 1954, 13: 1-80

[221] Siau J. Transport Processes in Wood[M]. Berlin: Springer Verlag, 1984

[222] Vay O, Obersriebnig M, Miiller U, et al. Studying thermal conductivity of wood at cell wall level by scanning thermal microscopy (SThM)[J]. Holzforschung, 2013, 67(2): 155-159

[223] Gu H, Zink-Sharp A. Geometric model for softwood transverse thermal conductivity: Part I[J]. Wood and Fiber Science, 2005, 37(4): 699-711

[224] 徐德良, 王思群, 孙军. 木材有效导热系数研究进展[J]. 世界林业研究, 2014, 27(2): 39-44

[225] 徐德良, 徐朝阳, 丁涛, 等. 基于扫描热显微镜的木材细胞壁导热特性[J]. 林业科学, 2018, 54(1): 105-110

[226] Xu D, Zhang Y, Zhou H, et al. Characterization of adhesive penetration in wood bond by means of scanning thermal microscopy (SThM)[J]. Holzforschung, 2016, 70(4): 323-330

[227] 林铭, 陈瑞英, 杨庆贤, 等. 木材弦向导热系数的类比法研究[J]. 集美大学学报(自然科学版), 2004, 9(4): 336-340

[228] Yang Q. Theoretical expressions of thermal conductivity of wood[J]. Journal of Forestry Research, 2001, 12(1): 43-46

[229] Yang Q. Study on the specific heat of wood by statistical mechanics[J]. Journal of Forestry Research, 2000, 11(4): 265-268

[230] 陈瑞英, 谢拥群, 杨庆贤, 等. 木材横纹导热系数的类比法研究[J]. 林业科学, 2005, 41(1): 123-126

[231] 陈瑞英, 林金国, 杨庆贤. 木材弦向导热系数的理论表达式[J]. 林业科学, 2005, 41(4): 145-148

[232] 林铭, 杨庆贤, 饶久平, 等. 木材热物理参数理论表达式的推导及其计算值与实测值比较[J]. 福建农林大学学报(自然科学版), 2015, 44(6): 646-650

[233] 林铭, 饶久平, 谢拥群, 等. 木材径向导温系数数学模型[J]. 福建农林大学学报(自然科学版), 2012, 41(3): 320-323

[234] Yang Q, Zhang C. Brief report on theoretical research upon wood thermal property[J]. Journal of Forestry Research, 2000, 11(2): 145-146

[235] Fan L, Hu Y, Tian T, et al. The prediction of effective thermal conductivities perpendicular to the fibres of wood using a fractal model and an improved transient measurement technique[J]. International Journal of Heat and Mass Transfer, 2006, 49: 4116-4123

[236] 范利武. 木材导热系数的分形与神经网络模型[D]. 杭州: 浙江大学, 2006

[237] 冯利群, 张先林. 基于木材构造分形的木材径向导热系数研究[J]. 内蒙古农业大学学报, 2008, 29(3): 122-126

[238] Karadag R, Teke I, Bulut H. A numerical investigation on effects of ceiling and floor surface temperatures and room dimensions on the nusselt number for a floor heating system[J]. International Communications in Heat and Mass Transfer, 2007, 34: 979-988

[239] Lee W L. A comprehensive review of metrics of building environmental assessment schemes[J]. Energy and Buildings, 2013, 62: 403-413

[240] Hasan K, Murat S. A numerical investigation of fluid flow and heat transfer inside a room for floor heating and wall heating systems[J]. Energy and Buildings, 2013, 67: 471-478

[241] Wang D, Liu Y, Wang Y, et al. Numerical and experimental analysis of floor heat storage and release during an intermittent in-slab floor heating process[J]. Applied Thermal Engineering, 2014, 62: 398-406

[242] Mohamed H, Mohammed L, Chadi M, et al. Study of the effect of sun patch on the transient thermal behaviour of a heating floor in Algeria[J]. Energy and Buildings, 2016, 133: 257-270

[243] Noura O, Duygu K, Yasar K. Some investigations on moisture injection, moisture diffusivity and thermal conductivity using a three-dimensional computation of wood heat treatment at high temperature[J]. International Communications in Heat and Mass Transfer, 2015, 61: 153-161

[244] 张涛. 低温保护热板法测量绝热材料导热系数研究[D]. 南京: 南京航空航天大学, 2015

[245] 陶鑫, 韩岩, 徐伟, 等. 地采暖用木质地板导热性能影响因素及提升方法[J]. 家具, 2019, 40(1): 62-65

[246] Jungki S, Cha J, Kim S. Enhancement of the thermal conductivity of adhesives for wood flooring using xGnP[J]. Energy and Buildings, 2012, 51: 153-156

[247] 张群力, 高岩, 狄洪发. 低温热水型相变蓄能地板采暖房间动态热性能研究[J]. 太阳能学报, 2015, 36(4): 943-949

[248] Graaf G, Abarca P A, Ghaderi M. Micro thermal conductivity detector with flow compensation using a dual MEMS device[J]. Sensors and Actuators A—Physical, 2016, 249: 186-198

[249] 何静, 周国兵, 冯知正, 等. 相变材料蓄能式毛细管网地板辐射采暖实验研究[J]. 太阳能学报, 2013, 34(10): 1802-1809

[250] Kazimierski P, Kardas D. Influence of temperature on composition of wood pyrolysis products[J]. Drvna Industrija, 2018, 68(4): 307-313

[251] 徐德良, 付鑫, 徐朝阳, 等. 扫描热显微镜技术在生物质微观特性研究中的应用[J]. 林产化学与工业, 2015, 35(4): 1-7

[252] 张连滨, 徐晨, 董林正, 等. 地采暖地板检测仪器设计与研究[J]. 制造业自动化, 2017, (10): 55-57, 113

[253] 周玉成, 侯晓鹏, 韩宁, 等. 实木复合地板导热性能的检测及建模方法[J]. 木材工业, 2007, 21(4): 9-11

[254] Yu Q, Alessandro R, Bushra A, et al. Heat storage performance analysis and parameter design for encapsulated phase change materials[J]. Energy Conversion and Management, 2018, 157: 619-630

[255] 邢靖晨, 周玉成, 虞宇翔, 等. 地采暖用脂肪酸相变地板储放热性能模拟[J]. 林业科学, 2018, 54(11): 20-28

[256] Tiari S, Qiu S, Mahdavi M. Numerical study of finned heat pipe-assisted thermal energy storage system with high temperature phase change material[J]. Energy Conversion and Management, 2015, 89: 833-842

[257] Khadiran T, Hussein M, Zainal Z, et al. Advanced energy storage materials for building applications and their thermal performance characterization: A review[J]. Renewable and Sustainable Energy Reviews, 2016, 57: 916-928

[258] Didier G, Mustapha K, Al-Maadeed M, et al. A new experimental device and inverse method to characterize thermal properties of composite phase change materials[J]. Composite Structures, 2015, 133: 1149-1159

[259] Faegh M, Shafii M. Experimental investigation of a solar still equipped with an external heat storage system using phase change materials and heat pipes[J]. Desalination, 2017, 409: 128-135

[260] Mohamed S, Sulaiman F, Ibrahim N, et al. A review on current status and challenges of inorganic phase change materials for thermal energy storage systems[J]. Renewable and Sustainable Energy Reviews, 2017, 70: 1072-1089

[261] Safari A, Saidur R, Sulaiman F, et al. A review on supercooling of phase change materials in thermal energy storage systems[J]. Renewable and Sustainable Energy Reviews, 2017, 70: 905-919

[262] Tay N H S, Liu M, Belusko M, et al. Review on transportable phase change material in thermal energy storage systems[J]. Renewable and Sustainable Energy Reviews, 2017, 75: 264-277

[263] Jamekhorshid A, Sadrameli S M, Barzin R, et al. Composite of wood-plastic and micro-encapsulated phase change material(MEPCM) used for thermal energy storage[J]. Applied Thermal Engineering, 2017, 112: 82-88

[264] Yi X, Zhao D, Ou R, et al. A comparative study of the performance of wood-plastic composites and typical substrates as heating floor[J]. Bioresources, 2017, 12(2): 2565-2578

[265] Cheng W, Xie B, Zhang R, et al. Effect of thermal conductivities of shape stabilized PCM on

under-floor heating system[J]. Applied Energy, 2015, 144: 10-18

[266] 李晓辉, 刘振法, 郭茹辉, 等. 用于太阳能地板辐射采暖的相变储能复合材料[J]. 太阳能学报, 2015, (8): 2042-2046

[267] 吴薇, 陈黎, 王晓宇, 等. 蓄能型太阳能热泵用复合相变材料热性能分析[J]. 农业工程学报, 2017, 33(13): 206-212

[268] Liu L, Su D, Tang Y, et al. Thermal conductivity enhancement of phase change materials for thermal energy storage: A review[J]. Renewable and Sustainable Energy Reviews, 2016, 62: 305-317

[269] García E, de Pablos A, Bengoechea M. Thermal conductivity studies on ceramic floor tiles[J]. Ceramics International, 2011, 37(1): 369-375

[270] Pania M, Xi Y. Multi-scale composite models for the effective thermal conductivity of PCM concrete[J]. Construction and Building Materials, 2013, 48: 371-378

[271] 张喜明, 佟超, 李雪, 等. 地下混凝土桩蓄热性能测定[J]. 吉林建筑大学学报, 2017, 34(5): 64-66

[272] Florence C, Sylvie P. Thermal conductivity of hemp concretes: Variation with formulation, density and water content[J]. Construction and Building Materials, 2014, 65: 612-619

[273] Li S, Joe J, Hua J, et al. System identification and model-predictive control of office buildings with integrated photovoltaic-thermal collectors, radiant floor heating and active thermal storage[J]. Solar Energy, 2015, 113: 139-157

[274] Florides G, Christodoulides P, Pouloupatis P. Single and double U-tube ground heat exchangers in multiple-layer substrates[J]. Applied Energy, 2013, 102: 364-373

[275] Wang Z, Chen X, Huang J, et al. Semi-free-jet simulated experimental investigation on a valveless pulse detonation engine [J]. Applied Thermal Engineering, 2014, 62: 407-414

[276] Jin L, Zhang R, Du X. Characterisation of temperature-dependent heat conduction in heterogeneous concrete[J]. Magazine of Concrete Research, 2018, 70(7): 325-339

[277] Wang R, Ren M, Gao X. Preparation and properties of fatty acids based thermal energy storage aggregate concrete[J]. Construction and Building Materials, 2018, 165: 1-10

[278] Calcagni B, Marsili F, Paroncini M. Natural convective heat transfer in square enclosures heated from below[J]. Applied Thermal Engineering, 2005, 25(16): 2522-2531

[279] Das D, Roy M, Basak T. Studies on natural convection within enclosures of various (non-square) shapes — A review[J]. International Journal of Heat and Mass Transfer, 2017, 106: 356-406

[280] Miroshnichenko I, Sheremet M. Turbulent natural convection heat transfer in rectangular enclosures using experimental and numerical approaches: A review[J]. Renewable and Sustainable Energy Reviews, 2018, 82: 40-45

[281] Miroshnichenko I, Sheremet M. Turbulent natural convection combined with thermal surface radiation inside an inclined cavity having local heater[J]. International Journal of Thermal Sciences, 2018, 124: 122-130

[282] 张敏, 晏刚, 陶锴. 内置发热体的封闭方腔自然对流换热数值模拟[J]. 化工学报, 2010, 61(6): 1373-1378

[283] 徐宇杰, 张文武, 杨旸, 等. 封闭空间系统的散热强化仿真研究[J]. 热科学与技术, 2016, (4): 305-311

[284] 杨世铭, 陶文铨. 传热学[M]. 北京: 高等教育出版社, 1998

[285] 丁欣硕, 焦楠. Fluent14.5 流体仿真计算从入门到精通[M]. 北京: 清华大学出版社, 2013

[286] Ahamad S I, Balaji C. Inverse conjugate mixed convection in a vertical substrate with protruding heat sources: A combined experimental and numerical study[J]. Heat & Mass Transfer, 2016, 52(6): 1243-1254

[287] 陈中豪, 罗超, 吴帅. 内置圆形发热体二维方腔内自然对流数值研究[J]. 兰州交通大学学报, 2018, (4): 78-84

[288] 刘金琨. 智能控制[M]. 北京: 电子工业出版社, 2005

[289] Jack M, Jimenez G, Adam E. Eltorai artificial neural networks in medicine[J]. Health and Technology, 2019, 9(1): 1-6

[290] Liu C, Zhu E, Zhang Q. et al. Modeling of agent cognition in extensive games via artificial neural networks[J]. IEEE Transactions on Neural Networks and Learning Systems, 2018, 29(10): 4857-4868

[291] Silva A, Santosa R, Bottura F, et al. Development and evaluation of a prototype for remote voltage monitoring based on artificial neural networks[J]. Engineering Applications of Artificial Intelligence, 2017, 57: 50-60

[292] Vignesh R, Li C, Ali B, et al. Artificial neural networks based on memristive devices[J]. Science China — Information Sciences, 2018, 61(6): 1-14

[293] Oke S. A literature review on artificial intelligence[J]. International Journal of Information and Management Sciences, 2008, 19(4): 535-570

[294] 徐正正. 具有惯性解耦功能的车轮力传感器设计与实现[D]. 南京: 东南大学, 2017

[295] 周世玉, 杜光月, 褚鑫, 等. 地采暖木地板释热温度场的 BP 神经网络预测[J]. 林业科学, 2018, (11): 164-171

[296] 张士锦, 郭崎, 陈云霁, 等. 一种用于稀疏连接的人工神经网络计算装置和方法[P]: 中国, CN201610039162.5. 2018-02-16

[297] Montana D, Davis L. Training feed forward neutral networks using genetic algorithms[C]. Proceedings of the International Joint Conference on Artificial Intelligence, San Mateo, 1989: 762-767

[298] Ben-Nakhi A, Mahmoud M, Mahmoud A. Inter-model comparison of CFD and neural network analysis of natural convection heat transfer in a partitioned enclosure[J]. Applied Mathematical Modelling, 2008, 32(9): 1834-1847

[299] Mahmoud M, Ben-Nakhi A. Neural networks analysis of free laminar convection heat transfer in a partitioned enclosure[J]. Communications in Nonlinear Science and Numerical Simulation, 2007, 12(7): 1265-1276

[300] Atayilmaz S, Demir H, Özden A. Application of artificial neural networks for prediction of natural convection from a heated horizontal cylinder[J]. International Communications in Heat and Mass Transfer, 2010, 37(1): 68-73

[301] 王钒旭. 铜纤维骨架复合相变材料的制备及性能研究[D]. 广州: 华南理工大学, 2016

[302] 梁栋栋. 低温蓄热装置优化设计及实验研究[D]. 广州: 广州大学, 2018

[303] 张奕, 季侃, 刘佳, 等. 3 种测量石蜡比定压热容实验方法的比较[J]. 计量学报, 2010, 31(4): 308-311

[304] Xu D, Ding T, Li Y. Transition characteristics of a carbonized wood cell wall investigated by

scanning thermal microscopy (SThM)[J]. Wood Science and Technology, 2017, 51(4): 831-843

[305] Sjolund J, Karakoc A, Freund J. Accuracy of regular wood cell structure model[J]. Mechanics of Materials, 2014, 76: 35-44

[306] Barbara G, Eric-Andre N, Romain R, et al. Multilayered structure of tension wood cell walls in Salicaceae sensu lato and its taxonomic significance[J]. Botanical Journal of the Linnean Society, 2016, 182(4): 744-756

[307] Kishore S, Amit D, Manoj M, et al. Structure and ontogeny of intraxylary secondary xylem and phloem development by the internal vascular cambium in campsis radicans seem[J]. Journal of Plant Growth Regulation, 2018, 37(3): 755-767

[308] Yang H, Chao W, Wang S, et al. Self-luminous wood composite for both thermal and light energy storage[J]. Energy Storage Materials, 2019, 18: 15-22

[309] 毕江林, 王威. 水浴法测量硅太阳能电池的环境温度特性[J]. 物理实验, 2014, 34(6): 44-48

[310] 石辛民, 郝整清. 模糊控制及其 MATLAB 仿真[M]. 北京: 清华大学出版社, 2017

[311] 王伟, 张晶涛, 柴天佑. PID 参数先进整定方法综述[J]. 自动化学报, 2000, 26(3): 347-355

[312] 蔡金萍, 李莉. 基于改进 PID 算法的小区域温度控制模型仿真[J]. 计算机仿真, 2015, 32(6): 237-240

[313] Prabhu P, Prathipa R, Shanmugasundaram B. Design and development of two degree of freedom model with PID controller for turning operation[J]. Journal of Measurements in Engineering, 2016, 4(4): 224-231

[314] 马艳彤, 郑荣, 于闯. 过渡目标值的非线性 PID 对自治水下机器人变深运动的稳定控制 [J]. 控制理论与应用, 2018, 35(8): 1120-1125

[315] 陈宇寒, 肖玲斐, 卢彬彬. 融合蜂群优化航空发动机自适应 PID 控制[J]. 控制工程, 2019, 26(2): 229-235

[316] Behn C, Konrad S. Adaptive PID-tracking control of muscle-like actuated compliant robotic systems with input constraints[J]. Applied Mathematical Modelling, 2019, 67: 9-21

[317] WibowoW, Lambang L, Pratama G. Simulation and analysis of three wheeled reverse trike vehicles with PID controller[J]. AIP Conference Proceedings, 2018, 1983 (1): 1-6

[318] Khaled E, Muhammad S, Rizwan U. Dynamic stability enhancement using fuzzy PID control technology for power system[J]. International Journal of Control, Automation and Systems, 2019, 17(1): 234-242

[319] 夏德钤, 翁贻方. 自动控制理论[M]. 北京: 机械工业出版社, 2012

[320] 席爱民. 模糊控制技术[M]. 西安: 西安电子科技大学出版社, 2008

[321] 李骏, 丁博. 一种新的构造蕴涵算子族的方法[J]. 模糊系统与数学, 2015, 3: 56-60

[322] Kwak S, Choi B. Defuzzification scheme and its numerical example for fuzzy logic based control system[J]. Journal of Korean Institute of Intelligent Systems, 2018, 28(4): 350-354

[323] Wang D, Li P, Yasuda M. Construction of fuzzy control charts based on weighted possibilistic mean[J]. Communications in Statistics—Theory and Methods, 2014, 43(15): 3186-3207

[324] 李欢. 基于单片机的粉尘浓度监测系统的设计[J]. 自动化技术与应用, 2019, 38(6): 113-116

[325] 江苏国芯科技有限公司. STC15 系列单片机器件手册[M]. 南通: 江苏国芯科技有限公司, 2022

[326] Bouderbala K, Nouira H, Girault M, et al. Experimental thermal regulation of an ultra-high precision metrology system by combining modal identification method and model predictive control[J]. Applied Thermal Engineering, 2016, 104: 504-515

[327] Radetić R, Marijana P, Nikola M. The analog linearization of Pt100 working characteristic Serbian[J]. Journal of Electrical Engineering, 2015, 12(3): 345-357

[328] Ding S. The design of centralized heating temperature controller based on MCU[C]. Proceedings of the International Conference on Social Science and Technology Education, 2015, 18: 704-707

[329] Sung W, Chen J, Hsiao C. Data fusion for Pt100 temperature sensing system heating control model[J]. Measurement, 2014, 52: 94-101

[330] 宋念龙, 李琦, 张新雨, 等. 基于红外传感器阵列的智能温度传感器研究[J]. 传感技术学报, 2010, 23(12): 1713-1717

[331] 周悦, 刘清惓, 杨杰, 等. 一种阵列式探空温度传感器设计[J]. 传感技术学报, 2016, 29(8): 1297-1304

[332] Mattar E. A survey of bio-inspired robotics hands implementation: New directions in dexterous manipulation[J]. Robotics and Autonomous Systems, 2013, 61: 517-544

[333] Zhao X, Li W, Zhou L, et al. Active thermometry based DS18B20 temperature sensor network for offshore pipeline scour monitoring using K-means clustering algorithm[J]. International Journal of Distributed Sensor Networks, 2013, 30(8):1

[334] ALLDATASHEET. http://pdf1.alldatasheet.com/datasheet-pdf/view/58557/DALLAS/DS18B20. html[2019-02-15]

[335] 艾波. 基于微信平台的无线智能温控系统的设计[D]. 哈尔滨: 哈尔滨工业大学, 2018

[336] 桂江华, 邵健, 潘邈. 一种高可靠串行通信协议[J]. 电子与封装, 2016, 16(2): 40-45

[337] Dudak J, Gaspar G, Sedivy S, et al. Serial communication protocol with enhanced properties—securing communication layer for smart sensors applications[J]. IEEE Sensors Journal, 2019, 19(1): 378-390

[338] 周凌. 基于 VC++的多相异步电机电磁计算软件设计[J]. 湖南工业大学学报, 2019, 33(1): 38-42

[339] 孙鑫, 余安萍. VC++深入详解[M]. 北京: 电子工业出版社, 2011

[340] 软件技术开发联盟. C++开发实战[M]. 北京: 清华大学出版社, 2011

[341] Wang M, Chen T, Jiang Y. Database development based on MFC application in management of curriculum information[J]. Intelligent Information Management, 2017, 9(6): 236-244

[342] 袁绯批, 姜笑梅, 周玉成, 等. 地采暖用实木地板与实木复合地板常见用材及木材特性[J]. 中国人造板, 2017, 24(8): 26-29

[343] 刘鲭洁, 陈桂明, 刘小方, 等. BP 神经网络权重和阈值初始化方法研究[J]. 西南师范大学学报(自然科学版), 2010, 35(6): 137-141

[344] Nguyen D, Widrow B. Improving the learning speed of 2-layer neural networks by choosing initial values of the adaptive weights[C]. International Joint Conference on Neural Networks, San Diego, 1990, 3: 21-26

[345] 李灿. 基于改进 BP 神经网络的负荷预测问题研究[D]. 西安: 西安理工大学, 2018

[346] Zhang S, Li W, Nan J, et al. Combined method of chaotic theory and neural networks for water quality prediction[J]. Journal of Northeast Agricultural University, 2010, 17(1): 71-76

[347] Zhang X, Wang Q, Yu M. Combining principal component regression and artificial neural network to predict chlorophyll—A concentration of Yuqiao reservoir's outflow[J]. Transactions of Tianjin University, 2010, 6: 467-472

附录 1 地采暖设备 150 个传感器编号
与柱坐标对应关系

传感器编号	柱坐标	传感器编号	柱坐标	传感器编号	柱坐标
$C_{1,1,1}$	$D(0,0,60)$	$C_{2,1,1}$	$D(0,0,60)$	$C_{3,1,1}$	$D(0,0,60)$
$C_{1,2,1}$	$D(25,0,60)$	$C_{2,2,1}$	$D(25,0,60)$	$C_{3,2,1}$	$D(25,0,60)$
$C_{1,2,2}$	$D(25,90,60)$	$C_{2,2,2}$	$D(25,90,60)$	$C_{3,2,2}$	$D(25,90,60)$
$C_{1,2,3}$	$D(25,180,60)$	$C_{2,2,3}$	$D(25,180,60)$	$C_{3,2,3}$	$D(25,180,60)$
$C_{1,2,4}$	$D(25,270,60)$	$C_{2,2,4}$	$D(25,270,60)$	$C_{3,2,4}$	$D(25,270,60)$
$C_{1,3,1}$	$D(50,0,60)$	$C_{2,3,1}$	$D(50,0,60)$	$C_{3,3,1}$	$D(50,0,60)$
$C_{1,3,2}$	$D(50,45,60)$	$C_{2,3,2}$	$D(50,45,60)$	$C_{3,3,2}$	$D(50,45,60)$
$C_{1,3,3}$	$D(50,90,60)$	$C_{2,3,3}$	$D(50,90,60)$	$C_{3,3,3}$	$D(50,90,60)$
$C_{1,3,4}$	$D(50,135,60)$	$C_{2,3,4}$	$D(50,135,60)$	$C_{3,3,4}$	$D(50,135,60)$
$C_{1,3,5}$	$D(50,180,60)$	$C_{2,3,5}$	$D(50,180,60)$	$C_{3,3,5}$	$D(50,180,60)$
$C_{1,3,6}$	$D(50,225,60)$	$C_{2,3,6}$	$D(50,225,60)$	$C_{3,3,6}$	$D(50,225,60)$
$C_{1,3,7}$	$D(50,270,60)$	$C_{2,3,7}$	$D(50,270,60)$	$C_{3,3,7}$	$D(50,270,60)$
$C_{1,3,8}$	$D(75,315,60)$	$C_{2,4,8}$	$D(75,315,60)$	$C_{3,4,8}$	$D(75,315,60)$
$C_{1,4,1}$	$D(75,0,60)$	$C_{2,4,1}$	$D(75,0,60)$	$C_{3,4,1}$	$D(75,0,60)$
$C_{1,4,2}$	$D(75,30,60)$	$C_{2,4,2}$	$D(75,30,60)$	$C_{3,4,2}$	$D(75,30,60)$
$C_{1,4,3}$	$D(75,60,60)$	$C_{2,4,3}$	$D(75,60,60)$	$C_{3,4,3}$	$D(75,60,60)$
$C_{1,4,4}$	$D(75,90,60)$	$C_{2,4,4}$	$D(75,90,60)$	$C_{3,4,4}$	$D(75,90,60)$
$C_{1,4,5}$	$D(75,120,60)$	$C_{2,4,5}$	$D(75,120,60)$	$C_{3,4,5}$	$D(75,120,60)$
$C_{1,4,6}$	$D(75,150,60)$	$C_{2,4,6}$	$D(75,150,60)$	$C_{3,4,6}$	$D(75,150,60)$
$C_{1,4,7}$	$D(75,180,60)$	$C_{2,4,7}$	$D(75,180,60)$	$C_{3,4,7}$	$D(75,180,60)$
$C_{1,4,8}$	$D(75,210,60)$	$C_{2,4,8}$	$D(75,210,60)$	$C_{3,4,8}$	$D(75,210,60)$
$C_{1,4,9}$	$D(75,240,60)$	$C_{2,4,9}$	$D(75,240,60)$	$C_{3,4,9}$	$D(75,240,60)$
$C_{1,4,10}$	$D(75,270,60)$	$C_{2,4,10}$	$D(75,270,60)$	$C_{3,4,10}$	$D(75,270,60)$
$C_{1,4,11}$	$D(75,300,60)$	$C_{2,4,11}$	$D(75,300,60)$	$C_{3,4,11}$	$D(75,300,60)$
$C_{1,4,12}$	$D(75,330,60)$	$C_{2,4,12}$	$D(75,330,60)$	$C_{3,4,12}$	$D(75,330,60)$

传感器编号	柱坐标	传感器编号	柱坐标	传感器编号	柱坐标
$C_{4,1,1}$	$D(0,0,60)$	$C_{5,1,1}$	$D(0,0,60)$	$C_{6,1,1}$	$D(0,0,60)$
$C_{4,2,1}$	$D(25,0,60)$	$C_{5,2,1}$	$D(25,0,60)$	$C_{6,2,1}$	$D(25,0,60)$
$C_{4,2,2}$	$D(25,90,60)$	$C_{5,2,2}$	$D(25,90,60)$	$C_{6,2,2}$	$D(25,90,60)$
$C_{4,2,3}$	$D(25,180,60)$	$C_{5,2,3}$	$D(25,180,60)$	$C_{6,2,3}$	$D(25,180,60)$
$C_{4,2,4}$	$D(25,270,60)$	$C_{5,2,4}$	$D(25,270,60)$	$C_{6,2,4}$	$D(25,270,60)$
$C_{4,3,1}$	$D(50,0,60)$	$C_{5,3,1}$	$D(50,0,60)$	$C_{6,3,1}$	$D(50,0,60)$
$C_{4,3,2}$	$D(50,45,60)$	$C_{5,3,2}$	$D(50,45,60)$	$C_{6,3,2}$	$D(50,45,60)$
$C_{4,3,3}$	$D(50,90,60)$	$C_{5,3,3}$	$D(50,90,60)$	$C_{6,3,3}$	$D(50,90,60)$
$C_{4,3,4}$	$D(50,135,60)$	$C_{5,3,4}$	$D(50,135,60)$	$C_{6,3,4}$	$D(50,135,60)$
$C_{4,3,5}$	$D(50,180,60)$	$C_{5,3,5}$	$D(50,180,60)$	$C_{6,3,5}$	$D(50,180,60)$
$C_{4,3,6}$	$D(50,225,60)$	$C_{5,3,6}$	$D(50,225,60)$	$C_{6,3,6}$	$D(50,225,60)$
$C_{4,3,7}$	$D(50,270,60)$	$C_{5,3,7}$	$D(50,270,60)$	$C_{6,3,7}$	$D(50,270,60)$
$C_{4,4,8}$	$D(75,315,60)$	$C_{5,4,8}$	$D(75,315,60)$	$C_{6,4,8}$	$D(75,315,60)$
$C_{4,4,1}$	$D(75,0,60)$	$C_{5,4,1}$	$D(75,0,60)$	$C_{6,4,1}$	$D(75,0,60)$
$C_{4,4,2}$	$D(75,30,60)$	$C_{5,4,2}$	$D(75,30,60)$	$C_{6,4,2}$	$D(75,30,60)$
$C_{4,4,3}$	$D(75,60,60)$	$C_{5,4,3}$	$D(75,60,60)$	$C_{6,4,3}$	$D(75,60,60)$
$C_{4,4,4}$	$D(75,90,60)$	$C_{5,4,4}$	$D(75,90,60)$	$C_{6,4,4}$	$D(75,90,60)$
$C_{4,4,5}$	$D(75,120,60)$	$C_{5,4,5}$	$D(75,120,60)$	$C_{6,4,5}$	$D(75,120,60)$
$C_{4,4,6}$	$D(75,150,60)$	$C_{5,4,6}$	$D(75,150,60)$	$C_{6,4,6}$	$D(75,150,60)$
$C_{4,4,7}$	$D(75,180,60)$	$C_{5,4,7}$	$D(75,180,60)$	$C_{6,4,7}$	$D(75,180,60)$
$C_{4,4,8}$	$D(75,210,60)$	$C_{5,4,8}$	$D(75,210,60)$	$C_{6,4,8}$	$D(75,210,60)$
$C_{4,4,9}$	$D(75,240,60)$	$C_{5,4,9}$	$D(75,240,60)$	$C_{6,4,9}$	$D(75,240,60)$
$C_{4,4,10}$	$D(75,270,60)$	$C_{5,4,10}$	$D(75,270,60)$	$C_{6,4,10}$	$D(75,270,60)$
$C_{4,4,11}$	$D(75,300,60)$	$C_{5,4,11}$	$D(75,300,60)$	$C_{6,4,11}$	$D(75,300,60)$
$C_{4,4,12}$	$D(75,330,60)$	$C_{5,4,12}$	$D(75,330,60)$	$C_{6,4,12}$	$D(75,330,60)$

附录 2　地采暖设备控制电路的电气原理图

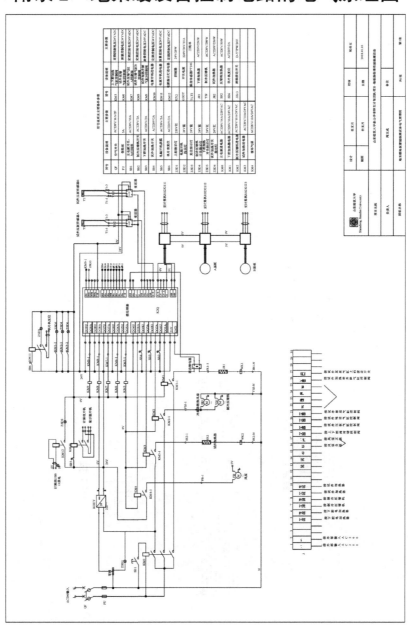

附录 3　地采暖设备主控制器电路原理及 PCB 图

1. 主控制器电路原理图

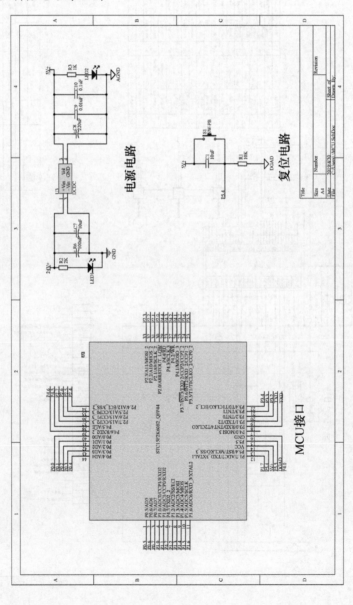

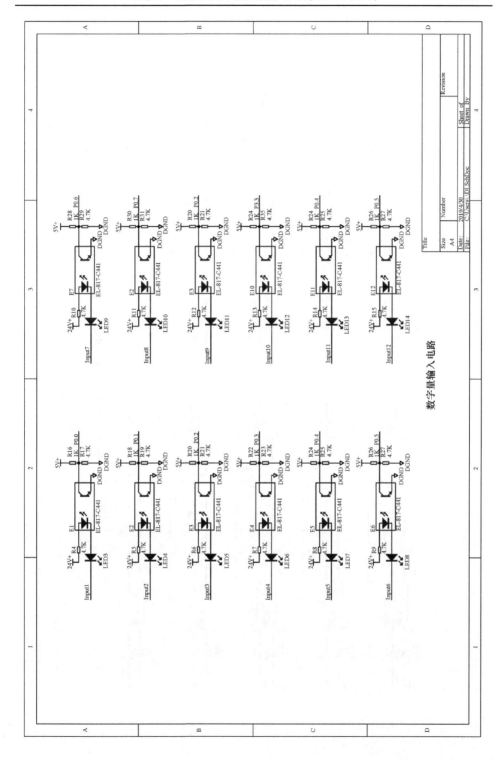

数字量输入电路

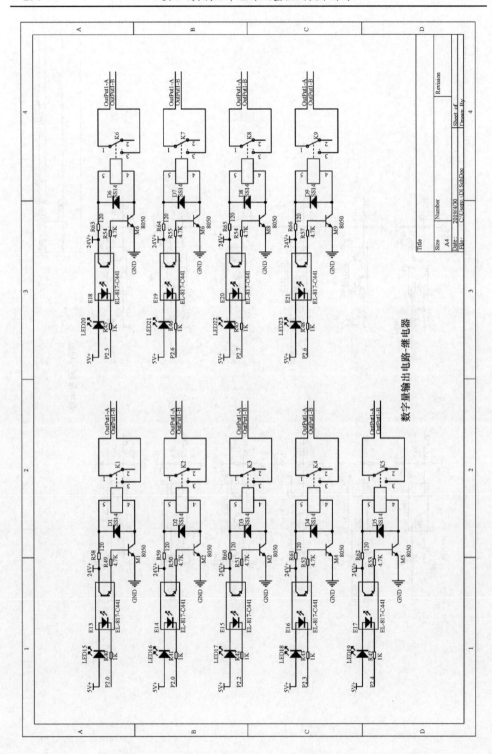

数字量输出电路-继电器

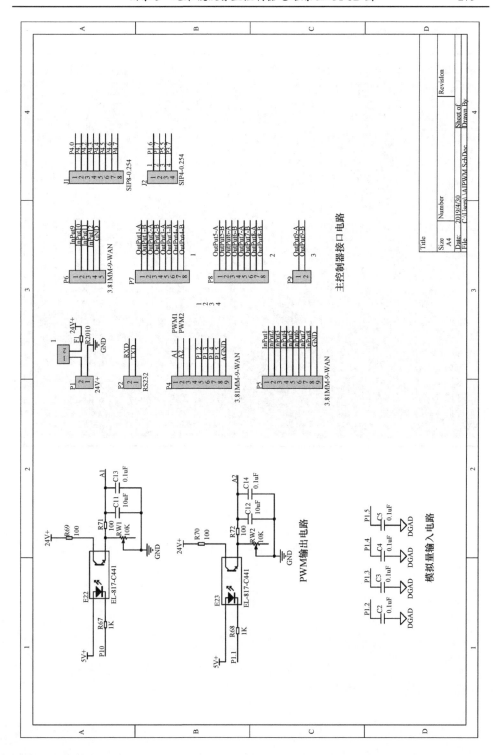

主控制器接口电路

PWM 输出电路

模拟量输入电路

2. 主控制器 PCB 图

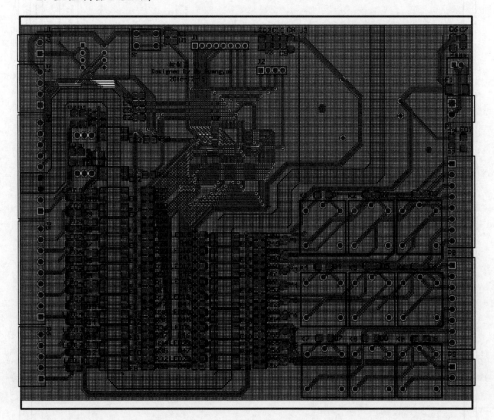

附录4 地采暖设备控制器A、控制器B 电路原理及PCB图

1. 控制器A电路原理图

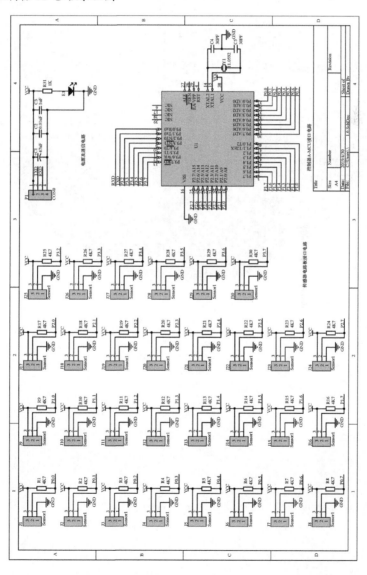

2. 控制器 A 的 PCB 图

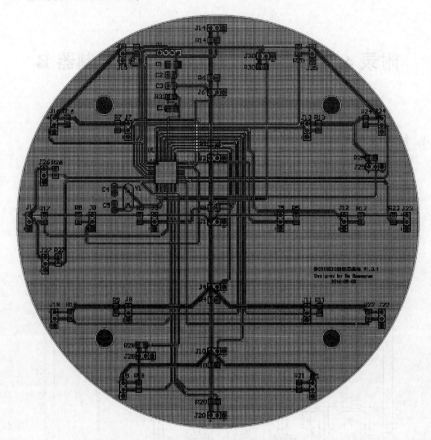

3. 控制器 B 电路原理图

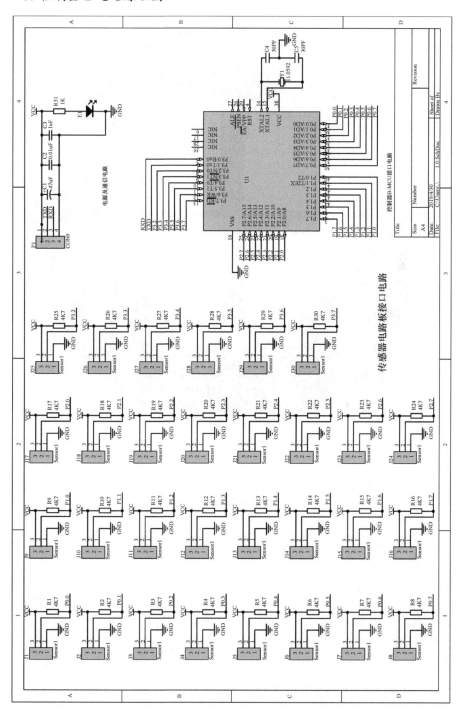

4. 控制器 B 的 PCB 图

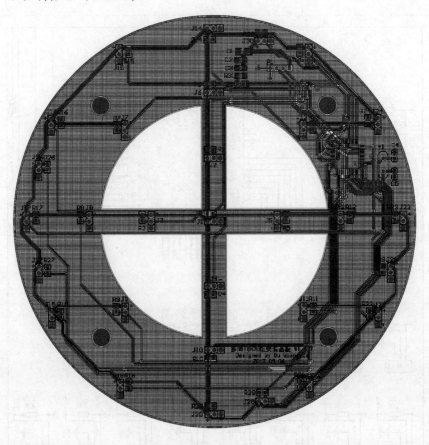